高等院校环境类系列教材

环境生态工程

杨京平　主　编

刘宗岸　副主编

中国环境出版集团 · 北京

图书在版编目（CIP）数据

环境生态工程/杨京平主编. —北京：中国环境出版集团，2011.12（2024.7 重印）
ISBN 978-7-5111-0692-6

Ⅰ．①环…　Ⅱ．①杨…　Ⅲ．①环境生态学　Ⅳ．①X171

中国版本图书馆 CIP 数据核字（2011）第 172183 号

出 版 人　武德凯
责任编辑　付江平
责任校对　尹　芳
封面设计　何　为

出版发行　中国环境出版集团
　　　　　（100062　北京东城区广渠门内大街 16 号）
　　　　　网　　址：http://www.cesp.com.cn
　　　　　联系电话：010-67112765（编辑管理部）
　　　　　　　　　　010-67147349（第四分社）
　　　　　发行热线：010-67125803，010-67113405（传真）
印　　刷　玖龙（天津）印刷有限公司
经　　销　各地新华书店
版　　次　2011 年 12 月第 1 版
印　　次　2024 年 7 月第 9 次印刷
开　　本　787×960　1/16
印　　张　19
字　　数　330 千字
定　　价　36.00 元

中国环境出版集团郑重承诺：
中国环境出版集团合作的印刷单位、材料单位均具有中国环境标志产品认证。

前　言

进入 21 世纪以来，由于我国经济的快速增长和伴随城市化、产业化、城乡一体化的发展，科技水平的大幅提升，人类的生产、生活对自然资源、环境利用与改造的强度越来越大，不可避免地带来对水体、大气、土壤、生物等环境的影响和破坏，导致环境污染事故和生态灾难等频频发生，自然、人为灾害愈演愈烈，生物多样性及生态系统的健康状态持续下降，给环境及生态安全带来了严重的威胁。

环境的保护、环境的修复治理、生态的恢复和环境生态工程的建设是今后不同地区的环境可持续发展的一个重要方面。环境生态工程的最大特点就是尽可能地促使环境资源及物质在生产系统内部的合理、有效的循环利用，降低人类生产、生活活动对环境的破坏及造成的污染，同时提高系统的生产效率和效益。在传统的工业、农业发展模式下的环境末端治理技术不能解决由人类自身所造成的生物与环境不协调的问题。因此，环境生态工程必须注重充分合理地利用资源、维护生物与环境的关系及生态系统功能，同时又能推动当地经济的高速发展与环境、生态系统的协同进化，促进经济、人类社会同环境之间的可持续发展。

对于受到损害与破坏的环境及生态系统，从生态学、经济学、环境学、工程学等多学科的角度结合，应用环境生态工程与技术，进行系统组分、受损功能的修复与恢复。通过优化组装、配套技术，环境及生态工程建设应用，提高环境系统的功能与承载能力，并且在系统的物质、能量利用与转化过程中，把资源利用、环境保护、生态修复等方面有机结合，从而达到促使环境与生物形成的生态系统的稳定和谐及可持续利用和发展。环境生态工程作为一门环境学与生态学、工程学相互交叉的应用学科，正是在这样的社会与经济背景条件下，在社会经济各个领域得到飞速的发展，形成了自己的应用技术体系。

本书结合目前国外及我国环境生态学理论与技术研究、示范工程建设上取得的成功经验，以生态学、环境生态学的理论与相关的技术为依托，重点地介绍了有关环境生态工程的内容、环境的生物效应、环境生态工程的技术和模式、环境生态工程评价及监理手段方法以及相关的环境生态工程技术体系。本书可以作为大专院校的环境生态学、环境生态工程等课程教学的教材，也可以作为环境工程、城市及景观环境建设及设计、农村及农林技术人员的参考用书，同时可作为广大的科技工作者与管理人员、干部培训的参考用书。

本书由浙江大学杨京平教授主编。全书共分八章，主要编写人员为：杨京平编写第一章；李金文博士编写第二章；杨虎博士编写第三章；姜继萍硕士编写第四章和第五章；刘宗岸博士编写第六章；高娟硕士编写第七章；费频频硕士编写第八章。全书由主编最后统编定稿。

本书在编写过程中参阅和引用了许多资料，这些资料是众多学者的研究成果，在此表示衷心的感谢。由于环境生态工程的应用理论与相应技术体系、模式涉及面广、综合性强，加上作者的水平和掌握的资料有限，不足之处一定存在，恳请读者批评指正。

作　者

2010 年 11 月于杭州华家池

目　录

第一章 环境生态工程技术原理

第一节 生态系统原理

一、生态学理论与生态系统

生态学是一门研究环境与生物、生物与生物之间相互关系的学科，重点研究生物与环境之间、人类与环境之间的相互关系，特别是有关不同组成成分之间的物流、能流、信息流及价值流之间关系的一门学科。

生态系统（ecosystem）是生态学中的重点研究与关注的内容。英国植物群落学家 A.G.Tanstey 认为有机体不能与它们的环境分开，它们与特殊环境形成一个自然生态系统，这些系统就是生态系统，在地球表面有多种多样的种类和大小。美国著名的生态学家 E.P.Odum 认为：所谓生态系统，是指生物群落与生存环境之间，以及生物群落内生物之间密切联系、相互作用、通过物质交换，能量转化和信息传递，成为占据一定空间、具有一定结构、执行一定功能的动态平衡体。生态系统概念的提出，为研究生物与环境的关系提供了新的观点和基础。

（一）生态系统的基本成分

生态系统的基本组成部分可以分为两大类：生物组分与环境组分。环境提供生态系统所需要的物质和能量的来源，如太阳辐射、大气、水、CO_2、土壤及各种矿物，生物组分可以分为生产者、消费者和分解者。

生产者主要是绿色植物，包括一些光合菌类，组成生态系统中的自养成分，它们能进行光合作用，把大气中的 CO_2 和水合成有机物质，把太阳光能转变成化学潜能。它为生态系统中一切生物提供了赖以生存的主要能量，其生产力的大小决定了生态系统初级生产力的大小。

消费者主要由各类动物组成，是以初级生产者的产物为食物的大型异养生物，它们不能利用太阳能生产有机物，只能从植物所制造的现成有机物质中获得营养和能量，将初级生产转变为次级生产，因此，它也是生态系统中生产力的十分重要的构成因素。

分解者主要是细菌、真菌和一些以腐生生活为主的原生动物及其他小型有机体，他们把有机成分中的元素和储备的能量通过分解作用又释放到无机环境中，供生产者再利用。

（二）生态系统的结构与特点

由于生态系统是生物与环境相互作用形成的综合体，因此，它存在着各种各样的形态，并且随着时间与空间的变化而发生着改变。作为太阳系中唯一具有生命有机体的星球——地球，其最大的生态系统就是生物圈，它包括了大气圈与水圈，是地球上全部生物及生活领域的总和。通常根据形态特征、地理位置、功能目标及按照人们的研究需要而对生态系统进行分类。按照人工干扰的程度分为几类：自然生态系统（森林、草原、沙漠、湿地等）、农业生态系统（农田、牧场、鱼塘及人工设施）与人工生态系统（城镇、工矿、温室设施）。

自然界的生态系统多种多样，其结构与功能也不尽相同。生态系统的结构主要指构成生态系统诸要素及其在时间、空间上的分布状况，包括生态系统内物质和能量流动的途径，主要包括物种结构、时空结构和营养结构。

一般的物种结构是指生态系统中的不同物种、类型、品种以及它们之间不同的量比关系所构成的系统结构。时空结构就是指生物各个种群在空间上和时间上的不同配置构成了生态系统在形态结构上的特点，表现在水平分布上的镶嵌性，垂直分布上的成层性，时间发展的演替性。营养结构是指生态系统中生物与生物之间，生产者、消费者和分解者之间以食物营养为纽带所形成的食物链和食物网。

生态系统同一般的系统相比具有一般系统所具有的共同性质，但又与其他系统不同，具有如下的特征：

（1）组织成分。它是由有生命的和无生命的两种成分组成，不仅包括植物、动物、微生物，还包括无机环境中作用于生物物质的物理化学成分，只有在生命存在的情况下，才有生态系统的存在，这是最本质和最根本的一点。

（2）生态系统通常与特定的空间联系，因而具有一定的自然地理特点和一定的空间结构特点。

（3）生物的发展规律。生物具有生长、发育、繁殖和衰亡的特性，因而生态系统也可以区分出幼年期、成长期和成熟期等阶段，表现出明显的时间变化特征，有着自身的发展演化规律。

（4）生物的营养和功能。生态系统也具有代谢作用，其活动方式是通过生产者、大型消费者和小型消费者这三大功能类种群参与的物质循环和能量转化过程完成的。

（5）具有复杂的动态平衡特征。生态系统中的生物存在着种内与种间的关系、生物与环境的关系，这些关系在不断地发展变化，以维持其相对平衡。这种平衡处在不断变化之中，存在着正反馈与负反馈的作用。任何自然力或人类活动干扰，都会对系统的某一环节或环境因子造成影响，甚至导致生态系统的崩溃，影响系统的生态平衡。

（三）合理的生态系统结构标志

一个合理及优化的生态系统从其共性来讲，应有以下几方面的标志：

（1）合理的生态系统结构应能充分发挥和利用自然资源和社会资源的优势，消除不利影响。

（2）合理的生态系统结构必须能维持生态平衡。这体现在输入与输出的平衡，农林牧副渔的比例合理适当，保持生态系统结构的平衡，生态系统中的生物种群比例合理、配置得当。

（3）合理的多样性和稳定性。一般地，如环境生态系统及农业生态系统组成成分多，生物及作物种群结构复杂，能量转化，物质循环途径多的生态系统结构，抵御自然灾害的能力强、环境系统也比较稳定。

（4）合理的生态系统结构应能保证获得高的系统产量和优质多样的产品，以满足人类的需要。例如要建立合理的农业生态系统结构就必须从 4 个方面入手：①建立合理的平面结构；②建立合理的垂直结构；③建立合理的时间结构；④建立合理的营养结构。

生态系统的食物链结构是生物在长期演化过程中形成的，如果在食物链中增加新环节或扩大已有环节，使食物链中各种生物更充分地、多层次地利用自然资源：一方面使有害生物得到抑制，可增加系统的稳定性；另一方面使原来不能利用的产品再转化，可增加系统的生产量。通常利用食物链的方式有两种：一为食物链加环；二为产品链加环。在食物链上加环可以分为生产加环、增益环、减耗环和复合环。在产品链上加环为产品加工环，严格地说，产品加工环不属于食物链范畴，但与系统关系密切，能直接决定本系统的功能。

二、生态系统中生物与环境间的物质循环、能量流动

（一）生态系统中的能量流动

生态系统能量流动遵循热力学第一定律和第二定律。热力学第一定律即能量守恒定律。其基本内容是：在任何过程中，能量既不能被创造，又不能被消灭，只能以严格的当量比例，由一种形式转化为另一种形式，可用 $\Delta E = Q - W$ 来表达。即系统中能量增加量（ΔE）恒等于系统所得的总能量（Q）减去系统对外做功时所消耗的能量（W）。一个系统发生变化，环境的能量也同时发生相应的变化。系统能量增加，环境能量就减少，反之亦然。当日光进入生态系统后，一部分转变为化学潜能贮存在有机体中，另一部分用于生命代谢活动散逸于环境中，但不会消灭。热力学第二定律，即能量传递方向和转换效率的规律，其基本内容是：在一个封闭系统内能量的传递和转化过程中，除了一部分可以继续传递和作为做功的能量（自由能）外，总有一部分不能传递和做功，而以热的形式消散，使熵的无序性增加，因此任何能量都不能百分之百地转化为化学潜能，由于能量消耗的不可逆性，决定了能量流动的单方向性。

能量的流动是生态系统存在与演化、发展的动力，一切的生命活动都依赖于生物与环境之间的能量流通和转换。由于生物与生物、生物与环境之间不断进行物质循环和能量转化的过程，不但使生物得以维持生存、繁衍与发展，而且也使得生态系统保持平衡与稳定。生态系统中的物质循环与能量流动是生态系统的基本功能。研究和应用物质循环与能量流动的规律，是发展生产、保持与改善生态环境的根本。

在生态系统中，能量流动主要是从初级生产者向次级生产者流动。能量的流动渠道主要通过"食物链"与"食物网"来实现。在目前的生态系统中，能量流动的主要渠道通常有以下 3 种形式：

（1）捕食食物链，从植物到草食动物再到肉食动物所联系的链条。如稻田中的"青草—昆虫—青蛙—蛇—人"；

（2）寄生食物链。由大有机体到小有机体进行能量的流动，如"人体—蛔虫"、"哺乳动物—跳蚤"；

（3）腐生食物链，由利用尸体的微生物组成，并通过腐烂分解，将有机体还原成无机物的食物链。

在生态系统中食物链不是唯一的，由于某一消费者不止取食一种食物（生

物），每种食物（或生物）又被许多生物所食，因此形成相互交错、彼此联系的网状结构，故称食物网。

由于能量从一个营养级（水稻、杂草）到另一个营养级（如昆虫、老鼠）的流动过程中，有一部分被固定下来形成有机物的化学潜能，而另一部分通过多种途径被消耗，直到最后耗尽为止。平均每个营养级的能量转化效率为10%，这就是著名的"十分之一定律"。因此，营养级由低级到高级，依据个体数目、生物量与能量的分布，形成了底宽而顶尖的金字塔形，称之为生态金字塔或能量金字塔，即顺着营养级位序列（食物链）向上，能量急剧递减。在每个营养级中将所含有的生物量或活组织连起来，随着营养级的增加，其生物量随着减少，形成生物量金字塔，这种金字塔在陆地生态系统和浅水生态系统中最为明显。

（二）生态系统中的物质循环

生物为了自身的生长、发育、繁殖必须从周围环境中吸收各种营养物质和能量，就生物所需要的物质来讲，主要有氮、氢、氧、碳等构成有机体的元素。还有钙、镁、磷、钾、钠、硫等大量元素以及铜、锌、锰、硼、钼、钴、铁、氟、碘等微量元素，生物及其他生产者从土壤中吸收水分和矿物质营养，从空气中吸收 CO_2 并利用光能制造各种有机物，并随着食物链或食物网使这些物质从一种生物体中转移到另一种生物体中。在转移进程中未被利用及损失的物质又返回环境重新为植物所利用。

一般把各种化学元素从环境到生物体，再从生物体到环境以及生态系统之间进行流动和转化的运动，称为物质的生物地球化学循环，或简称为"环"。在循环过程中物质被暂时固定、贮存的场所，称为物质贮存的"库"。而物质和能量以一定的数量由一个库转移到另一个库中，这个过程叫做"流"，即所谓的物质流和能量流。

目前在生态系统中物质的循环基本上以 3 种循环类型为主，即水循环、气相循环、沉积循环。

（1）水循环。由于大多数的营养物质多溶于水或随水移动，其主要的循环贮存库为水体或土壤水分库。

（2）气相循环。以 O_2、N_2、CO_2，其他气体和水蒸气为主，循环完全，范围广，贮存库是大气。交换库主要是有生命的动植物，如 C 循环、N 循环。

（3）沉积循环。生物需要的多数矿物元素参与这种循环，其循环不完全，贮存库是土壤岩石，交换库多为水与陆地动植物。

在生态系统中的物质循环过程中，污染物的生物富集作用是其中的一个重要方面。例如，由于农业生产中大量使用外源物质，如各种杀虫剂、杀菌剂、除草剂、化肥等，各种各样的外源投入使得大气、水体和土壤遭受三废（废水、废气、废渣）污染。而且污染物质进入农业生态系统被植物吸收后，会沿着食物链中的各个营养级位与环节陆续传递，在传递过程中有害物质逐渐积累和被浓缩，根据有关资料，经过生物浓缩之后，污染物的含量急剧升高，有机氯化物（DDT），在大气中的含量为 0.000 003 μl/L，进入水体中，经浮游生物的生物浓缩，其含量便升至 0.04 mg/kg（1.3 万倍）。小鱼吞食了浮游生物，其含量又进一步升高，达到 0.5 mg/kg（16.3 万倍）；大鱼吞食小鱼含量又增至 2.0 mg/kg（66.7 万倍）；水鸟吞食大鱼，其体内 DDT 含量已达到 25 mg/kg（833.3 万倍）。可见尽量减少对人体健康有害的污染物进入生态系统，是必须重视的一个方面。

第二节　环境变化与人类影响

人类的产生与发展是随着地球环境的演化而产生并发展的，并不断地改变着地球上原始自然环境，形成了日益复杂的人工环境和社会环境。随着人口的增加及科技能力的发展，人类的生产及生活等活动对环境的影响越来越大，程度越来越深，并且不合理的干预加剧并造成了环境的急剧变化，也更深刻地影响着人类自身的发展。

一、人类的起源、进化与环境

人类的起源与进化同地球环境的演化有着密不可分的关系。古类人猿在同天然敌害、竞争性物种以及环境各因素的协调平衡中，适应了不断变化的环境。大自然在对它们的自然选择中，同时也赋予它们泛化的特性，使得直立古猿具有更强的生物潜能，使之比其他动物更具备了适应环境的能力。到第四世纪时，地球上普遍发生了严重的冰川，气候寒冷，环境恶化，森林大面积消亡，很多生物死亡。古类人猿一部分不适应环境而死亡，而剩下的一部分通过对环境变化的适应，不断地进化，古类人猿在面临巨大环境阻力的同时，为了捕猎与生存的需要，增加了直立活动、社群活动、信息交流，从而使自己在更广阔的地理空间内生活着。

进入到至今几万年前的古人猿，在进化到旧石器时代后，人类的生存明显地高于其他动物，但对环境的适应能力仍比较低，制造的工具比较简单，人的身体与大脑和现代人差别还比较明显。到了旧石器时代中后期，人类适应环境的能力增强，已经能够取火烧食，并且制造了比较好的石器，加强了利用自然环境和自然资源的能力，也使人口得到大发展，这时人类的进化进入了一个新时期，在跨入新石器时代的同时，人类由于过度的捕猎野生动物，常常在取得食物的同时，又伴随着失去食物的来源，造成生活地区物种的灭绝，例如美洲野牛的绝迹，同时对人类的生存也构成了威胁。为了解决食物短缺的生存危机，古人类不断地迁徙，追逐食物丰盛的地区，后来逐步学会了驯养家畜和种植作物。随着种植的发展，人类对于自然环境和自然资源的选择有了新的技术与手段。人类能获得更多稳定的自然资源发展自己，而不必完全依赖于自然因子对于人类的支配与作用。

二、人类的发展与环境

随着人类的自然进化与发展能力不断扩大，使人口的数量不断增长，自身发展与环境之间的不平衡及生存空间的扩展，使人类必须不断地发展物质资料的生产。人类自身生产的发展，在摆脱了完全依赖于自然环境之后，逐渐地依赖于物质资料的生产。在早期的原始人类部落，人类长期地过着采集与渔猎生活，他们与生活的环境（自然环境）共处一体，人类的自身生产和生活资料的生产都受自然调节，主要是利用环境中的自然生物资源，环境对人的发展具有巨大的约束与制约性。人对环境的影响过程微乎其微。

在原始的农耕放牧时期，人类开始利用气候、土地和水利资源，把大片的原始森林和草原转变成耕地与牧场，逐渐地把自然景观转变为人为耕作的作物、放牧的动物为主体的景观类型，大大地改变了生物群落的组成、结构与空间分布，从而对自然资源的利用与环境的改造上升到了一个新的台阶。也使环境因素的组成要素发生了改变，并对周围的环境带来了一定的影响，但是，这时候的环境仍然是主宰着人类社会本身发展的主要制约要素，因此，古人也认识到了这一点，并提出了朴素的关于人与自然和谐的天人合一的思想认识。

从 19 世纪开始，随着以蒸汽机的发明应用为代表的工业革命及 20 世纪科学技术飞速的发展，人类不仅大量利用生物资源、水利资源、土地资源、矿产资源、海洋资源，极大地丰富了物质资料的生产，提高了产品的数量与质量，而且在空间上人类对地球生态系统中大气圈、水圈、岩石圈及外层太空间的利用与影响日益扩大，从而大大提高了自然环境对人类各种需求的承载能力，同时科学与技术的进步使人类基本上摆脱受制于环境的一些规律，使人类的物质生产更加安全，对自己的了解和保护进入到了一个全新的时期，也使人口增长进入了一个新的阶段。因此，人类发展进化的历史，既是伴随着物质资料生产的历史，也同时伴随着生态环境的巨大变化以及演变发展历史。在今天人类科学技术能力突飞猛进的时代，全球的环境已经发生了巨大的变化，许多原始的环境早已不复存在，自然生态系统也越来越多地被人工生态系统所替代或加以干扰、渗透，使人类与生存环境的关系，向着更高阶段发展。

环境对于人类生存与发展的关系表现在以下几方面的重要功能：

（1）环境是人类的栖息地，各种环境要素，如空气、水、土地和生物等都是人类生存和繁衍的必要条件。

（2）环境是人类生活、生产活动的对象，并且具有自我调节和净化污染的能力，因而是人类社会生存发展的依托。

（3）环境具有相对的稳定性，它是人类社会生存发展的制约因素。

人类对环境依托关系的实质，一是人类对环境自然资源的直接利用，环境以物质性产品的形式满足人类生存、发展和享受的需要；二是人类对环境系统的生态服务型功能的利用，环境以非物质性产品的形式为人类提供舒适性服务，满足人类更高级的享受（新鲜的空气、水体、美学、景观、旅游观赏等）。

就人类生存的地球环境来讲，是一个巨大、平衡的生态系统，它是由生物群体和非生物的物理性因素组成。生物群体包括植物群体、动物群体和微生物群体，非生物组分主要是大气圈、岩石圈和水圈。它直接形成人类利用的水资源、矿产资源以及土地资源。环境系统对人类发展的另一类重要功能，就是由那些物质性结构要素有机结合成一个整体后所表现出来的系统性功能即生态功能（生态服务与保护）。它维持着人类的生存与进一步发展，帮助人类更好地利用自然资源，如森林的水土保持和水源涵养等功能，能使土地资源和水资源更有效地为人类服务。环境的自然调节功能与净化，在一定程度上是环境系统对人类社会健康发展的重要保证。

三、地球环境圈层

人类自其诞生之日起，就和地球各圈层发生密切的关系，人作为生物圈中一个有机组成部分，他们既依赖于生命物质和非生命物质的生存和发展，又是一个会对生物圈中其他因素带来巨大影响的特殊群体。

（一）生物圈层与人类

生物圈的概念是 1875 年奥地利地质学家休斯（Eduard Suess）首次引进自然科学的。生物圈是指地球上有生命的部分，即地球上所有的生物，包括人类及其生存环境的总体。地球上生物圈的发育经历了约 30 亿年的历程，在这漫长的历史长河中，由于地壳与气候的变化等，有些物种消亡了，有些新的物种产生了，形成了今天由 $1\times10^7\sim3\times10^7$ 物种组成的五彩缤纷的生物圈。

在自然界与生物圈中，物种之间的相互依赖与制约是客观存在的，人类发展到今天，具有高度发达的智力和操作能力后，已经成为现今生物圈的主宰。自然界的生物圈没有任何捕食者或竞争者能够威胁到人类的发展，就连疾病这类天然的灾害也已经被征服到至少它们不能再有效地控制人口发展的程度。人类正在改变着生物圈中生物之间的相互依赖和制约的整体特征。在今天的技术社会发展过程中，人类利用自己的智慧生产物质资料的同时，又不断促进自身的发展，使人口的增长以爆炸性的指数方式增加。但从生物之间的相互关系与地球环境的支撑能力来看，人口数量的迅猛增长，可能最终导致人类自身的毁灭。在生态及进化理论中，没有任何学说支持人类将是地球上永不灭绝的物种这一设想。在现今人类认识到地球作为一个唯一的生命系统，它的安全与健康同人类的生存、健康与发展密切相关，因而人类正以自己的智慧、技能、潜力来调整其社会和生活方式，力求同生物圈的其他方面保持平衡。

人类作为地球生物圈的新成员，在过去的进化与发展历程中，同大自然的威严相比，她一直是一个弱者。而人类从农业社会进入工业社会后，掌握了可以同大自然相抗衡的力量，尤其是过去的一个世纪以来，科学与技术迅速发展，使人类从依赖于自然界，逐步地进入到控制自然的程度，并且在过去相当长的时期处处以胜利者和占领者的姿态出现，破坏了人类同大自然的平衡与和谐。

（二）大气圈与人类

大气圈是由地球外面各种气体和悬浮物组成的复杂流体系统，是在生物圈内生物有机体生命活动参与下长期发育而形成的。

地球大气的主要成分是氮和氧，对于组成地球大气圈的气体成分可以分为稳定组分和不稳定组分，如氮、氧、氩、氦等气体是属于稳定成分的，而 CO_2、SO_2、O_3 和水汽则属于大气圈层中的不稳定成分，此外大气中还包含着一些固态或微尘杂质等。

地球上的生物圈与大气圈保持着十分密切的物质和能量的交换，使大气各组成成分之间保持着相对的平衡状态。例如大气层中氧气的含量为 21%（体积比）就是地球上生物圈与大气相互作用而形成的结果。大气中氧气的增加与积累为生命的进化及从海洋走向陆地提供了基础，特别是臭氧的出现，使生命从水体之中走向水面。因此，如果大气圈中氧气的浓度下降，则地球生物圈内生物体的新陈代谢及氧化还原反应将会受到抑制。而且工业生产中燃料燃烧产生的 CO 等有毒气体将大量积累在大气圈，使生命有机体遭受破坏，但目前还没有在地球大气圈中看到这种变化的趋势。在大气圈的气体变化中，最引人注目的是 CO_2 和 O_3 等气体的浓度变化以及人工制造物所释放出 CFC 及甲烷等对大气圈的影响。

CO_2 是一种温室效应气体，有一定浓度的 CO_2 存在，对地表温度的调节至为重要。这是因为 CO_2 具有能让太阳辐射中的短波辐射通过而吸收地表长波辐射，从而使地表增温的效应，大气中另一种敏感的微量组分是甲烷，由于甲烷的温室效应比 CO_2 强 300 多倍，它所造成的增温作用占全球人为增温作用的 25%。地球上正因为有这些温室气体的存在，使地球表面的年平均温度可以保持在 13～15℃。据有关计算，若没有这些温室气体存在，地球的年平均温度为 -18℃，对地球上绝大多生物来讲就变得非常不适宜了。

正因为大气圈各组成部分之间保持着动态平衡，因此，破坏这种平衡就会对地球上的生物圈产生巨大的影响，人类社会自实现工业化以来，对地球大气圈的干扰越来越强，从而引发了一系列的环境危机。

（三）岩石圈与人类

岩石圈是人类生存环境中的一个圈层，其包括地球外层的岩石、风化壳，平均的厚度为 33～35 km。岩石圈对人类的发展具有重要的价值，为人类提供了丰富的化石燃料和矿物原料，同时人类的种种活动也给岩石圈带来一定的影响，甚至造成了严重的环境及地质灾难。

岩石圈对人类的作用主要体现在岩石圈中贮存的化石燃料和矿物原料，并为工业化以来人类的社会进步及科技发展提供了重要的能源、原料基础。已探明的化石燃料储量估计为 $9.15×10^{12}$ t（煤当量），可以使在目前全球人类能源消费水平的情况下维持 120～490 年。但由于化石燃料的不可再生性，为了维持人类的生产和社会可持续发展，必须尽快开发新的能源途径，把能源的消费从不可再生向可再生能源转变。岩石圈内的矿物资源随着人类的发展与科技进步而不断地增强并满足人类的需要，无论从数量与质量上都是与日俱增。农业社会中人类一生也许只需要几千克铁、铜和盐来进行生产与生活的活动；而工业化的社会、对矿物资源的消费要大得多。据统计 20 世纪 70 年代一个美国公民每年要消费铜铁 9.4 t，有色金属约 6 t（其中铅 7.25 kg，用于汽油添加剂已废止），沙砾石 3.55 t，水泥 227 kg，黏土 91 kg，盐 91 kg，总计各种金属和非金属物质约 20 t。

人类在开发利用化石燃料和矿物原料的同时，对环境也造成一定程度的影响，此外，由于岩石圈是地球上各个圈层的基础。因此，对岩石圈的任何干预，也将对其他圈层发生影响。加上由于人口的持续增长和技术进步，对岩石圈中矿产与能源的需求日益增长，而传统原料与燃料总有一天会耗竭，因而如何合理利用这些资源，迅速实现向新材料及新能源的转变，已成为关系到人类未来生存与发展的关键任务。

土壤是岩石圈能供植物生长与繁殖的疏松表层，其厚度由几厘米到几米不等，在地球表层上呈现不连续的分布。土壤圈层具有岩石圈不具有的肥力，能提供植物生长发育所需要的水、肥、气、热等因素。正因为如此，在地球表面上发育生长着各种植物、动物，从而形成了多样的生态系统：森林生态系统、农田生态系统和草原生态系统——生态系统的多样性。人类的生存与发展离不开宝贵的土壤资源。目前人类对土壤的主要影响是荒漠化、水土流失、盐渍化和水涝以及土壤污染等。

（四）水圈与人类

海洋和陆地上的液态水和固态水构成一个连续的圈层覆盖在地球表层，作为水圈，这层水圈将从地表水、江河、海洋到大气中的水蒸汽都包括在其中，大气中的水是水圈中水分运动的一个重要环节。从地球上生物的丰富与多样性来看，都离不开水的存在。全世界的水量约在 $14 \times 10^8 km^3$ 之多，主要以海洋水、冰川水、湖泊水、沼泽水、江河水、土壤水、大气水和生物水等形式存在（见表1-1）。

表1-1 地球水圈的分布

总水量分布/%		淡水量分布/%	
		冰盖、冰川	77.2
		地下水、土壤水	22.4
海水	97.3	湖泊、沼泽	0.35
淡水	2.7	大气	0.04
		河流	0.01

水在地球上的分布很不均匀，海洋的面积占据了全球面积的 71%。含盐的海洋水占全部水资源的 97.3%，人类难以直接利用。由于水资源的分布不均及淡水所占的比例仅为 2.7%，人们为了利用这有限的水资源，兴建了大量的水库，来截取洪水径流。20世纪科学技术的迅猛发展，使人类可以修建大型的水库来调节水量，迄今全世界水库的总库容已达 $2\,000\ km^3$，成为一种稳定可靠的水源。人类在利用水资源过程中还大量地开采地下水，但地下水的过度开采造成了严重的环境问题，最明显和最严重的问题是地下水水位大幅度下降乃至地下含水层的

枯竭，并造成了地面的大幅度沉陷。此外，人类对水圈的影响还在于使大量的湖泊消失，这是由于人为造成的水土流失使入湖泊泥沙增加；二是湖泊营养物质增加使藻类与水草丛生；三是由于围湖造田使湖泊面积缩小以致消亡。由于湖泊的消失，使一个地区的景观与环境发生改变。由于湖泊面积缩减，水量减少往往导致湖水矿化度增加，使水质变劣。

第三节　环境生态工程与技术

一、生态工程及其发展

工程是指人类设计的具有特定结构与功能的一种生产工艺系统，生态工程则是应用生态系统中物种共生与物质循环再生原理，结合系统工程的最优化技术而设计的分层利用物质和能量的生产工艺系统，它是近 20 年来发展较快的应用生态学分支之一。

美国生态学家 H.T.Odum（1962）提出了生态工程一词，并把它定义为"为了控制生态系统，人类应用来自自然的能源作为辅助能对环境的控制"，管理自然就是生态工程，它是对传统工程的补充，是自然生态系统的一个侧面。1971年他又指出生态工程即是人对自然的管理，1983 年，他修订此定义为设计和实施经济与自然的工艺技术。20 世纪 80 年代后，生态工程在欧洲及美国逐渐发展起来，并出现了多种认识与解释，并相应提出了生态工程技术[Uhlmann（1983），Straskraba（1984，1985）与 Gnauck（1985）]，即"在环境管理方面，根据对生态学的深入了解，花最小代价的措施，对环境的损害又是最小的一些技术"。我国生态学家、生态工程建设先驱马世骏先生（1984）则认为："生态工程是应用生态系统中物种共生与物质循环再生原理，结构与功能协调原则，结合系统分析的最优化方法，设计的促进分层多级利用物质的生产工艺系统。"生态工程的目标就是在促进自然界良性循环的前提下，充分发挥资源的生产潜力，防治环境污染，达到经济效益与生态效益同步发展。它可以是纵向的层次结构，也可以发展为横向联系而成为网状工程系统。

美国 Mitsch（1988）与丹麦 Jorgensen（1989）联合将生态工程定义为："为了人类社会及其自然环境两者的利益而对人类社会及其自然环境所进行的设计。""这种设计包括了应用定量方法和基础学科成就的途径。"欧美学者在其所论述的生态工程中普遍认为生态工程等同于生态技术，但我国的生态学者与研究人员则坚持生态技术仅仅是生态工程的一个环节，不能代表生态工程这一技术系统。

20世纪60年代，由于科技的发展、工农业生产的进步，造成部分资源紧张、环境污染及破坏日益严重、全球生态危机激化，在人们迫切寻求解决对策和途径中生态工程应运而生。生态工程起源于生态学的发展与应用，至今不过40多年的历史，自60年代以来，全球面临的主要危机表现为人口激增、资源破坏、能源短缺、环境污染和食物供应不足，并出现不同程度的生态与环境危机。在西方的一些发达国家，这种资源与能源的危机表现得更加明显与突出。现代农业一方面提高了农业生产率与产品供应量；另一方面造成了各种各样的环境污染，对土壤、水体、人体健康带来了严重的危害。而在发展中国家，面临着不仅是环境资源问题，而且还有人口增长，资源不足与遭受破坏的综合作用问题，所有这些问题都进一步催生了全球的生态工程与技术。

自1962年美国的H.T.Odum首先使用了生态工程（Ecological engineering）以后，开拓了生态学应用的新领域：生态工程学。从20世纪60年代起，西方的一些研究人员与学者就试图运用生态学和工程学的某些原理和工艺来达到治理环境和可持续发展生产的目的，并侧重于环境的保护。通过分析、研究生态系统组成成分及机制，在此基础上建立定量揭示系统的能流、物流和行为特征的动态模型与优化控制模型。如美国加利福尼亚州南部河口区从属于不同水文周期的湿地，建立了利用湿生植物香蒲等去除重金属改善水质，并进行复垦的生态工程（Brown，1991）。在丹麦格雷姆斯湖建立了防治富营养化的生态工程（Jorgensen，1976），德国建立了以芦苇为主的湿地处理废水的生态工程（Ernier，1991），在瑞典有学者利用室内水生生物的生态工程，处理净化该校的生活污水（Guterstam，1991），在荷兰已试用调控湖泊中生物种类结构、比例的方法防治富营养化（Richter，1986）。目前美国的生态工程正从生产过程中废物产生与排放减量、废物回收、废弃物回用及再循环4个方面逐步实施。

在中国面临的生态危机，不单纯是指环境污染，而是由于人口激增，环境与资源破坏，能源短缺、食物供应不足等共同而成的综合效应。因此，中国的生态工程不但要保护环境与资源，更迫切地要以有限资源为基础，生产出更多的产品，以满足人口与社会的发展需要，并力求达到生态环境效益、经济效益和社会效益的协调统一，改善与维护生态系统，促进包括废物在内的物质良性循环，最终是要获到自然—社会—经济系统的综合高效益。正因为如此，我国对生态系统的发展与生态工程的建设提出了"整体、协调、循环、再生"的理论（王如松，1991）。生态工程的基础形成了除了以生态学原理为支柱以外，还吸收、渗透与综合了其他许多的应用学科。如农、林、渔、养殖、加工、经济管理、环境工程等多种学科原理、技术与经验，生态工程的目标就是在促进良性循环的前提下，充分发挥物质的生产潜力，防止环境污染，达到经济与生态效益同步发展（马世骏，1987；孙鸿良，颜京松等，1992）。在生态工艺与技术方面也提出了加环（生产环、增益环、减耗环、复合环和加工环），联结本为相对独立与平行的一些生态系统为共生生态网络，调整内部结构充分利用空间、时间、营养生态位，多层次分级利用物质、能量、充分发挥物质生产潜力、减少废物，因地制宜促进良性发展。中国生态工程虽然起步晚，但是发展很快，特别是在生产实际的应用中取得了长足的进步，并取得了较大的成绩。例如，自 1994 年全国的生态农业县建设试点工程启动以来，就覆盖农田面积 25 000 km² 以上，内陆水体 76 km²，草地 912 km²，人口约 2 581 万；举世瞩目的五大防护林生态工程：三北防护林体系、太行山绿化工程、海岸带防护林体系、长江中上游防护林体系和农田林网防护林体系等。对防风固沙，减少径流，改善保护区内农田小气候，促进农业增产及多种经营，显示了良好的效益（Yan，1993）。

二、环境生态工程概念

（一）环境工程和生态工程

环境工程（Environmental engineering）是一门研究环境污染防治技术原理和方法的学科，其内容广泛而复杂，涉及化学、物理学、生物学、医学、给排水工程、土木工程、机械工程、化学工程等原理和手段。以环境污染综合防治作为基本指导思想，研究防治环境污染和公害的技术措施，自然资源的保护和合理利用，各种废物的资源化以及对局部的规划等，以获取最优的环境效益、社会效益和经济效益。基本内容包括水污染防治工程、大气污染防治工程、噪声及其他公害防治技术。而生态工程是应用生态系统中物种共生与物质循环再生原理、结构与功能协调原则，结合系统工程的最优化方法，设计的分层和多级利用物质的生产工艺系统。由此可见，在对于环境及生态的治理与保护上，两者都是在运用环境学或生态学基本原理的基础上通过人工调控实施工程反应措施来达到环境保护或生态保护的目的。

（二）环境生态工程的概念

环境生态工程是结合环境工程和生态工程的理论、方法和技术，从系统思想出发，按照生态学、环境学、经济学和工程学的原理，运用现代科学技术成果和现代管理手段以及相关专业的技术经验组装起来的，致力于解决当今社会的环境问题，以期获得较高的社会、经济、生态效益的现代生态工程系统。是环境学、生态工程理论、方法和工程技术体系在环境中的具体技术与措施的应用，并针对环境的特征以及存在的环境问题，应用生态系统、环境科学中的各项原理，利用工程学的方法，协调生态系统内多种组分的相互关系，解决城市、农村、人居等环境问题，维持生态系统的平衡，促进生态系统稳步的发展。

随着人类社会的发展及科技的进步，特别是人们对于我们生存的这个地球唯一的生态系统与环境之间关系的研究深入与发展，人们认识到每一次人们对于环境的破坏与干扰，污染物质的排放与物质不合理的利用，生态系统最后通过它自身的规律与运动而反作用于人类自身。我们目前面临着一些全球性的环境问题与灾难，如全球性的温室效应、生物多样性的减少、人类本身疾病的衍生、超级细菌的显现和酸雨区的扩大等都是由于人类对生态系统不合理利用和开发所引起的。这些也更进一步促使人类如何科学地认识我们的生存环境，如何更加合理有效地利用我们的环境资源进行生产与生活活动，如何有效地采用生态、生物性的环境保护与治理的手段处理、利用、转化那些产生的废弃物。因此，在环境工程的技术手段中利用生物与环境之间的关系，利用生态系统的本身的特点及结构功能来更加有效地做好环境工程及污染废弃物的处理是必须考虑的问题，这样也催生了环境生态工程的理念及技术手段，利用生物、生态系统有效地做好环境的保护、污染物的处理与治理。

三、环境生态工程的特征

从系统工程的观点来看，生态系统是社会—经济—自然的复合生态系统，在这一系统中，形成了以人的行为为主导，自然环境为依托，资源流动为命脉，社会体制为经络的人工生态系统特征。因此，其结构可以分为 3 个主要集合：

（1）第一圈为核心圈，构成部分为人类社会，包括组织机构及管理、思想文化、科技教育和政策法令，是核心部分，或称为生态核。

（2）第二圈是内部环境圈，包括地理环境、生物环境和人工环境，是内部介质，称为生态基。常具有一定的边界和空间位置。

（3）第三圈是外部环境，称为生态库，包括物质、能量和信息以及资金、人力等。

国外的环境生态工程研究与处理的对象一般是按照自然生态系统来对待，如各类湖泊、草原、森林等。在自然生态系统中加入或构造原本没有人为结构，如水利设施与土壤改良等工程。西方生态工程的研究方法的贮备与应用，特别是定量化、数学模型化及其系统组分及机制的分析方面具有自己的特色。

四、环境生态工程应用

（一）农业生态工程

西方国家在 20 世纪 30 年代实现了农业生产的机械化、化学化后，使农业劳动生产率，农畜产品的产量大幅度提高。但是随着时间的推移，进入 60 年代以来，这种生产方法越来越多地带来了许多不可避免的负面影响。蕾切尔·卡逊在其所著的《寂静的春天》一书中深刻地分析了杀虫剂、农药对环境与生物的破坏与影响。种植与饲养的动植物品种单一化加重了病虫害和杂草的发生与蔓延，大量人工合成的化学物质的投入造成土壤、水体和农产品的严重污染，这些问题不但影响农业生产的进一步发展，而且还威胁农产品持续供应的可能性。为此，西方发达国家发展了各种形式的替代农业类型，特别是用生态学原理与生态工程技术手段来提高资源的利用率与保护生态环境。

我国在农业生态工程的研究与进展取得了令人注目的成绩，具有中国特色的生态农业建设面广、点多，体现在各个层次上。从农户到村庄、从乡镇到县城，把生态农业技术与工程技术结合创造了具有自身特点的农业生态工程，注重生态经济效益的结合，把农业生产与生态环境的建设保护结合起来，同步发展。1994 年我国政府制定了中国 21 世纪议程，明确指出要推进可持续发展的综合管理和扩大生态农业建设试验点。1999 年国务院印发"全国生态环境建设规划"，要用 50 年的时间基本上实现中原大地山川秀美，要继续抓好生态农业建设，建设好一批生态农业工程。1993 年启动"全国生态农业试点县"建设，经过 5 年生态环境得到了较大的改善。土壤沙化的治理率为 60.5%，水土流失治理率为 73.4%，森林覆盖率为 30.5%，提高了 3.7%，废气净化率为 73.4%，废水处理率为 57.0%，固定废弃物利用率为 31.9%，比实施生态农业工程前有较大幅度的提高。

（二）环境保护中的生态工程

生态工程在环境保护中的研究与应用较为广泛。特别是体现了污染物的处理与利用，污染水处理与湖泊、海湾的富营养化防治更为突出。如在美国的俄亥俄州中，应用蒲草为主的湿地生态系统处理煤矿所排含有 FeS 酸性废水的生态工程。在瑞典也建立了若干污水处理生态工程，利用污水作为肥料，农田灌溉处理净化污水。在德国、荷兰、奥地利等国结合生态技术建立了各种各样的污水处理与净化工程。

环境生态工程与技术系统也是我国环境保护中发展应用较快的一个方面。我国长期以来已在废物利用、再生、循环等方面积累了许多的经验，如生活污水及粪便的多级处理，用作农田肥料或养殖蚯蚓，培植食用菌。但研究、设计与应用生态工程以及在生态学原理指导下开展工作则在 20 世纪 50 年代才开始，如马世骏等在 50 年代首先提出调控湿地生态系统的结构与功能来防治蝗虫灾害。我国环境生态工程的应用是从整体出发，研究和处理特定生态系统的内部结构与功能，并加以优化与提高生态系统的自净能力与环境容量。

从目前我国环境生态工程建设的内容来看，环境生态工程可以大致分成 5 种类型：

（1）无废（或少废）工艺系统，主要用于内环境治理；

（2）分层多级利用废料生态工程，使生态系统中的每一级生产中的废物变为另一级生产过程的原料，使废料均被充分利用；

（3）复合生态系统内的废物循环，再生系统，如桑基鱼塘生态工程；

（4）污水自净与利用生态系统；利用生物与微生物进行污水的生物生态处理工程；

（5）城乡（工、农、牧、副、渔）结合环境生态工程，在一定区域内，应用不同生态工程分层多级利用废料实现多个效益的良好协调统一。

1. 水体富营养化的环境生态工程治理

水体富营养化是指在人类活动的影响下，生物所需的氮、磷等营养物质大量进入湖泊、河口、海湾等缓流水体，引起藻类及其他浮游生物迅速繁殖，水体溶解氧含量下降，水质恶化，鱼类及其他生物大量死亡的现象。在自然条件下，湖泊也会从贫营养状态过渡到富营养状态，不过这种自然过程非常缓慢。而人为排放含营养物质的工业废水和生活污水，以及农业生产的污水所引起的水体富营养化则可以在短时间内出现。水体出现富营养化现象时，浮游藻类大量繁殖，形成水华。

环境生态工程是治理水体富营养化的有效途径。环境生态工程建立以初级生产者（藻类、高等水生植物）、消费者（食草动物，杂食性动物）和分解者（微生物）组成的水生生态系统，既能防治水体富营养化，又能提供足够的生物产量。常见的环境生态工程措施如下：

（1）鱼类调控。通过驱除杂食性鱼类，控制工程区内的野杂鱼密度，投放滤食性鱼类通过生长摄食，有效减少水体中的藻类水华。例如在湖中每年投入食肉类鱼种有狗鱼、鲈鱼等，它们吞食吃浮游动物的小鱼，一段时间之后这种小鱼显著减少，而浮游动物增加使作为其食料的浮游植物量减少，整个水体的透明度随之提高，细菌减少。

（2）大型水生植物调控。大型水生植物包括凤眼莲、芦苇、狭叶香蒲、加拿大海罗地、多穗尾藻、丽藻、破铜钱等许多种类，可根据不同的气候条件和污染物的性质进行适宜的选栽。水生植物净化水体的特点是以大型水生植物为主体。植物和根区微生物共生，产生协同效应，净化污水。经过植物直接吸收、微生物转化、物理吸附和沉降作用除去氮、磷和悬浮颗粒，同时对含重金属元素的某些分子也有降解效果。水生植物一般生长快，收割后经处理可作为燃料、饲料或经发酵产生沼气。

2．土壤污染的生态环境工程治理

土壤污染是环境污染的重要环节，主要通过改变土壤的组成、结构和功能，影响植物的正常生长发育，导致有害物质在植物体内累积，并通过食物链进入人体，最终危害人体健康。目前对土壤污染治理的环境生态工程，主要是：

（1）植物修复。植物修复是指利用植物忍耐和超量积累某种或某些化学元素的特性，或利用植物及其根系微生物与环境之间的相互作用，对污染物进行吸附、吸收、转移、降解、挥发，将有毒有害的污染物转化为无毒无害物质，最终使土壤功能得到恢复。植物修复技术因其具有安全、成本低、就地、土壤免遭扰动、生态协调及环境美化功能等特点，又被称之为绿色修复。作为一种新兴、高效、绿色、廉价的生物修复途径，植物修复技术已得到广泛认可和应用，尤其是在重金属污染土壤修复方面特别显著。

（2）动物修复。动物修复是利用土壤中的动物吸收和积累有毒有害污染物，可在一定程度上降低土壤中污染物的比例，达到修复和治理污染土壤的目的。例如蚯蚓对铅有较强的富集作用，且随着铅浓度的增加，蚯蚓体内的铅富集量也增加，单位质量蚯蚓培养期内吸收铅量与铅浓度梯度表现出极显著性差异。

（3）微生物修复是利用某些微生物对土壤中有毒有害污染物具有吸收、沉淀、氧化、还原和降解等作用，从而降低或消除土壤中污染物的毒性。微生物降解有机污染物的技术在废水处理中的应用已有几十年的历史，而将微生物降解技术有意识地大规模应用于受污染的土壤治理仅仅十几年。美国、日本、欧洲等发达国家对微生物修复技术进行了研究，并完成了一些实际的处理工程，从而证实微生物修复污染土壤有效、可行。

3．大气污染的生态环境工程治理

大气中污染物质的种类较多，常见的有二氧化硫、氮氧化物、氟化物、一氧化碳、二氧化碳等。对于大气污染生态治理的关键技术是查出污染源研究污染物的地面最大浓度和分布规律，测定污染物的浓度。

利用植物治理大气污染是主要的治理措施。在利用植物对大气污染进行生态治理的同时应根据植物的生物学和生态学特性，选出花期长，花大，花形奇特，花期分开，生长快，寿命长，萌芽能力强，能适应各种环境条件的树种，用来净化和监测大气。

植物净化大气污染环境的作用，主要是通过叶片吸收大气中的有毒物质，减少大气中的有毒物质含量，同时，还能使某些有毒物质在体内分解、转化为无毒物质，自行降解，例如二氧化硫进入植物叶片后形成亚硫酸和亚硫酸根离子（毒性很强），亚硫酸根离子能被植物本身氧化并转变为硫酸根离子，硫酸根离子的毒性相对较小，这样植物就能自己降解毒物，避免受害。

树木对粉尘有明显的阻挡、过滤和吸附作用，能减轻大气的粉尘污染。树木之所以能够减尘：一方面由于植物冠层茂密，具有降低风速的作用，随着风速的降低，空气中携带的大颗粒灰尘便下降到地面；另一方面是由于叶子表面不平，多茸毛，有的还能分泌黏性的油脂和汁浆，空气中的尘埃经过树木时，便附着于叶面及枝杈上，从而起到过滤作用。蒙尘的植物经过雨水淋洗，又能恢复其吸尘的能力。由于树木总面积很大，吸收浮尘的能力是很强的，所以树木是空气的天然滤尘器。

第四节　环境生态工程基本原理

环境生态工程是按照生态学、经济学、环境学和工程学的原理，运用现代科学技术成果和现代管理手段以及生物与环境之间的合理结构人工构建、组装起来的，具有保护环境，同时又具有对于生产过程中产生的废弃物进行生物转化、利用、处理的功能的环境工程系统，建立一个良好的环境生态工程的模式，必须考虑如下几项原则：

（1）因地制宜原则。根据不同地区的实践情况来确定本地区的主导环境生态工程模式。

（2）开放有效平衡的系统原则。在环境生态工程的建设中必须充分注重在生物系统及环境系统之间的物质、能量、信息的输入、运转及输出的相互关系，加强与外部环境的物质交换，提高环境生态工程的有序化、长效性，提高系统的效率及效应。

（3）在环境生态工程的建设发展中，必须注重劳动、资金、能源、技术密集相交叉的集约综合原则，达到既有高的产出，又能促进系统内各组成成分的互补、互利、协调发挥环境生态工程的综合效能。

环境生态工程建设的目标是使环境与生物、人类与社会之间构建成一个具有较强的生物自然再生和环境自然净化、物质循环利用及社会再生产能力的系统。在环境效益方面要实现生态再生，使自然再生产过程中的环境、自然资源更新速度大于或等于利用速度，在经济效益方面要实现经济再生，使社会经济再生产过程中的生产总收入大于或等于资产的总支出，保证系统扩大再生产的经济实力不断增强，在社会效益方面要充分满足社会的要求，使农产品供应的数量和质量大于或等于社会的基本要求，通过环境生态工程的建设与生态工程技术的发展使得三大效益能协调增长，实现环境系统的持续稳定的发展态势。

一、环境生态工程基本原理

（一）环境生态位原理

生态位是生态学研究中广泛使用的名称，通常是指生物种群所占据的基本生活单位、对于生物个体与其种群来说，生态位是指其生存所必需的或可被其利用的各种生态因子或关系的集合。每一种生物在多维的生态空间中都有其理想的生态位，而每一种环境因素都给生物提供了现实的生态位。这种理想生态位与现实生态位之差一方面迫使生物去寻求、占领和竞争良好的生态位。另一方面也迫使生物不断地适应环境，调节自己的理想生态位，并通过自然选择，实现生物与环境的世代平衡。因此，在环境生态工程的构建中，在生物的利用构成中要考虑其环境生态位的特点，特别是在半人工或人工的生态系统，人为的干扰控制使其物种呈现单一性，从而产生了较多的空白生态位。因此，在环境生态工程设计及技术应用中，如能合理运用生态位原理，把适宜系统环境，具有经济及环境处理及美化价值的物种引入系统中，填充空白的生态位而阻止对环境有害的污染物的输入、病虫、有害生物的侵袭，就可以形成一个具有多样化物种及种群稳定的生态系统，从而保持环境中的生物同水体、土壤环境的稳定平衡。

（二）食物链原理

在自然生态系统中，由生产者、消费者、分解者所构成的食物链，从生态学原理看，它是一条能量转化链，物质传递链，也是一条价值增值链。绿色植物被草食动物所食，草食动物被肉食动物吃掉，植物和动物残体又可为小动物和低等动物分解，以这种吃与被吃而形成了食物链关系。但是食物链并非单一的、简单的一种关系，如水稻—蝗虫—鸟类这样，而是形成了一种复杂的食物网。

林德曼著名的十分之一定律说明，能量从一个营养级向下一个营养级转化的比率只有十分之一，因此自然界的食物链很少有长达 4 个营养级之上。但在人工生态系统与环境生态工程中，这条食物链往往进一步缩减了，缩减了的食物链不利于能量的有效转化和物质的有效利用，同时还降低了生态系统的稳定性，加重环境污染。因此，根据生态系统的食物链原理，在生态系统中，可以将各营养级因食物选择而废弃的生物物质和作为粪便排泄的生物物质，通过加环与相应的生物进行转化，延长食物链的长度，并提高生物能的利用率。如在经济树林中养殖土鸡、鸡粪喂猪、猪粪制造沼气，沼渣肥田、稻田养鱼、鱼吃害虫、保障水稻丰产，从而形成了一种以人为中心的网络状食物链的种养方式，其资源利用效率、经济效益与环境效益要比单一方式大得多。

（三）整体效应原理

系统是由相互作用和相互联系的若干组成部分结合而成的具有特定功能的整体，其基本的特性就是集合性，表现在系统各组分间相互联系、相互依赖、相互作用、相互制约的不可分割的整体，整体的作用和效应要比各部门之和来得大。环境生态工程是由生物资源、环境资源以及社会经济要素构成的复合系统。环境生态工程的建设要达到能流的转化率高，物流合理循环、规模大，就要合理调配组装协调环境生态系统的各个组成部门，使整个系统的效率提高，而整体效应的获得要取决于系统的结构，结构决定功能。

（四）环境及生物协同进化原理

生物的生存、繁衍不断从环境中摄取能量、物质和信息，生物的生长发育依赖于环境，并受环境的强烈影响，外界环境中影响生物生命活动的各种能量、物质和信息因素称为生态因子，生态因子既有对生物和生命活动所需的利导因子，也有限制生物生存和生命活动的限制因子。利导因子促进生物的生长发育，而限制因子则制约生物生长与生产的发展，因而在当地的环境生态工程建设中必须充分分析当地利导因子及限制因子的数量和质量。以选择适宜的物种和环境协调模式。

生态系统作为生物与环境的统一体，既要求生物要适应其生存环境，又同时伴有生物对生存环境的改造作用，这就是所谓的协同进化原理。协同进化原理认为生物与环境应看做相互依存的整体，生物不只是被动地受环境作用和限制，而在生物生命活动过程中，通过排泄物、尸体、残体等释放能量、物质于环境，使环境得到物质补偿，保证生物的延续，封山育林，植树种草，退耕还林，合理间套轮作都是为了改善生态环境。

二、环境生态工程技术调控原理

环境生态工程技术调控通常是指通过对现有环境及生态系统中的某个环节或几个环节，进行扩大、缩小、置换、添加或功能变换以及对其所处的生态环境进行适当的改变，最终达到不断地提高环境生态工程整体的生态与经济效益。

环境生态工程的技术调控依据

生态系统的协调稳定既受自然规律的支配，又受到社会经济规律的调节，因此环境生态工程的调控以自然调控与人工调控相结合。

根据控制论观点，一切有生命与无生命的系统都是信息系统，一切有生命与无生命的系统都是反馈系统。反馈就是把系统运行中偏离目标的信息，传递给控制装置，并作出下一步决策，修正下一步的行动。任何一个自然过程都是一种自然转换过程，有转换性能的结构可以看做是一种转换器，对转换器性能进行调节的部件称为调节器；控制调节器的人和物称为调节者。对环境生态工程而言，植物、微生物是生态系统的转化器，转化的效率及成果则有赖于人类的调节，环境设施、水利设施，机械工具及作为劳动者的人一起构成了调节器。生产单位的管理人员是环境系统调节机制的控制者。生物物种本身的巧妙控制机制使其与外界条件相适应，环境系统中的转换器多是从生态系统中继承下来的，其转换性能不能完全按人的需要进行调控，但随着科学技术的发展，人类对生态系统与环境生态工程的调控作用将会越来越深刻。

1. 环境生态工程的自然调控原理

生态系统在其自然发展过程中，有趋于稳定的性能，即受到干扰后能维持稳定，恢复到原态的能力为稳态调控。一般地这种稳态调控受到多种机制的作用，从基因、酶、细胞、组织到个体、种群、群落都有着丰富的表现形式，稳态调控中最主要的环节就是内部的反馈机制，即系统的输出成分被回送，重新成为同一系统的输入成分，成为同一系统输入的控制信息。

正反馈使系统输出的变动在原变动方向上被加速反馈，如种群的增长在正反馈机制作用下使种群数量迅速增加，远离原来的水平。

负反馈使系统输出的变动在原变化方向上减速或逆转的反馈，环境系统中种群的数量在负反馈机制的作用下使种群数量增加减速，并使种群数量稳定在平衡点水平（k），如图 1-1 所示。

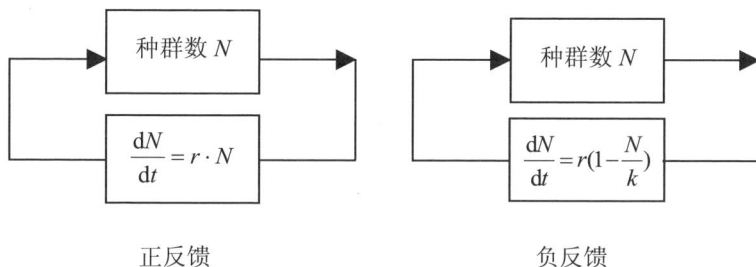

种群数 N	种群数 N
$\dfrac{\mathrm{d}N}{\mathrm{d}t}=r\cdot N$	$\dfrac{\mathrm{d}N}{\mathrm{d}t}=r\left(1-\dfrac{N}{k}\right)$
正反馈	负反馈

图 1-1　系统正负反馈

现实系统中，种群数量的动态变化往往由正反馈与负反馈共同调节，一般地在种群数量（N）低的情况下，正反馈起主要作用；随着种群的增长，因为营养与空间的限制作用，负反馈的作用越来越大，而迅速稳定的接近环境容量（k）从而达到环境的相对稳定与平衡。

2. 环境生态工程的人工调控原理

在环境生态工程的建设与技术调控中，必须以自然生态系统稳定性的调节机制为基础，人工调节必须与系统内部的自然调控相互结合，人工调控途径按其对象分为环境调控，生物调控，结构调控，输入输出调控，复合调控等。

（1）环境调控。改善生态环境，满足生物生长发育的需要，如植树造林，改善小气候，地膜覆盖，提高地温与土壤水气。

（2）生物调控。通过良种选育，杂交良种应用，遗传与基因工程技术，创造出转化物质与废弃物效率高，能适应外界环境的优良物种达到对环境净化、资源的充分利用。

（3）结构调控。通过调整生态系统结构，可以改善系统中能量与物质的流动与分配，增强系统的机能。

（4）输入输出调控。生态系统与环境中输入的光、热、水、气等因子还非人工所能控制，但输入部分的肥料、水源、土壤、种子等在其质与量上可以部分地受到人为调控，如输入符合系统的内部运行机制与规律，其输出有利于环境质量的改善和系统功能的增强，但如果输入不符合系统的运行规律，则输出会使环境质量降低，系统功能削弱。

（5）复合调控。生态工程的复合调控是自然调控与社会调控两者之间交互联结而成的调控，不仅要考虑系统的自然环境还要考虑各种社会条件，如政策和法律、市场交易、交通运输等影响到系统的运行规律及机制。

复合调控的机制也明显地分出 3 个层次来进行调控，在最低层次的自然调控和第二层次的经营者直接调节与第三层次的社会间接调控都是相互之间联系密切进行的。因此在进行环境生态工程建设与技术调整时，经营者在制订计划和实施直接调控时除了要考虑系统的自然状况外，还必须考虑各种社会条件，经营者的行为和决策总要受到不同程度的市场等因素的制约。

环境生态工程的目的就是通过复合调控来达到在取得良好的环境生态效益的基础上，实现良好的经济效益。环境及自然资源在被人类利用进行生产的过程中，不仅具有被人类直接利用的经济价值，而且还有间接地服务于人类的生态价值，这种具有双重价值的资源可以称之为生态资源，从经济学的角度来看，生态环境也是具有价值的。而且经济的活动过程及生态环境的质量，必然要受到人类各种有目的的各类经济活动所产生的生态效益（包括正效益和负效益）影响。当人类经济活动所产生并不断积累的负值的生态效益（如环境污染、水土流失、资源衰减、草原荒漠化）超过一定数量时，这个生态环境的质量就有害于人类的生存，降低或失去使用价值。为了求得继续利用，人类必须付出一定量的劳动来从事生态环境的保护和建设。环境生态工程的建设与发展，就是为了既促使经济过程的发展，同时又不要破坏环境，使生态环境的质量起码达到人类正常生存和发展所必需的标准。

环境生态工程的建立与技术应用，进行的是一种环境商品生产，进行交换的产品：一方面是自然力作用与转换的结果；另一方面也是社会生产力作用的结果。因此，从这一点上可以说，环境生态工程技术就是为了既促进经济价值的交换，又促进生态价值的交换。是经济的商品流转，又是生态的物能转移。不同的生态系统相互之间的作用与联系，也包含着复杂的生态交换，在进行经济交换的同时，又具有生态交换的意义。

三、环境生态工程建设与可持续发展

（一）我国生态环境存在的问题

生态环境现状

生态环境是自然环境重要的组成部分，是人类赖以生存和发展的基础。良好的生态环境，丰富的农业自然资源，及其合理的开发和利用，是保证社会经济持续、稳定、协调发展的必要条件。

我国人均资源远远低于世界平均水平，资源的分布也不均衡，淡水、耕地、森林等资源人均占有量不到世界人均水平的 1/3。人口基数大、增长速度快，农业后备资源不足，因此，在今后很长的一段时间内，人口、资源和环境的矛盾将困扰我国社会经济发展。因此，重视经济建设与人口、资源、环境的关系，严格控制人口增长，大力提高人口质量，合理利用资源，坚持开发与节约并举，注意环境保护，加强污染治理，这不仅对促进我国可持续发展具有重要意义，而且对中华民族的生存发展也具有重大的战略意义。

我国农业生态环境的演化，既有不容忽视的自然因素，也有人为作用的因素，但后者起着主导作用。新中国建立后，党和政府十分重视农业生态环境的改善，大搞农田基本建设，兴修水利，改土治水，植树造林，建设草原等方面做了大量的工作，促进了农业的大发展和局部生态环境的改善。但由于历史上开发资源强度过大，农业生态环境问题长期积累，加之当前人口剧增，人们对环境保护又缺乏应有的认识，因此引起生态破坏，特别是环境污染日益严重。随着农业生产面向现代化、向市场经济的轨道发展，面临的农业生态环境问题也越来越复杂，新中国建立以来，我国的人口增加了一倍多，目前仍以每年约 1 000 万人口的速度增长，而耕地面积每年减少 50 万 hm^2，使我国人多地少、耕地资源不足的矛盾越来越突出。随着经济的发展，非农业建设占用耕地增加，农业生产内部结构调整，占用耕地失控，土地管理制度不尽完善，加之耕地自然损毁等原因，人均耕地面积不断下降。1949 年人均耕地 0.18 hm^2，1991 年人均耕地下降为 0.089 hm^2，减少了 52%。耕地少，质量不高。其中，高产田更少，仅占 22%，中低产田占 78%。高产田主要分布在南方，中等地主要在北方，低等地主要分布在西部和山区。全国耕地总面积的 59%缺磷、23%缺钾、14%磷钾均缺，耕层浅的占 26%，土壤板结的占 12%。从整体上看，地力明显不足。

我国森林覆盖率远低于世界 36%的平均水平，在世界各国中排列第 120 位，人均林地不足 0.13 hm²。森林不仅覆盖率低，而且分布不均。台湾省最高，达 55.1%；福建省次之，为 37%；青海、新疆等七省、自治区在 4%以下，其中青海省仅为 0.3%。

我国每年的降水量约为 6 万亿 m³，平均降水量 630 mm，这仅仅比全球年平均降水量 800 mm 少 1/5。因此，从绝对量来说我国不是一个特别干燥的国家。我国降水量的分布，一般由东南沿海向西北向内陆逐渐减少。400 mm 等雨线沿大兴安岭南麓而下，经黄土高原到西藏高原南端，自东北斜贯西南，此线以北和以西地区基本受不到夏季湿润季风的影响，年降水量除个别地区外，均小于 400 mm。气候干燥，对作物生长不利；此线以东和以南地区，普遍受夏季季风影响，降水量在 400~200 mm，境内雨量充沛气候湿润，对作物生长极为有利。此外，我国相当一部分地区降水量的年际变化很大，时空分布比较复杂，容易出现不同程度的旱涝灾害，对农业生产及生态环境带来很大影响。

我国河流径流总量约为 26 000 多亿 m³，居世界第 5 位，仅次于巴西、俄罗斯、加拿大和美国，但人均径流量仅为 2 500 m³，不及世界人均水平 8 300 m³ 的 1/3，居世界第 38 位。我国不仅是河川径流量分布不均匀的国家，从农业观点出发，也是水土资源分布很不一致的国家，长江以南地区水资源占全国的 83%，耕地仅占 36%；长江以北地区，耕地占 64%，水资源仅占 17%。从目前的情况来看，我国河川径流量明显减少，旱灾面积大幅增加。20 世纪 80 年代地表水仅及 50 年代的 1/2，另外，大量未处理的工业废水和生活污水的排放，污染了河湖库塘的水质，不少河流的许多河段有害有毒物质的含量已经超过农业灌溉水质标准和渔业水质标准。

水土流失是我国生态环境最突出的问题，现在的状况仍然是小片治理，大片加重；上游流失，下游淤积；灾害加重，恶性循环，水土流失面积有增无减。解放初，我国水土流失面积为 116 万 km²。据估算，目前全国水土流失总面积已达 367 km²，水土流失面积扩大了 2 倍多。每年水土流失量达到 50 亿 t。

我国北方地区沙漠、戈壁、沙漠化土地面积达 149 万 km²，占国土面积的 15.5%，其中沙漠化土地面积达 33.4 万 km²。在半湿润及湿润地区，风沙化土地面积有 1.88 万 km²。我国沙漠化土地面积每年以 1 560 km² 扩展。从 20 世纪 50 年代末到 70 年代末，因沙化已丧失土地资源 3.9 万 km²。目前约有 393 万 hm² 农田，49.3 万 hm² 草场受到沙漠化的威胁。

土地沙漠化是自然因素和人为因素造成的，据有关专家指出：土地沙漠化的成因，过度农垦占 25.4%，过度放牧占 28.3%，过度樵采占 31.8%，风力作用下沙丘前移占 5.5%。可见，我国沙漠化的发生与发展主要还是人为作用下造成的。

环境污染严重，污染物总量将大幅度增加，生态环境质量逐年下降。随着工业和乡镇工业的迅速发展，工业"三废"排放对农业生态环境污染日趋严重。我国遭受不同程度污染的农田面积已达 1 000 多万 hm^2，有 2 400 km 河段鱼虾绝迹，每年超过食品卫生标准的农畜产品总量达 1 535 万 t。每年因农业环境污染造成农作物减产损失 150 亿元，农畜产品污染损失 160 亿元。此外，城镇的大量建设，使污染严重的工业向农村地区转移，大气污染由城市逐渐向农村扩展，导致农田大气环境遭到严重污染。因此，环境污染和生态破坏不仅制约着我国经济发展，而且严重威胁着人民身体健康。

生存与发展的压力日益加重，解决问题的能力与条件不足及滞后，以及生态恢复的长期性，是今后我国生态环境质量仍将继续恶化的主要原因。随着人口的持续增长，在耕地的绝对量和其他资源人均占有量不断下降，人均消费需求不断扩张的情况下，这将促使人们的基本生存需求（吃饭、饮水、生活能源、住宅等）对生态环境的重压与日俱增，势必加强人们对自然资源和生态环境的进一步开发利用。

由于人口快速增长，我们面临的不单是生存问题，而且是生存与发展的双重问题。所谓发展，就是实现工业化、城市化和现代化。由此将不可避免地带来污染物绝对数的增长，我们将面临严重的环境污染和生态破坏。因此发展还必须包括人类文明的生态化及产业生态化。

如何使经济建设与人口、资源、环境相协调，是当今人类面临的重大问题，也是我国现代化建设中遇到的重大课题。对于我国来说，在当前以及今后相当长的历史时期内，我们都必须毫不动摇地把发展经济放在首位，然而，经济的发展离不开人以及资源、环境的支持。高素质的人才、丰富的资源和优化的生态环境是经济发展不可缺少的基础和条件。经济发展要受到人口、资源、环境的制约，经济发展必须与人口、资源、环境相协调，否则，经济发展难以持久，甚至人类生存将受到威胁。

（二）生态工程建设与环境保护

1. 生态工程建设是环境保护的方向

我国的农业发展模式——生态农业及农业生态工程模式与技术是 20 世纪 80 年代初提出的，由于生态农业基本理论的特点顺应了农业持续、稳定、协调发展战略的要求，符合"二高二优"的农业发展方向。因此，生态农业不仅是一个方法，而是一种普遍的模式，而成为农业可持续发展的根本方向与道路，是农业环境保护方向性的模式。

除了生态农业以外，其他模式都难以把经济效益、生态效益和社会效益结合起来，因而生态农业很快被广大农村干部、群众所接受，并得到各级政府、有关部门的肯定和重视。1984 年国务院《关于环境保护工作的决定》提出：要认真保护农业生态环境，积极推广生态农业，防止农业环境污染和破坏。1985 年，国务院环委会转发《关于发展生态农业，加强农业生态环境保护工作的意见》的文件，要求省、地、县各级政府都要因地制宜地积极开展生态农业试点工作，把推广生态农业、保护农业生态环境列入重要议事日程。1991 年在七届人大四次会议通过《国民经济和社会发展十年规划和第八个五年计划纲要》中又明确指出："继续搞好环境示范工程和生态农业试点。"根据国务院有关指示精神，从 1991—1999 年期间全国 28 个省市 100 多个县都因地制宜地积极开展了生态农业试点示范工程。在短短的 10 年时间里，全国已建立不同规模和类型的生态农业试点 1 198 个，生态农业县 100 多个，这些试点都在不同程度上取得了明显的经济效益、生态效益和社会效益。

1993—1998 年国家 7 部委联合下文分两次在全国建设 100 个"生态农业县试点县"、5 个"生态农业地区"的试点建设，它标志着生态农业的建设步入了一个以县（区）级为单位建设生态农业的新的发展阶段。因此，生态农业与农业生态工程建设已经成为农业环境保护的一项重要工作，已成为农业环境保护的方向性模式。

2. 环境生态工程建设，促进废物多级利用及污染区综合整治

目前，我国广大农村所创建的生态农业模式及环境生态工程，形成了农业环境的改善及生态系统良好循环的格局。

（1）稻鱼共生的农业生态工程模式。"稻田养鱼鱼养稻，稻谷增产鱼丰收"的稻鱼共生经验，已逐渐为各地采用。鱼类在稻田中以浮游生物、杂草以及底栖动物为食物，鱼粪便是稻的肥料，使稻鱼双获丰收。

（2）资源多层次循环利用的生态工程，我国自然资源贫乏，但人力资源非常丰富，采用"立体"开发和"再循环"利用的生态农业及环境生态工程。例如采用秸秆还田一级和二级转化，形成"秸秆—猪—沼气—田—秸秆"的生物循环利用技术，形成良性循环的格局。与此同时，将各种废弃有机物，包括生活污水、牲畜粪便、工业污水通过"沼气"纽带，使其资源化、无害化、多用化，利用生物转化功能，转化成更高一级的生物产品，获得更多的经济效益，可发展无废料

农业，减少水体、土壤的污染，保护农业环境。

（3）以水产养殖业为主的生态工程，多半在水网地带、低洼地带及沿海滩涂地带，实现立体养殖，通过"食物链"，形成"作物—家畜—沼气—鱼"的循环网，使养殖场成为鱼、牧、种植、加工、销售一条龙的自然经济实体，并保护当地的生产及生态环境。

3. 环境生态工程建设促进可持续发展

传统经济模式不仅没有解决全球发展问题，反而使人类赖以生存的基础——地球生物圈越来越脆弱，如何摆脱这种失衡的经济增长模式，寻求一种新的发展模式，成为世界各国关注的焦点。针对过去的能源、资源消耗，以损害生态环境为代价的生产方式，联合国环境发展委员会早在 20 世纪 80 年代在其报告《从一个地球到一个世界——世界环境与发展委员会的总看法》中，提出了经济社会的可持续发展战略，90 年代可持续发展思想已成为世界经济潮流。这一战略思想要求，协调经济增长—资源—环境—人口的关系，协调资源—价格—市场—计划—环境质量的关系，实现经济发展—技术进步—生态环境平衡之间的良性循环。

可持续发展可概括为"持续、稳定、适度、协调"。持续发展，是指在一定国际、国内经济环境与资源生态环境下，在一个时间序列演替中，经济保持进展演替状态；稳定发展，是指国民经济主要经济、社会和生产指标，人均指标的增长速度的平均相对变动率在 10% 以下；没有巨涨大落；适度发展，是指经济再生产全过程中，各要素的量、质关系在相互适应、促进中发展，即进展速度与社会、经济、技术、资源、生态等相适应匹配；协调发展，是指经济再生产结构要素间，以及结构与功能间，在非平衡稳态中实现环境资源—技术—生产—需求—人口间的良性循环。

满足人类需求是可持续发展的总体目标，它由基本需求、发展需求、环境需求三个部分构成。基本需求目标包括衣食住行等物质需求，文化、教育、娱乐等精神需求，以及人口控制，环境意识培训等；发展需求目标包括物质资源需求、精神产品需求、生态资源开发更新目标，人口再生产指标、经济指标、社会指标等；生态环境需求包括环境污染防治、生态破坏恢复、自然景观生态保护等。

可持续发展是人类社会、经济持续发展的基础，没有农业、工业环境的持续发展，就不可能有人类社会、经济的持续发展。

各国不同的国情，对经济的发展有不同的要求，但共同点都是要求合理开发利用资源和保护环境，促使经济社会可持续发展。1991 年联合国粮农组织在荷兰召开的"持续农业和农村发展"大会上，世界各国达成比较一致的看法，在共同发表的"登博斯宣言"中明确指出，持续农业是采取某种适用维护自然资源的基础方式，以及实行技术变革和机制变革，以确保当代人类及其后代对农产品需求得到满足，这种可持续的发展维护土地、水、动植物遗传资源，是一种环境不退化、技术上应用适当、经济上能生存下去以及社会能够接受的农业。

4. 中国农业可持续发展模式——农业生态工程建设

我国的基本国情是人口多，耕地少，人均资源相对紧缺，地区发展不平衡，经济、技术基础比较薄弱，面临资源、环境和人口等多重压力，"控制人口，提高素质，节约资源，保护环境，集约经营，增加效益，优化生产结构，重塑良性循环体系，加速技术替代，建立生态平衡机制"是中国农业可持续发展的方向和目标。

我国的农业生态工程就是在这种全球"持续发展"的思潮中体现具有中国特色的农村经济得以持续发展的一种形式。

生态农业实际是一种经济而高效的农业生态工程技术。生态农业首先是对农村发展作整体考虑的一项农业生态工程。它要求协调农业内部与外部、农业各部门之间及部门内各组成部分之间的相互关系，把各项生产决策与措施纳入统一的生态经济发展规划之中，以保证农业的协调、健康、稳定发展。作为一种工作方法，生态农业要求对农村的社会—经济—自然复合生态系统的网络关系及发展动向，进行有步骤的清查、辨识、诊断、设计、规划、实施和监测，把农业的决策和管理建立在科学的基础上。

生态农业是一种农村生产与环境集成技术体系，它按照生态设计原则和生态工程原理在对现代科技成果进行优选、组装及生态优化的基础上，注重开发应用不同类型的农业生态工艺技术，促进农业综合发展，深度开发和生态经济良性循环目标的同步实现。它是适应我国人多地少的现状与当前的经济发展水平，在因地制宜地充分提高生态系统潜在生产力的基础上，做到适度利用资源、物质循环再生，高效低耗，整体优化，综合发展。

生态农业也是现代农业发展的一种方向性模式。农业现代化建设，建立以"生态为基础，科技为主导"的农业发展模式，标志着当代农业发展进入一个新的阶段，这已成为世界农业发展的总趋势。而生态农业实际上就是以"生态为基础，科技为主导，效益为目标"的现代农业生产方式，它吸取了传统农业精耕细作、地力不衰的优点，摒弃了其生产率低的缺点，吸取了农业的集约化、高效生产的优点，克服了环境污染、资源耗竭的缺点，正是国际上所寻求的未来农业的可供选择的目标模式，也是持续农业在我国的具体最佳模式，同时，又是实现高产、优质、高效农业的"良方妙药"。

思考与练习

1．何谓生态工程？环境生态工程的概念及研究内容是什么？

2．环境生态工程的基本原理有哪些，其应用在那些领域？

3．环境生态工程的技术调控依据是什么？

4．可持续发展的概念与内容是什么？

5．环境生态工程与可持续发展的关系，如何加以应用？

参考文献

[1]　杨京平. 农业生态工程与技术[M]. 北京：化学工业出版社，2002.

[2]　杨京平. 环境生态学[M]. 北京：化学工业出版社，2005.

[3]　杨京平. 生态安全的系统分析[M]. 北京：化学工业出版社，2003.

[4]　杨京平. 生态恢复工程技术[M]. 北京：化学工业出版社，2003.

[5]　杨京平. 生态工程学导论[M]. 北京：化学工业出版社，2005：1-91.

第二章 环境生态工程设计及管理

第一节 环境生态工程设计原理

一、环境生态工程设计的概念

环境生态工程设计是以环境的治理与保护为目标，从生态、环境与区域经济发展的视角，利用环境学和生态学基本原理，通过人工设计的生态工程措施来达到环境保护或生态保护的目的。环境生态工程设计根据其工程实施的对象，可分为污水处理、城市垃圾处理、湖泊或水源地治理的生态工程设计。

环境生态工程设计通过研究环境与生物之间的相互关系，以及污染物在生态系统中迁移、转化、积累的规律，从而确定环境对污染物的负荷能力，预测环境质量的变化，并与其他学科相互渗透，采用各种工程措施，改善生存环境的质量和生态环境资源状况，既包括对原有自然生态环境的保护与改善，也包括人们在生产、生活过程中对环境污染的治理等。其特点是把某个区域作为一个生态系统，综合考虑系统的结构和功能，因势利导，恢复、改进生态环境系统中失调的环节。

环境生态工程的设计和实施需要按照整体、协调、自生、循环、因地制宜的原理，以生态系统自我组织、自我调节功能为基础，在少量人类辅助的帮助下，强调对生态环境的保护，并充分利用自然生态系统的自有功能，其内容重在污染物的处理与利用。环境生态工程的目的是将生物群落内不同物种共生、物质与能量多级利用、环境自净和物质循环再生等原理与系统工程的优化方法相结合，达到资源多层次和循环利用的目的，并根据生态工程实施的地方自然条件、社会条件和经济条件，优化组合各种技术，使之相互联系成一个有机系统，达到多层次、多目标的分级利用物质，促进良性循环，兼顾经济效益、生态效益和社会效益。其内容包括开发、设计、建立和维持新的人工生态系统，以期达到污水处理、矿区污染治理及废弃物的回收、海岸的保护，以及生态修复、物种多样性的保护等功能。

二、环境生态工程设计的原则

环境生态工程是人工设计的一个生物群落、一个生态系统或一个更为宏观的地域性的生态空间，以生物种群为主要结构成分，人为参与调控，并实现一定功能的环境治理、修复工程。因此在设计与实施上，需要遵循下面的原则：

（1）因地制宜原则。因地制宜原则是指紧紧围绕当地的生态环境和社会经济的具体情况，进行环境生态工程的设计。环境生态工程基础是生态环境系统的运行，而生物的生存与繁衍，受到其所处的生态环境的制约，也受到当地生物资源的影响。地球上的自然资源有再生资源（如水、森林、动物等）和不可再生资源（如石油、煤等）。要实现人类生存环境的可持续，必须对不可再生资源合理、节约地使用，即使是可再生资源，其再生能力也是有限的，且再生过程需要花费一定时间，因此工程实施过程中，对所在地具体的自然资源特征需要进行充分考虑，并且对所处环境能源的高效利用和对资源的充分利用和循环使用，减少各种资源的消耗，是基本的出发点。当地气候条件，对物种的选择也很重要。例如在我国亚热带、暖温带，曾以凤眼莲为主的生态工程来处理与利用污水，获得显著的生态效益、经济效益和社会效益，但凤眼莲生长需要在 15℃以上的环境，同时需要较长时间的光照，因此在我国北方地区，就不宜选用凤眼莲作为污水处理的主要物种，可以用种植芹菜、黑麦草等植物，来吸收水体当中的氮、磷等。

操作人员的经验和素质以及工程实施地的经济水平是非常重要的。在设计过程中，必须根据当地的管理水平和社会要求，提出适合当地经济水平的生态工程类型。环境生态工程由于需要投入大量的人力、物力与财力，其经济效益决定着它的命运。因此，在设计初期，必须对其产品的市场情况进行调查和对比分析，以确定生态工程的目标产品和辅助产品类型。传统的环境生态工程，其最主要的问题是不以经济效益为目的。这类工程虽然达到了环境治理的目的，但其中有的项目往往由于系统的运转需要持续性的经济支持，过重的经济负担使它们不能正常工作，甚至被迫中止。所以在环境生态工程的设计当中，必须在考虑到环境效益的前提下，又要顾及当地的实际经济水平，使系统在经济收支方面至少要达到平衡。

（2）整体性原则。环境生态工程研究与处理的对象是作为有机整体的"社会—经济—自然"复合的生态系统，或由异质性生态系统组成的、比生态系统更高层次水平的景观，它们是其中生存的各种生物有机体和非生物的物理、化学成分相互联系、相互作用、相生相克、互为因果地组成的一个网络系统。生态工程在设计上必须以整体观为指导，在系统水平上来研究，并以整体控制为处理手段。因此，在研究设计建立一个环境生态工程的过程中，必须在整体观指导下统筹兼顾。一个生态系统在自然和经济发展中往往有多重的功能，但其各种功能的主次和大小常因地、因时而异，应按自然、经济和社会的情况和要求，确定其主次功能，在保障与发挥主功能的同时，兼顾其他功能，统一协调与维护当前与长远、局部与整体、开发利用与环境和自然资源保护之间的和谐关系，以保障生态平衡和生态系统的相对稳定性，防止片面追求当前的局部利益从而产生一些不利于可持续发展的问题与后果。

（3）科学定量原则。由于环境生态工程目标的多样化，在经济上需要高效益，且能实现环境治理的目的，所以在实施上必须进行严谨的科学量化。无论是为了哪一种目标所设计的工艺流程，都需要细致地分析设计过程中物质、能量与货币的流动，同时要分析信息流的情况。一个工程可以由若干个组分或亚系统所构成，对每个亚系统可以不了解内部详细的过程，既可以采用"黑箱"来处理，但亚系统的总输入与总输出结果必须清楚，这样才能考察工程的效果。此外，环境生态工程需要考察工程净化环境的能力以及治理环境的效应。净化能力以污染减轻的程度为准，或以未曾受污染的环境本底值为准，污染减轻的程度越大，其环境效益也越高。环境生态工程最后要走向废物的充分利用，不但要计算它们的直接经济效益，还要计算宏观的社会经济效益和生态环境效益。

三、环境生态工程设计的方法

环境生态工程设计的路线

1. 明确目标

环境生态工程的对象是"社会—经济—自然"复合生态系统，是由相互促进而又相互制约的 3 个系统构成。因此，任何环境生态工程必须重视复合系统的整体协调的目标，即环境是否被保护，经济条件是否有利，社会系统是否有效等，并据此确定相应的目标。

2. 背景调查

因地制宜是环境生态工程顺利实施的前提条件，只有正确了解和掌握当地的社会、经济和环境条件，才能充分发挥和挖掘当地的潜力，实现预先设定的目标。背景调查要包括以下 3 个方面：

（1）当地的自然资源条件。包括生物资源、土地资源、矿产资源和水资源等。在有充足的土地资源和水资源的地区，生物资源和矿产资源严重不足，在该地区的工程实施就需要增加生物资源的量，或引种新的经济品种，或开发该地区已经存在的，但资源量比较少的生物品种。相反的，在生物资源比较丰富的热带地区，土地资源相对不足，需要在环境生态工程的设计上寻找突破点。

（2）生态环境情况。当地的生态环境情况是工程实施的依据，其最重要的目标是为了生态环境的治理，因此生态环境的情况，包括气候条件、土壤条件、污染状况等。生态工程的基础是生态系统，生态系统的中心是生物种群，而生物种群的存活、繁殖和生长均受到生态环境条件的制约。

3．系统分析

在背景调查的基础上，对生态系统进行系统分析，也是环境生态工程规划与设计的基础性工作，其主要内容有以下几点：

（1）明确环境系统所包含的资源数量、质量及其时空分布特性，做出定性和定量的分析和评价，确定资源的开发利用价值和合理利用限度。

（2）分析环境对系统的限制约束因素和程度，特别是不利影响和障碍因子及其作用的大小，确定约束的临界值或极值等，预测环境的发展变化，特别是人类活动对于环境产生的积极和消极影响，如对环境污染及破坏的分析和趋势预测，寻求趋利避害，利用和保护相结合的环境政策和对策。

（3）找出造成系统现实状态功能和理想状态功能之间差距及其原因，提出要解决的关键问题和问题的范围，初步提出系统的发展方向和目标。

4．工程建设与运行

在系统分析的基础上，通过对各子系统及其相应关系进行必要的调整，并对局部进行改造，以协调系统内各子系统之间的关系，系统与环境之间的关系，以及系统各发展阶段之间的关系，以便最终实现设计目标。

5．工程的更新

环境生态工程的更新包括了两个方面的含义：第一，系统由有序向更高有序状态过渡，即根据生态工程系统演替的客观规律和发展要求，促进生态系统的更新，使新的生态系统较原有系统具有更稳定的结构与生产力；第二，根据社会日益深化的环境意识和不断提高的环境质量标准，不断调整环境生态工程系统对污染物的同化范围与水平，这也是环境生态工程优于常规环境污染治理措施的又一重要特征。

四、环境生态工程的主要方法

（一）利用生态系统的自净能力消除污染

正常的生态系统，具有一定的自净能力。如果进入环境的污染物未超过生态系统的自净能力，则生态系统可以经过自净作用消除污染物，使被污染的环境逐渐恢复正常，生态系统得以稳定平衡地发展。相反，污染物进入环境的数量超过了生态系统的自净能力，则会导致环境恶化，生态平衡破坏。

在利用生态系统消除污染的时候，需要明确环境容量的概念。在人类生存和自然生态不受影响和危害的前提下，一定范围内某一环境要素中某污染物的最大容纳量，也可以说是在污染物浓度不超过环境基准（或标准）的前提下，一定地区污染物的最大容纳量，称为该地区对某污染物的环境容量。环境容量的研究和确定为污染的综合防治、污染负荷定量控制提供了科学依据。所谓定量控制是指一定时期一定地区内，在综合考虑经济、技术、社会等条件的基础上，通过向污染源分配污染物排放量的形式，将全区的排放量控制在环境质量允许的浓度范围内。

（二）人工湿地或生态沟渠对污水的处理

湿地是指那些地表水和地面积水浸淹的频度和持续时间很充分，在正常环境当中能够供养那些适应于潮湿土壤的植被区域，通常包括灌丛沼泽、腐泥沼泽、泥炭藓沼泽，以及其他类似的区域。由于湿地出色的净化与保育能力，被誉为"地球之肾"。然而近年来由于湿地围垦、生物资源的过度利用、大江大河流域的水利工程建设、城市建设与旅游业的盲目发展等，导致湿地生态系统退化，造成湿地面积缩小。自 1990 年以来，地球上一半的湿地已经消失。

为发挥湿地的环境生态效益，近年来主要用于水质改善功能的工程化湿地被广泛运用，这类湿地成为人工湿地。绝大多数人工湿地由 5 部分组成：①具有各种透水性的基质，如土壤、砂、砾石；②适于在饱和水和厌氧基质中生长的植物，如芦苇；③水体（在基质表面下或表面上流动的水）；④无脊椎或脊椎动物；⑤好氧或厌氧微生物种群。

农业面源污染具有不稳定特性，径流量和径流中污染浓度因水文条件不同而不同。人工湿地在正常运行时充分发挥了湿地中生物吸附作用，污染物净化效果较好，连续降雨时生物作用减弱，物理沉降作用仍很大，同样使污染物得到净化，尤其是颗粒态污染物。人工湿地生物和物理作用，适应了面源不稳定性，对面源污染有较好净化作用。

人工湿地主要可分为四类：表面流人工湿地、水平潜流人工湿地、垂直流人工湿地和复流人工湿地。实质上人工湿地是 3 个相互依存要素的组合体，即土壤、植物和微生物。生活在土壤层中的微生物（细菌和真菌）在有机物的去除中起主要作用，湿地植物的根系将氧气带入周围的土壤，但远离根部的环境处于厌氧状态，形成处理环境的变化带，这就加强了人工湿地去除复杂污染物和难处理污染物的能力。大部分有机物的去除是靠土壤中的微生物，但某些污染物，如重金属、硫、磷等可通过土壤、植物作用降低浓度。关于人工湿地的详细介绍见第六章。

人工湿地的建设工程量较大，有场地的限制。建立生态沟渠是另外一种农业面源污染控制的途径。在长江下游地区农业的主要栽培方式是小麦（或油菜）—水稻轮栽，为满足灌溉和排水的需要，这一地区分布着纵横交错的沟渠水网。沟渠在农田非点源输送和迁移转化过程中，是农业污染物的排放和受纳水体。由于有充沛的降雨和适宜的气候条件，这些地区的沟渠水网中生长着多种类型的水生植物，大型水生植物主要是芦苇、菖蒲和茭白，小型水生植物主要有水花生、水葫芦和浮萍等，这些植物在生长过程中吸收大量的氮、磷等营养物质，从而构建了"生态沟渠"，对水体起到了一定的净化作用。生态沟渠可以作为另外一种形式，为农业污染物迁移的控制，提供新的方法。

（三）氧化塘对污水的处理

氧化塘又称稳定塘或生物塘。它是利用库塘等水生生态系统对污水的净化作用，进行污水处理和利用的生物工程措施。氧化塘作用的基本原理是生物降解。当废水进入塘后，可沉淀的固体沉至塘底，其中有机物进行厌氧分解产生的沼气逸出水面，二氧化碳、氨等溶解于水中。溶解或悬浮于水中的有机物经微生物作用进行有氧分解，同时释放的氨和二氧化碳溶解于水中，供水中藻类营养和繁殖。藻类进行光合作用放出的氧气供微生物分解有机物。

氧化塘由于基建、运行，管理费用低廉，节能，操作简易，性能稳定可靠，具有广谱和高效的去除能力，即不仅能去除生物易降解的有机物（BOD），还能有效地去除氮、磷等营养物质、病原菌、病毒和难降解的有机物（COD），再通过种植水生植物，养鱼、虾、贝、鹅等，实现污水资源化。

氧化塘可以分为以下几类：

（1）兼性塘。一般水深 1～2 m。由上层好氧区、中层兼氧区和底部厌氧区组成，并在其相应部位形成了好氧菌群落、兼氧菌群落和厌氧菌群落，因而比只依靠好氧菌群落的处理系统具有更广泛的净化功能。

（2）厌氧塘。水深 2.5～5 m。其属于高有机负荷，以厌氧菌作用为主的污水处理塘。有机物的降解包括了 2 个过程，兼性厌氧产酸菌将复杂的有机物降解为有机酸为主的简单有机物，然后绝对厌氧的甲烷菌再把有机酸转化为甲烷和二氧化碳。

（3）好氧塘。水深 0.2～0.3 m。好氧塘是完全依靠藻类光合作用供氧的稳定塘，其水深应该保证阳光透射到水底，以保证藻类在每个深度都能进行光合作用，为净化有机质提供充足的氧气。

（4）曝气塘。水深 2～6 m。其采用机械曝气装置补充氧气的人工塘。

（5）水生植物塘。水深小于 0.9 m。其常见的水生植物包括藻类和水生维管束植物。水生植物塘通常由一种或几种维管束植物种植于塘中，从而同化和贮存污染物，向根区输送氧气，并为微生物存活提供条件。最常见的水生植物为水葫芦，其次为水浮莲。

（6）生态系统塘。普通的好氧塘和兼性塘，缺乏对藻类的控制，造成承接水体的二次污染，但如果利用稳定塘系统进行水产养殖，就可以在水体中形成由原生动物、浮游动物、底栖动物、鱼类、禽类等参与的食物链，完成了物质在生态系统中的循环，在有效去除污染物的同时，实现了污水的资源化。

（四）固体废弃物堆肥化处理

随着城市的高速发展，人口的增多，城市垃圾产量增加和成分的迅速变化也使得垃圾处理难度增加，给城市的发展和管理带来了困难，并严重威胁着城市居民的生存和健康。此外，污泥是污水处理厂在净化污水时得到的沉淀物质。垃圾和污泥中含有较丰富的氮、磷及多种微量元素和大量有机物质，可做肥料和土壤改良剂而具有正效应，同时也含有病原菌和寄生虫（卵）、重金属、盐分及某些难分解的有机毒物，且易腐烂发臭而具有负效应。

堆肥化是一种把有机废物分解转化成类腐殖质的过程，该分解过程在不同的微生物参与下完成。在好氧堆肥与厌氧堆肥两种操作系统中，以好氧系统最为常见。通过该操作系统而产生的堆肥产品可以有效地用做土壤改良剂和肥料。垃圾和污泥堆肥化工艺流程中需加入调理剂和膨胀剂。调理剂是指加进堆肥化物料中的有机物，借以减少单位体积的重量，增加碳源及与空气的接触面积，以利于好氧发酵。脱水污泥发酵中常用的调理剂有木屑、秸秆、稻壳、粪便、树叶、垃圾等有机废料。膨胀剂是指有机物或无机物做成的固体颗粒，当它加入湿的堆肥化物料中时，能够保证物料与空气的充分接触，并能够依靠粒子间的接触起到支撑作用。常用的膨胀剂有木屑、团粒垃圾、破碎成颗粒的轮胎、花生壳、秸秆、树叶、岩石及其他物质。

土壤施加垃圾和污泥堆肥，不仅可以肥沃土壤，有利于作物增加产量，同时，还可缓解化肥紧张的矛盾。然而，垃圾等堆肥中仍含有较高的有害物质，如重金属等，施加堆肥对作物品质产生影响，这制约着土壤对堆肥的消纳量，因此需要确定土壤施加堆肥的允许负荷量。土壤允许负荷量的定义是指土壤所能负载污染物的最大容量，在这里土壤承载的是堆肥，因而又是指土壤负载堆肥的最大量。而决定土壤中堆肥容量的是土壤中堆肥的临界值，这一临界值主要取决于农产品的卫生质量及作物产量（以减产幅度不超过 10%为准），因此这两项指标是确定土壤对堆肥的决定性标准，在这两项标准中，只要有其中一项指标率先达到了临界值（极限值），即认为此时的堆肥施用量达到了土壤允许堆肥的容量（负荷量）。

第二节　环境生态系统管理与生态规划

一、生态系统管理的定义与原则

由于生态环境急剧恶化，社会发展受到极大限制，人们急切要求对待生态系统的思维方式、管理模式进行改变，即由传统的资源管理模式向生态系统管理模式转变，在此背景下，环境生态管理得以产生。生态系统管理要求融合生态学、经济学、社会学和管理学的知识，把人类和社会价值整合进生态系统；生态系统管理的对象是一定空间范围内一个集合体中所有生物体和非生物体及其生态过程所组成的整体，是一个由自然生态系统和社会系统耦合而成的复合生态系统；生态系统管理的目标是维持生态系统组成、结构、功能和过程的整体性、多样性和持续性，维持生态系统的健康和生产力，更好地提供生态系统产品和服务；生态系统管理的时空尺度应与管理目标相适应；生态系统管理要求生态学家、社会经济学家和政府官员通力合作；生态系统管理要求通过生态学研究和生态系统监测，不断深化对生态系统的认识，并据此及时调整管理策略，以保证生态系统功能的实现。在生态系统管理理论和实践的发展当中，由于不同生态学者所从事的领域和研究对象的不同，所提出的原理原则也不尽相同，但大部分的核心思想还是相同的。

沃科特阐述了与生态系统管理相关的原则和概念，其主要内容包括：

（1）生态系统管理必然要将自然科学的工具和数据与政治和社会科学的技术相融合，在物理学和生态系统生物学事实与同样真实的人类因素之间必须要找到一个平衡点。

（2）生态系统管理要求积极地管理，这既要针对自然的系统（或者内部的动态），也针对与这个系统所发生作用的人为因素或外部影响。

（3）生态系统的功能应该用两个参数度量，即生物多样性和生产能力。尽管生物多样性容易监测和定量化，但生态系统管理的观点却要求无论是分析还是决策时都要考虑生态系统的功能和过程。

（4）生态系统管理认为识别阈值是必需的，阈值是指当生态系统退化到这个水平以下时，某些主要的性质或功能就会丧失。生态系统科学家及管理者的一个重要职能就是开发用以识别阈值的工具，为生态系统确定出不同的阈值水平，并将所获得的数据提供给决策者。

（5）生态系统管理要求系统地、科学地研究人类对生态系统的利用以及对其造成的影响。生态系统管理要让二者达到均衡。

（6）没有免费的午餐。在人类开发利用的扩大与生态系统功能之间必然有一方要作出牺牲。这样，生态系统管理最终要提供备选和折中的方案，也要对这些选择的成本和收益情况进行评估和监测。理解和接受损失是生态系统管理的一个组成部分。

（7）因管理目标和管理对象的变化，生态系统管理的尺度必须有足够的弹性。没有哪一个空间尺度本身就能满足生态系统管理的需要。同样，时间尺度也必须有足够的可调节性，以允许灾变干扰后重构一个完整的生态系统循环。

（8）可调节性管理是生态系统管理的一个基本组成部分。规则和标准不仅要有足够的弹性以适应生物物理状态、人类行为及对象的不断变化，还要适应科学的发展。生态系统管理需要一个能从本身所犯错误中学习的系统，是一个具有反馈作用的非僵化的系统。

二、环境生态系统管理的步骤

不同的学者和机构依据生态系统管理所应遵守的原则提出了一些具体的实施生态系统管理的行动步骤。一般认为生态管理有以下步骤：

（1）定义可持续的、明确的和可操作的管理目标。生态系统管理以生态系统的可持续性为总体目标，有一系列的具体管理目标，如涉及生态系统的结构、功能和动态的可持续性及其所提供服务的可持续性的一系列目标。这些目标一起构成了一个生态系统可持续性管理的目标体系，但必须要把人类及其价值取向整合到其中。

（2）确定管理的时间尺度和空间尺度。生态系统的管理计划是与其时空尺度密切相关的，涉及的时空尺度不同，管理的措施也不相同。就时间尺度而言，几年和几十年的管理计划是不同的；就空间尺度而言，对一片林地的管理计划与对整个流域森林生态系统的管理计划是不同的。因此，管理尺度的确定是生态系统管理工作中非常重要的一个环节。

（3）生态系统及其服务状况评估。生态系统服务功能是生态系统与生态过程所形成及所维持的人类赖以生存的自然环境条件与效用。它不仅为人类提供了食品、医药及其他生产生活原料，更重要的是维持了人类赖以生存的生命支持系统，维持生命物质的生物地球化学循环与水文循环，维持生物物种与遗传多样性，净化环境，维持大气化学的平衡与稳定。生态系统及其服务功能与人类福祉之间的联系是生态系统评估的核心。以生态系统及其服务变化对人类福祉状况的影响为重点，对生态系统的历史变化、目前状态以及未来的变化趋势进行科学的评估，是制订生态系统管理计划的基础。

（4）分析生态系统及其服务变化的驱动因素。影响生态系统及其服务变化的驱动因素，包括直接因素和间接因素两大类。直接驱动因素包括局部地区的土地利用和土地覆被变化、本地物种绝灭、外来物种入侵、气候变化、森林采伐、采集林副产品、施用化肥及农业灌溉等；间接驱动因素包括人口增长、经济发展、社会体制变革、技术进步以及文化和宗教信仰等。

（5）确定管理计划。根据科学分析，制订出一整套科学、具体、切实可行的生态系统管理计划是生态系统管理工作的核心。该计划应当有具体的目标、各阶段的任务、负责的单位和个人、经费来源和配套的政策和法规等。

（6）实施管理计划。在管理计划制订以后，应当认真实施。在实施过程中，一是应当承认管理计划的权威性，不应当随意改动；二是保证实施管理计划所需要的各种条件，如管理队伍、所需设备等；三是要严格按照管理计划的要求，认真完成管理计划中所规定的各项任务。只有这样，管理计划才不会流于形式，生态系统管理工作才能真正得到改善。

（7）监测和研究管理措施的效应及影响。对管理措施导致的生态系统变化进行监测，并研究管理工作和系统变化之间的作用机理，对于了解管理计划的成效，发现管理计划尚存在的问题，进一步提出改进措施是十分重要的。

（8）对实施管理的生态系统服务进行评价。因为改善生态系统及其服务是实施生态系统管理的核心，因此，在监测和研究管理措施的效应及影响时，特别应当关注对生态系统服务进行评价。任何一项生态系统管理措施都会有正面和负面的影响，所以在这一工作中，特别应当注意这些正负影响的相互关系，对制定的整套管理措施进行综合评价和权衡利弊。

（9）调整管理计划。通过监测和研究管理措施的效应和影响，以及综合评价管理措施对生态系统及其服务可持续发展带来的利弊，扩大或加强对生态系统可持续发展有利的管理措施，同时避免或减弱有害的管理措施，是完善生态系统管理的重要步骤。

对于不同的生态系统，以及对应于同一生态系统不同区域、地理环境的某一特殊生态系统而言，实施生态系统管理的行动和步骤也要随之有所改变，针对具体生态系统而进行具体分析，但应基本遵循上面的相关步骤与内容。

三、生态环境规划

生态规划是模拟自然环境而进行的人为规划，其目的是为了人与自然的和谐发展，有计划地保育和改善生态系统的结构和功能。生态规划首先要以人为本。生态规划强调从人的生活、生产活动与自然环境和生态过程的关系出发，追求人与自然的和谐。其次生态规划要以资源环境承载力为前提。生态规划要求充分了解系统内部资源与自然环境的特征，并在此基础上确定科学合理的资源开发利用规划。最后生态规划目标从优到适。生态规划是基于一种生态思维方式，采用进化式的动态规划，引导一种实现可持续发展的过程。

生态规划的对象是复合生态系统，其组成结构是复杂多样的。尽管不同作者及规划工作者乃至政府部门在其生态规划研究与实践中，其方法有各自的特点，但总的来说是以 McHarg 方法作为基础的。McHarg 生态规划方法可以分为 5 个步骤：即①确立规划范围与规划目标；②广泛收集规划区域的自然与人文资料，包括地理、地质、气候、水文、土壤、植被、野生动物、自然景观、土地利用、人口、交通、文化、人的价值观调查，并分别描绘在地图上；③根据规划目标综合分析，提取在第二步所收集的资料；④对各主要因素及各种资源开发（利用）方式进行适宜性分析，确定适应性等级；⑤综合适宜性图的建立。

McHarg 方法的核心是根据区域自然环境与自然资源性能，对其进行生态适宜性分析，以确定环境利用方式与发展规划，从而使自然的利用与开发及人类其他活动与自然特征、自然过程协调统一起来。一般生态适宜性分析的程序有四步：

①依据类型（如坡度、土壤侵蚀等）绘制数据因子图；②对每种土地利用的每个因子的每个类型进行分级（如划分为最适宜、适宜、一般适宜、不适宜 4 个等级）；③对每种土地利用绘制分级图并对其使用一组图；④叠加单个因子的适宜性分析图以得到综合图。

第三节　环境及生态工程的监测与评价

一、环境及生态监测

生态监测是从不同尺度上对各类生态系统结构和功能的时空格局的度量，主要通过监测生态系统条件的变化、对环境压力的反映及其趋势而获得的。生态监测事实上是环境监测工作的深入与发展，由于生态系统本身的复杂性，要完全将生态系统的组成、结构、功能进行全方位的监测十分困难，然而生态学理论的不断发展与深入，特别是景观生态学的发展，为环境及生态监测指标的确立、生态质量评价及生态系统的管理与调控提供了基本框架。

（一）生态监测的内容

（1）生态环境中非生命成分的监测。生态监测包括对各种生态因子的监控和测试，既监测自然环境条件（如气候、水文、地质等），又监测物理、化学指标的异常（如大气污染物、水体污染物、土壤污染物、噪声、热污染、放射性等）。这不仅包括了环境监测的监测内容，还包括了对自然环境重要条件的监测。

（2）生态环境中生命成分的监测，包括对生命系统的个体、种群、群落的组成、数量、动态的统计和监测，污染物在生物个体当中量的测试。

（3）生物与环境构成系统的监测，包括对一定区域范围内生物与环境之间构成的系统组合方式、镶嵌特征、动态变化和空间分布格局等监测，相当于宏观生态监测。

（4）生物与环境相互作用及其发展规律的监测，包括对生态系统的结构、功能进行研究。既包括监测自然条件下（如自然保护区内）的生态系统结构、功能特征的监测，也包括生态系统在受到干扰、污染或恢复、重建、治理后的结构和功能的监测。

（5）社会经济系统的监测。人类在生态监测这个领域扮演着复杂的角色，它既是生态监测的执行者，又是生态监测的主要对象，由人所构成的社会经济系统是生态监测的内容之一。

（二）生态监测的类型

生态监测根据监测对象的不同，从监测的尺度来看，生态监测可以分为：

（1）宏观生态监测是在区域（大至全球范围）内对各类生态系统的组合方式、镶嵌特征、动态变化和空间分布格局及其在人类活动影响下的变化等进行监测。3S 技术［即地理信息技术（GIS）、遥感技术（RS）和全球卫星定位技术（GPS）］是宏观生态环境监测发展的方向，它充分利用计算机技术把遥感、航照、卫星监测、地面定点监控有机结合起来，依靠专门的软硬件使生态监测智能化，使生态资料数据上网，实现生态监测化，是目前以及今后相当长的一段时间内监测人员的重点工作内容。

（2）微观生态监测，其监测对象的地域等级最大可包括由几个生态系统组成的景观生态区域，最小也应代表单一的生态类型。它是对某一特定生态系统或生态系统集合体的结构和功能特征及其在人类活动影响下的变化进行监测。

宏观生态监测必须以微观生态监测为基础，微观生态监测又必须以宏观生态监测为主导，二者相互独立，但又相辅相成，一个完整的生态监测应包括宏观监测和微观监测两种尺度所形成的生态监测网。

二、环境生态评价

随着人口的增长和社会工业化程度的提高，人类活动的范围和强度空前扩大，自然界越来越多地打上了人类的烙印，人口、资源与环境矛盾日益尖锐，生态问题更加突出。为了解决这些问题，人类需要更深入地理解生态系统结构、功能和过程，因而逐步在全球范围内开展了环境生态评价研究，这一部分在第八章还将进行深入的探讨和分析。

从环境生态评价的对象来看，由于人们最初面临的生态问题影响范围较小，评价对象多是尺度较小的农田生态系统、森林生态系统等，以后随着生态问题的广泛化和全球化，评价对象尺度增大，现已形成一个从地块到区域、国家、全球的多层次。其中研究较多的是对农业、森林、城市、湿地、流域、湖泊、山区、干旱区、森林公园、自然保护区、行政区等生态系统的评价。

从环境及生态评价的研究进程来看，总体上可以分为两类：一是对生态系统所处的状态进行评价；二是对生态系统服务功能进行评价。

（一）生态系统状态的评价

生态系统状态方面的评价由于研究较早，在评价的理论与技术方面都比较成熟。在评价方法上，最常用的方法是多线性加权法，其基本思路是首先根据评价的目的建立评价指标体系，然后确定各指标的权重，并对评价指标进行量化与标准化，最后根据评价模型进行评价。还有两种评价方法：一是景观空间格局法。它以景观生态学理论为基础，根据不同的生态结构将研究区域划分为景观单元斑块，通过定量分析反映景观空间格局与景观异质性特征的多个指数，从宏观角度给出区域生态状况。二是欧氏距离法。其实质是把评价因子作为欧氏空间的 n 维向量，而将评价标准作为欧氏空间的基点，用评价因子组成的 n 维向量与评价标准组成的基点之间的距离来度量。距离越短，表明评价值越接近评价标准。

（二）生态系统服务功能的评价

生态系统服务是指生态系统与生态过程所形成及所维持的人类赖以生存的自然环境的条件与效用。它不仅给人类提供生存所必需的食物、医药及工农业生产的原料，而且维持了人类赖以生存和发展的生命支持系统。综合国内外的研究成果，通常将生态系统服务功能划分为生态系统产品和生命系统支持功能。生态系统产品是指自然生态系统所产生的，能为人类带来直接利益的因子，包括食品、医用药品、加工原料、动力工具、欣赏景观、娱乐材料等。生命系统支持功能主要包括固定二氧化碳、稳定大气、调节气候、对干扰的缓冲、水文调节、水资源供应、水土保持、土壤形成、营养元素循环、废弃物处理、授粉、生物控制、提供生境、食物生产、原材料供应、遗传资源库、休闲娱乐场所以及科研、教育、美学、艺术等。

对生态系统服务价值进行评估，是对生态系统服务功能进行估计的具体手段。生态系统服务价值的量化可将生态系统的产品和生命支持功能，转化为人们具有明显感知力的货币值，能较好地反映生态系统和自然资本的价值，有助于人们了解和认识生态系统的服务功能及其价值，减少和避免损害生态系统服务功能的短期经济行为的发生，促进生态系统可持续发展和管理。根据生态服务价值的构成，可以分为：

（1）直接使用价值主要是指生态系统产品所产生的价值，即生物资源价值。它包括食品、医药及其他工农业生产原料，这些产品可在市场上交易并在国家收入账户中得到反映，但也有部分非实物直接价值（无实物形式，但可为人类提供服务，可直接消费）如动植物观赏、生态旅游、科学研究等。直接使用价值可用产品的市场价格来估计，是人类从古至今生存的依赖基础，也是造成过度采掘猎捕，并导致生物多样性减少和生物资源日益衰竭的根本原因。

（2）间接使用价值主要是指生态系统给人类提供的生命支持系统的价值。这种价值通常远高于其直接生产的产品资源价值，它们是作为一种生命支持系统而存在的，如维持生命物质的生物和地球化学循环与水文循环。间接利用价值的评估常常需要根据生态系统功能的类型来确定。

（3）选择价值是指人们为了将来能直接利用和间接利用某种生态系统服务功能的支付意愿。例如人们为将来能利用生态系统的涵养水源、净化大气以及游憩娱乐等功能的支付意愿。通常把选择价值喻为保险公司，即人们为自己确保将来能利用某种资源或效益而愿意支付的一笔保险金。选择价值又可分为三类：自己将来利用、子孙后代将来利用及为别人将来利用。它是一种关于未来价值或潜在价值，是在作出保护或开发选择之后的信息价值，是难以计量的价值。

（4）存在价值亦称内在价值，是人们为确保生态系统服务功能能够继续存在的支付意愿。存在价值是生态系统本身所具有的价值，是一种与人类的开发利用无直接关系，但与人类对其存在的观念和关注相关的经济价值，如生态系统中的物种多样性与涵养水源能力等。

（5）遗产价值是指当代人将某种自然物品或服务保留给子孙后代而自愿支付的费用或价格。遗产价值还可体现在当代人为他们的后代将来能受益于某种自然物品或服务的存在而自愿支付的保护费用，遗产价值反映了一种人类的生态或环境伦理价值观——代间利他主义。

根据对价值构成的评述，一般地，生态系统服务功能的总价值是其各种价值的总和。但在实际评估中，总价值尚存在问题和争论。现有的评价技术可以区分使用价值和非使用价值，但企图分开选择价值、存在价值和遗产价值是有问题的，他们之间在意义上存在一定程度的重叠，在实际操作上，需要注意他们重叠的部分。

思考与练习

1. 环境生态工程的设计，需要考虑哪些原则？

2. 请列举在环境生态工程设计过程中，有哪些最主要的方法？这些方法的原理是什么？

3. 什么是生态系统管理？简述生态系统管理的主要原则。

4. 生态规划及设计的内涵是什么？生态监测包括哪些内容？

5．什么是生态系统服务功能的评价？它包括哪些内容？

参考文献

[1] 李笑春，曹叶军，叶立国. 生态系统管理研究综述[N]. 内蒙古大学学报（哲学社会科学版），2009，41：87-93.

[2] 柳劲松，王丽华，宋秀娟. 环境生态学基础[M]. 北京：化学工业出版社，2003.

[3] 陶贵荣，王莉衡. 浅析土壤污染与修复技术[J]. 化学与生物工程，2010，27：4-6.

[4] 张辉. 污染生态学[M]. 内蒙古：内蒙古大学出版社，2000.

[5] 张合平，刘云国. 环境生态学[M]. 北京：中国林业出版社，2001.

[6] 张永民，席桂萍. 生态系统管理的概念、框架与建议[J]. 安徽农业科学，2009，37：6075-6076，6079.

[7] 杨京平. 生态系统管理与技术[M]. 北京：化学工业出版社，2004.

第三章　农业环境生态工程

第一节　农业环境生态工程

农业生态环境是由影响农业生产的自然环境因素和社会经济因素组成的一个复杂的、开放式的环境系统。理想的农业生态环境是环境、社会、经济系统与系统外物质、能量和信息的交流保持在较高的水平，系统内部物质、能量和信息合理的传递；系统稳定，抗干扰能力强；能长久平衡，能确保农业生产的可持续发展。农业生态环境工程建设就是指通过调整或改变农业生态环境内部各组成要素，使各组成部分达到最佳组合，使农业生产力及环境保持最佳的运行状态。

一、农业环境生态工程方法

（一）农业生态系统及环境

农业生态系统是由自然生态系统演变而来，是在人类活动干预下，农业生物与其环境之间相互作用下形成的一个有机综合体。也可以将农业生态系统简单概括为"农业生物系统+农业环境系统+人为调节控制系统"。由此可以看出，农业生态系统包括了农业生产活动、社会经济活动，而且社会因素和经济因素是农业生态系统中十分重要的内容。

一般来说，农业生态系统不如自然生态系统那样稳定，这主要是由于人类长期而频繁的干扰。在农业生态系统中动植物区系大为减少，食物链简化，层次性削弱；长期单一的种植，用养的不合理和土壤退化，造成不稳定性；其他农业气象，如降雨、风、光照等也有一定的波动性，这种被动性，也容易打破旧的生态平衡，建立新的生态平衡。当然，我们可以按照人的意志，建设更高效、和谐、稳定的农业生态系统。

农业生态系统是开放式的半自然半人工生态系统。在该系统中，生产的有机物大部分输出到系统外，要维持营养物质的输入输出的平衡，必须大量向系统中输入物质和能量，否则，营养物质平衡失调，地力会逐渐减退，系统的生产力就会不断下降。但不合理的大量投入，又可能造成农业生态平衡的破坏，生态环境质量下降。

（二）农业环境生态工程及内容

农业生态环境系统因大量使用及滥用化肥造成了水体污染、湖泊碱化、土地板结、硝酸盐积累、农产品质量下降；因不合理使用农药导致土壤、水体和农产品受到污染，害虫产生抗药性，农业生态系统平衡失调，农业病虫害死灰复燃；此外，由于农用地膜的大量使用使土壤受到"白色污染"，农业产量下降。因此，在实施农业生态环境工程建设过程中，必须合理开发、利用农业生态环境资源，提高环境资源的保护意识。农业生态环境资源的开发利用必须遵循生态经济规律，坚持用、管、护的协调统一方法，强化资源环境保护意识，处理好资源开发利用与农村环境保护的关系，推广各种类型的优化的农业生态环境工程模式。以经济效益为着眼点，寓环境保护于经济增长中。需要制定和实施农业生态环境政策，运用法律、行政、经济手段来保护农业生态环境。

1. 积极发展生态农业

（1）建设高产稳产的生态农田。按照农田水利工程建设和生态工程建设相结合的原则，完善农田生态条件，推行用地与养地相结合、水旱轮作、稻萍鱼立体种养、科学施肥、合理用药等技术，高效利用农田水土资源，改善农田生态环境，促进耕地良性循环，建设高产稳产的生态农田。

（2）建设具有复层结构的生态林体系。加强森林资源保护，严禁砍伐天然阔叶林和列入保护的林木，加速速生丰产用材林基地的建设。抓好沿海防护林工程，建设高质量的海岸林带，依靠科技做好木麻黄林带的更新改造，营造具有防浪护堤功能的红树林带；抓好沿海地区农田林网建设及村镇绿化，形成稳固的生态防御屏障；抓好江河流域生态林工程建设，重点是做好"江河"源头和两侧、水库周围的针叶林地改造，逐步套种阔叶林树种。推广森林资源监测病虫害综合防治技术，加强林区保护，防止污染、森林火灾和其他人为因素造成的森林破坏和退化，发展复层结构的生态林体系，增强森林涵养水源、保持水土、调节气候的生态功能和防灾减灾能力。

（3）推广高效的生态农业模式。应重点推广沼气和太阳能的开发利用，结合农业产业特点，大力推广以沼气为纽带，集种植、养殖、能源为一体的大中型禽畜养殖场能源环境工程模式和"猪—沼—果"的小型农户能源生态模式。

2．农业环境污染的防治

（1）加强工业"三废"的治理。严格执行"谁破坏、谁恢复，谁开发、谁保护，谁受益、谁补偿"的政策，从源头上避免走"先污染，后治理"的路子，从根源上杜绝污染的发生。同时，建立农业环境监测网络和质量评价制度，以废水、废气为防治重点，建立健全水污染防治和生态保护综合管理体系，切实抓好水泥、火电、造纸、石油化工等重要污染源的治理，尤其是在经济较为落后的山区，更应做好小工矿企业的"三废"治理工作。

（2）做好农村生活污染源的防治。加强农村能源保障体系建设，大力发展沼气和推广太阳能。搞好村镇规划建设，并与环境保护有机结合起来，重点解决住宅、给排水、家庭养殖业、乡镇企业以及农贸市场、垃圾场和厕所的合理布局问题，提高农村环境质量。

（3）必须注意防治农业面源污染。一要改变施肥习惯，科学施肥，大力推广测土配方施肥、N肥深施、化肥与有机肥搭配施用、叶面喷施等施肥方式，减少化肥流失，防止对农业生态环境的再污染；二要推广使用低残留、高效、低毒的化学农药和生物农药，提高农药的利用率，降低化学农药的污染；三要加强农用薄膜的使用管理和回收，推广使用降解薄膜，减轻农村的白色污染。

3．土壤重金属污染处理与防治的方法

土壤重金属污染是指由于人类活动，致使土壤中重金属明显高于原生含量、并造成生态环境质量恶化的现象。土壤重金属污染物具有在土壤中移动性差、滞留时间长、不能被微生物降解的特点，并可经水、植物等介质最终影响人类健康，已成为不可忽视的农业生态环境问题。土壤重金属来源主要有：

（1）交通运输污染。交通运输对土壤造成严重污染。道路两侧土壤中的污染物主要以Pb、Zn、Cd、Cr、Cu等为主。它们来自于含铅汽油的燃烧和汽车轮胎磨损产生的粉尘，据有关材料报导，汽车排放的尾气中含Pb量高达$20\sim50\,\mu g/L$，它们一般以道路为中心呈条带状分布，强度因距离公路、铁路、城市以及交通量的大小有明显的差异。研究发现在公路两侧$50\,m$的距离有被污染的痕迹，每月每平方米累积的易溶性污染物在$4\sim40\,g$。进入环境的强度顺序为：Cu、Pb、Co、Fe和Zn。

（2）工业污染。工业过程中广泛使用重金属元素，工矿企业将未经严格处理

的废水直接排放，使得它们周围的土壤容易富集有毒重金属。在工业排放的烟尘、废气中也含有重金属，并最终通过自然沉降和雨淋沉降进入土壤。工业废弃物在堆放或处理过程中，由于日晒、雨淋、水洗重金属极易移动，以辐射状、漏斗状向周围土壤、水体扩散。据统计，中国因工业"三废"污染的农田近 700 万 hm^2，使粮食每年减产 100 亿 kg。其中，在一些污灌区土壤镉的污染超标面积，近 20 年来增加了 14.6%，在东南地区，汞、砷、铜、锌等元素的超标面积占污染总面积的 45.5%。有资料报道，华南地区有的城市有 50%的农地遭受镉、砷、汞等有毒重金属和石油类的污染。长江三角洲地区有的城市有万亩连片农田受镉、铅、砷、铜、锌等多种重金属污染，致使 10%的土壤基本丧失生产力。一些主要蔬菜基地土壤镉污染普遍，其中在有的市郊大型设施蔬菜园艺场中，土壤中锌含量高达 517 mg/kg，超标 5 倍之多。

（3）农业污染。化肥、农药和地膜是重要的农用物资，对农业生产的发展起着重要的推动作用，但长期不合理使用，也会导致土壤重金属污染。中国耕地平均施用化肥氮量为 224.8 kg/hm^2，据中国农科院对某地 32 种主要蔬菜调查，蔬菜硝酸盐含量比 20 世纪 80 年代初增加了 1～4 倍。许多研究表明，随着磷肥及复合肥的大量施用，土壤有效 Cd 的含量不断增加，作物吸收 Cd 的量也相应增加。中国农药总施用量为 131.2 万 t（成药），平均每亩施用 931.3 g，比发达国家高出一倍。

4．土壤重金属污染修复技术

（1）工程修复。其主要包括客土、换土和翻土 3 种方法。客土法是向污染土壤内加入大量的干净土壤，覆盖在表层或混匀，使污染物浓度降低或减少污染物与植物根系的接触。换土法是把污染土壤取走，换入新的干净土壤。翻土法是深翻土壤，使聚集在表层的污染物分散到土壤深层，达到稀释和自处理的目的。通过客土、换土和翻土与污土混合，可以降低土壤中重金属的含量，减少重金属对土壤—植物系统产生的毒害，从而使农产品达到食品卫生标准。翻土用于轻度污染的土壤，而客土和换土则是用于重污染区的常见方法，在这方面日本取得了成功的经验。

（2）物理化学修复：

① 电修复。土壤电修复是一种在 20 世纪 90 年代后才得到重视和发展的新兴土壤修复技术。是通过电流的作用，在电场的作用下，土壤中的重金属离子（如 Pb、Cd、Cr、Zn 等）和无机离子以电渗透和电迁移的方式向电极运输，将污染物，如重金属或有机污染物迁移到一端电极室（一般为阴极室），从而得到分离，

然后进行集中收集处理。研究发现，土壤 pH、缓冲性能、土壤组分及污染重金属种类会影响修复的效果。

② 热修复。热修复是利用污染物的热挥发性，利用高频电压产生电磁波，产生热能，对土壤进行加热，使污染物从土壤颗粒内解吸出来，从而达到修复的目的。该技术可以修复被 Hg 和 Se 等重金属污染的土壤。另外可以把重金属污染区土壤置于高温高压下，形成玻璃态物质，从而达到从根本上消除土壤重金属污染的目的。

③ 土壤淋洗。土壤淋洗是利用淋洗液把土壤固相中的重金属转移到土壤液相中去，再把富含重金属的废水进一步回收处理的土壤修复方法。本技术的关键在于提取剂的选择，即能提取重金属，又不破坏土壤的结构，但事实上很难找到。而且，如果处理不当的话，引入的提取剂很有可能造成二次污染。吴龙华研究发现 EDTA 可明显降低土壤对铜的吸收率，吸收率与解吸率与加入的 EDTA 量的对数呈显著负相关。土壤淋洗以柱淋洗或堆积淋洗更为实际和经济，这对该修复技术的商业化具有一定的促进作用。

④ 化学修复。化学修复是利用水力压头推动清洗液通过污染土壤而将污染物从土壤中清洗出去，例如采用合适的络合剂清洗土壤中的重金属元素，用表面活性剂或有机溶剂清洗土壤中的有机污染物等。通过向土壤投入改良剂，通过对重金属的吸附、氧化还原、拮抗或沉淀作用，以降低重金属的生物有效性。化学修复是在土壤原位上进行的，简单易行。但并不是一种永久的修复措施，因为它只改变了重金属在土壤中存在的形态，金属元素仍保留在土壤中，容易再度活化危害植物。

（3）生物修复是利用生物技术治理污染土壤的一种新方法。利用生物削减、净化土壤中的重金属或降低重金属的毒性。由于该方法效果好，易于操作，日益受到人们的重视，成为污染土壤修复研究的热点。

① 植物修复是一种利用自然生长的植物或遗传培育植物修复重金属土壤污染技术的总称。根据其作用过程和机理，可分为植物挥发、植物提取和植物稳定 3 种方法。植物提取即利用重金属超积累植物从土壤中吸取金属污染物，然后收割地上部并进行集中处理，连续种植该植物，达到降低或去除土壤重金属污染的目的。中国学者对植物提取也进行了一些研究，如在中国南方发现一批 As 超积累植物；刘云国等利用 10 种超积累植物对 Cd 污染土壤进行修复研究；蒋先军等发现，印度芥菜对 Cu、Zn、Pb 污染的土壤有良好的修复效果。植物挥发其机理是利用植物根系吸收金属，将其转化为气态物质挥发到大气中，以降低土壤污染。目前研究较多的是 Hg 和 Se。植物稳定是利用耐重金属植物或超积累植物降

低重金属的活性，从而减少重金属被淋洗到地下水或通过空气扩散进一步污染环境的可能性。

②微生物修复。微生物在修复被重金属污染的土壤方面具有独特的作用。其主要利用原土壤中的土著微生物或向污染环境补充经过驯化的高效微生物，在优化的操作条件下，加速分解污染物，修复被污染土壤。李志超发现有些微生物能把剧毒的甲基汞降解为毒性小、可挥发的单质 Hg；日本发现一种嗜重金属菌，能有效地吸收土壤中的重金属；耿春女等利用菌根吸收和固定重金属 Fe、Mn、Zn、Cu 取得了良好的效果。

采用工程、物理化学方法修复重金属污染土壤，不仅费用昂贵，具有一定的局限性，难以应用于大规模污染土壤的改良，且常常导致土壤结构破坏、生物活性下降和肥力退化等。植物修复技术作为一种新兴的、高效的植物修复途径，具有良好的社会、生态综合效益，已为人们所接受，并逐步走向商业化。因此具有广阔的应用前景。

二、农业生态工程技术

农业生态工程技术是在生态农业的建设中，利用先进的科学技术结合工程规划建设，发展农业经济的同时，更好地保护农业生态环境。所谓生态农业就是因地制宜利用现代科学技术并与传统农业精华相结合，充分发挥区域资源优势，合理使用化肥、农药等化学物质，依据经济发展水平及"整体、协调、循环、再生"的原则，全面规划，合理组织农业生产，实现高产、优质、高效、持续发展，达到生态与经济两个系统的良性循环，实现经济、生态、社会三大效益的统一。

（一）畜牧养殖高效型农业生态工程技术

在农业生态系统中，家畜属初级消费者的范畴，初级消费者的功能在于将生产者所同化的有机物和能量借助家畜转化为动物产品并赋予更高的能量，通过食物链输送给次级消费者；与此同时，家畜又可将部分未被利用的有机物通过排泄物返回土地，由分解者分解还原后重新投入系统的再循环。畜禽的这种初级消费者地位决定了它在整个农业生态系统物质与能量转化和传递过程中的动力作用。

畜牧业在农业生态工程中的作用和意义在于家畜在利用人可直接食用的植物产品的同时，还可利用那些人所不能直接利用的植物副产品，并将它转化成乳、肉、蛋等高级营养食品供给消费者，在这些植物到动物的能量转化与物质循环流动过程中，家畜不仅为人类转化生产出大量高档食品，还生产了皮、毛、羽等产品供人类消费、同时又以 CO_2、粪尿等形式为植物提供养料，为微生物等分解者提供了物质与能量。因此，畜牧业是农业生态系统中有机物质循环的主要通道之一，是农业生态工程建设的重要组成部分，畜牧业对能量、物质转化效率的高低影响极大。

1. 畜牧业在农业生态工程中的地位与作用

畜禽初级消费者的地位也决定了畜禽必然受生产者的数量和质量的影响，决定了家畜生态系统的特殊性。从生产者到初级消费者再到次级消费者，能流和物流的量是逐级减少的，能量大约按 1/10 的规律向下一级传递。因此，从生产角度看，畜牧业的基本环节是土壤—饲料牧草—家畜—畜产品，饲料牧草是其中最基本的环节。因此，农业生态工程建设中的农田、草地、森林等绿色植物组分所生产的植物产品，是畜牧子系统存在和发展的保障。

绿色植物通过光合作用固定的太阳能，只有 20%左右的能量可为人类直接利用，其余约 80%为植物副产品。因此，畜禽对植物副产品的这种再转化作用就显得尤为重要。但畜禽在利用秸秆、糠麸等副产品时，通常只能将其中所含能量和其他营养物质的 25%消化、吸收与利用，其余 75%又作为"副产品"沿食物链（网）向下传递与循环。畜禽与周围环境中的层次关系，主要是通过这种食物链与食物网而保持直接或间接的联系。畜禽在食物链中的地位，使畜牧业与种植业有着相互密不可分的依存关系。畜禽是人类对野生动物选择进化而来的。现代的畜禽生活环境已经不同于野生动物。畜牧业成为将植物产品转化为动物产品为主要目的的生物再生产部门，这既包括自然再生产过程，也包括经济再生产过程。

近十年来，国内养殖场的发展规模十分迅速，几千头乃至上万头规模的养殖场不断涌现，由于没有合适的粪便、废弃物的处理技术，其污染越来越引起人们的高度重视。目前，国内粪便处理主要以直接还田、工厂化处理、厌氧发酵及饲料化为主。由于这些技术没有将粪便处理与生猪生产作为一个系统，只是为治理而治理，不仅旧问题没得到较好的解决，同时又引发出了一系列新问题。如厌氧发酵：一方面投资较大；另一方面若解决不好沼液和沼渣的出路问题，同样会造成二次污染。

2. 畜禽养殖清洁生产高效型生态工程模式

辽宁省大洼县西安生态养殖场位于辽河下游，距大洼县城东南 20 km 处，为滨海盐碱湿地生态区。养殖场始建于 1975 年，占地面积近 46.67 hm²，地处盘锦营口两市交界点，离养殖场 500 m 即是盘海高速公路西安出口，交通便利。17 栋猪舍母猪饲养量 1 200 头，年产仔猪 31 000 头，育肥猪 20 000 头，拥有饲料田 26.7 hm²（种植水稻），猪场防疫沟养鱼、养殖河蚌和珍珠等水产品，生产潜力较大。但该猪场在 1980 年以前连年亏损，累计亏损 32 万元。其主要原因为：生产管理方面，沿用国营农场吃"大锅饭"管理方法，缺乏激励工人积极性的管理体制；猪场每年排放 90×10⁴ kg 的冲洗猪舍的废水，从未得到合理利用，严重地污染了环境；由于养殖技术落后，生猪生产在饲料搭配上精、粗、青等饲料结构不尽合理，还造成自身污染，因而母猪产仔率低，病猪比例大，致使生产效率低下；土地资源利用率不高，初级生产规模因受自身发展能力所限，生产难以迅速扩大；物质、能量在生产过程中没有进行多层次、多能级的有效利用。

从 1981 年起，养殖场开始引入水生饲料，建设猪场生态养殖系统工程，生产形势开始逐年好转，截至 1990 年，养殖场共生产水生饲料 2 000 万 kg，貂皮 3 100 张，鸡蛋 30 000 kg，肉食鸡 24 000 kg，鲜鱼 90 000 kg，河蟹 10 000 kg，珍珠 300 kg，葡萄 30 000 kg，共创产值 1 080 万元，获利 107 万元，人均收入也由原来的不足 1 400 元提高到 3 100 元。20 世纪 90 年代后，生态养殖场在原有的基础上，深化改革，建立适应市场经济的生产经营体制，经济效益年年增长，产值年年保持在千万元以上，赢利几百万元。1996 年产值更是创纪录高达 3 000 万元，获利 300 万元。由于生态养殖系统工程的建立，猪粪尿等资源被充分利用，改变了猪场粪尿横流、蚊蝇滋生的脏乱状态，使环境得到净化，生态效益十分明显。

（二）污水利用与净化型农业生态工程技术

郊区是城市和农村的过渡地带，因所处的地理位置特殊，它具有不同于城市和农村的特殊的生态环境类型。其主要的生态环境问题是：一是环境资源相对缺乏。土地、森林、水和野生动植物资源与农村相比，也比较匮乏，人均资源占有量低于全国平均水平；二是环境污染比较严重，工业"三废"、城市生活废弃物及农业化学品的污染也比较严重。其中，以农畜产品为原料的企业，其加工废弃物如废水对生态环境的影响尤为严重，是城郊最主要的生态环境问题之一。它不仅污染环境，还破坏资源，使本来就匮乏的资源质量下降，可利用率降低，成为城郊农村经济发展的限制因素之一。

1. 吉林市果树场污水利用与净化型农业生态工程

吉林市果树场位于城郊沙河子乡境内，距离市区 10 km，是一个多种经营的农垦企业。该场有果树、制酒、酒精、养鹿、养鸡 5 个分厂。玉米酒精是该厂的龙头产品，1986 年 4 月投产，年产酒精 3 000 t，由于没有污水处理设施，日排放的 150 t 高浓度酒精废液对周围环境的污染日益严重。1986 年夏季，附近的专业户鱼塘因污染造成了 425 尾夏花鱼窒息死亡，结果该厂以每尾 10 元价格赔偿了 4 250 元。下游的农田也受到污染，秧苗枯死。农民反映强烈，被责令限期整改。而当时的原材料价格上涨，银行利率提高，该厂面临严重的亏损局面，每生产 1 t 酒精亏损 118.83 元，企业陷入困境。

为了摆脱困境，该场从治理污染着手，建成了 1 200 m² 沼气发酵装置，对酒精废液进行沼气厌氧发酵处理，但发酵处理后沼气尾液有机物含量仍然较高，还存在对周围环境污染的问题。于是该厂又修建了三级氧化塘进行氧化处理。同时，对玉米加工酒精的生产过程进行了一系列的"延链加环"的探索，逐步形成了一个玉米酒精废弃物资源化多层次利用的农业生态工程模式。

2. 玉米酒精废弃物综合利用生态工程模式及技术

（1）玉米脱脐技术。玉米脐占玉米加工量的 8%，主要成分是脂肪和蛋白质。以往玉米脐是酒精生产的废弃部分，均随酒槽废液流失，并影响酒精的质量。在玉米脐粉碎过程中，增加脱脐工序。采用粉碎机和平面回转筛，将玉米脐分离出来，再用回炒锅加热和榨油机压榨，生产出可食用、药用的玉米脐油和优质的蛋白饲料玉米脐饼。每吨玉米脐可榨取玉米脐油 28.4 kg，制取玉米脐饼 460 kg。

（2）CO_2 回收技术。在玉米养化发酵制取酒精时，释放出大量的 CO_2，它是食品工业和化工的重要原料、将 CO_2 从发酵罐中收集后，经过氧压机压缩和水冷却后装入钢瓶，每生产 1 t 酒精，可回收 CO_2 0.8 t。

（3）余热回收利用技术。酒精废液由粗蒸馏塔排出后经逆向套管换热器回收余热，把原 105℃的废液换成 70℃左右，将回收的余热传递到氧化发酵罐中利用。日排放 150 t 酒精废液，按热值公式计算，即日回收 0.22×10^8 kJ。按锅炉热效率 60% 计，则需燃料释放出 0.37×10^5 kJ，折合标煤 1.25 t，即每天回收的热量相当于节约 1.2 t 标准煤。

（4）干酒精分离技术。经换热后的糟液进入缓冲槽和锥形沉淀罐，后进入分离机，分离出含粗蛋白 35% 的优质干酒糟饲料，采用这种方法，每天可分离干酒糟 15 t，比用沉淀法多获得 10 t 左右。

（5）沼气发酵工程。该工程包括：监控器、配料池、沉淀槽各一个、3 个 400 m³ 的沼气发酵罐和 1 个 1 500 m³ 的贮气柜经过干糟分离后的稀糟液流入沼气配料池，与沼气沉淀池中的溢流液混合调配成 pH 为 5.5 左右，泵入发酵罐中发酵，发酵温度控制在 51～55℃。产生的沼气经脱水、除硫、计量收集在贮气柜中供民用或发电。发酵罐中的溢流液流入沉淀池中，经过沉淀后上清液泵入三级氧化塘。其沉淀物流入配料池，最后返回发酵罐中。

发酵装置为上流式，共 3 个反应区，每个反应区容积为 370 m³，每个反应区的装置内分污泥床、过滤层、悬浮层、沉淀区、气室，内设挡板，气、固、液三相分离器，软性填料等。进料孔在发酵罐下部成多点进料，进料孔下斜 45°，各孔径之和等于总管道流量。挡板可使上升污泥中的气体到达集气罩，集气罩能收集发酵产生的沼气并将其导入气室，从而减轻气体对悬浮层和沉淀区的冲击，起到保留污泥的效果，可使填料增加微生物附着，截留污泥，减少溢液造成的菌体流失，提高设备效率。

吉林市地处寒冷地区，利用稀糟液的余温，并按季节调整进料温度，实行多次间断进料，可以抵御户外严寒，保证沼气安全越冬，全年均衡产气。在正常运转的情况下，该装置可日产沼气 3 000 m³，排出沼气尾液 150 t。

（6）沼气利用工程：一是沼气发电，沼气热值为 2.09×10⁴ kJ，可代替部分柴油作为发电机燃料。采用沼气柴油混燃发电机组，沼气与柴油的比例为：沼气占 85%、柴油占 15%。该发电机组日发电 3 840 kW·h，消耗沼气 2 572.8 m³，柴油 100.8 kg，所发出的电各项指标均符合设计要求，后供本厂生产使用。二是沼气民用，采用冻层下管道，进户管道用珍珠岩、石棉等保温材料保护，将贮气柜中的沼气输送到居民区实行集中供气。燃具采用特别的沼气炉具代替居民炊事用煤气。

（三）农业设施环境生态工程技术

农业设施环境中光、热、湿、CO_2 浓度等要素调控及应用技术为农业环境调节的主要方面。热环境调控以其调控目的不同，表现为保温、降温、增温、变温 4 种不同的调控措施。

1. 保温技术及应用效果

设施结构确定以后，该设施采光面白天所能采集到的太阳辐射的多少也就基本确定了。如何有效地将白天蓄积的太阳能储存于室内，是热环境调控必须解决的问题。

（1）外围结构与热环境的关系。就单屋面温室而言，其外围结构包括采光面覆盖物和墙体两部分。墙体兼有隔热和储放热两个功能。研究发现，50 cm 厚的土墙，白天夜间均为吸热体，不能达到白天吸热，夜间放热的功能要求。因此，纯土质墙体建造厚度一般要求达到 100～150 cm。而采用总厚度为 48 cm 空心夹层砖墙结构的异质复合墙体，白天温室升温阶段，墙体作为热汇吸收热量，是吸热体，而夜间降温阶段，内侧墙体作为热源向室内释放热量，起到平衡调温作用。异质复合墙体，其内侧由吸放热能力较强的材料组成蓄热层；外侧由导热、放热能力较差的材料构成保温层；中间是轻质、干燥、多孔、导热能力极差的隔热层。据计算，中间夹层为珍珠岩的墙体内侧在 15～8 h 放热期间，放热强度为 37.9 W/m²，无填充物的后墙 15～4 h 放热强度仅 2.9 W/m²。其储热保温能力明显降低。采光面透光材料对温室的保温能力具有重要影响，据观测，PVC透光膜对红外线透射率仅为 20%，而 PE 透光膜对红外线的透光率达到 80%左右，而日光能量的 50%为波长 0.76～2 μm。

（2）覆盖材料与热环境的关系。覆盖材料主要用于增加透光面夜间的热阻。传统的覆盖材料有草帘、蒲席、棉被、无纺布等不同类型。据研究，草帘的保温能力一般为 5～6℃，蒲席为 7～10℃，双层草帘为 14～15℃，棉被为 7～10℃，草帘上加一层由四层牛皮纸复合而成的纸被，保温能力还可提高约 5℃。室内架设保温幕（PE 膜或无纺布），具有 1～3℃的保温能力。

由于传统覆盖保温材料具有笨重、易吸水、易污染采光面、机械化操作困难等缺点，新型换代保温材料主要由微孔泡沫塑料、毛毡、蜂窝塑膜及防水材料构成，重量仅为传统草帘的 20%左右，保温效果可代替草帘。

对双屋面单栋或连栋温室，采光面采用双层塑膜结构，可大大提高温室的保温性能。双层塑膜结构的透光膜中间由风机充入空气，在两层塑膜之间形成一定厚度的气层，利用空气透光性强而导热率低的特性，白天让太阳光透过的同时，降低通过采光面向外的热流量。据研究，采用双层充气结构，采光面传热系数为4.0 W/（m²·K），单层塑膜为 6.8 W/（m²·K），传导热损率降低 40%，从而达到提高热能利用率的目的。

（3）地中热交换系统对热环境的改善。温室具有较好的密闭保温性能，即使在寒冷的冬季，也时常有因温度上升过高而需通风降温的现象出现，使冬季温室宝贵的热资源因通风降温而白白浪费。蓄积白天富余热量为夜间温降时补充室内热量不足，一些日光温室采用了地中热交换系统。该系统在 40～60 cm 地下铺设通风管道，与轴流风机相连，在白天高温时段，风机使室内热空气从地中管道流过，向土壤层贮热；夜间温度过低时，风机使室内低温空气流过管道，由土壤加热空气，使温度升高。运行结果表明，白天贮热阶段，出风口温度较进风口温度降低 6.5～7.5℃，夜间放热阶段，出风口较进风口温度升高 4.5～5.3℃，从而达到有效改善温室昼夜热环境的目的。在连续阴天的情况下，运行该系统，仍具有提高夜间温度的能力。

（4）微灌对改善温室热环境的影响。目前，传统的大水漫灌仍然是一些地方温室灌溉用水的主要方式。这种灌溉方式：一方面由于灌溉用水温度较低，灌溉后引起地温大幅下降；另一方面由于水量较大，水分蒸发消耗大量汽化热，恶化温室热环境。采用滴灌等微灌技术，可有效改善这一状况。以哈尔滨为例，4 月下旬温室滴灌与沟灌相比，提高气温 0.5℃，提高 5 cm 地温 3.2℃，5 月上中旬提高地温 2℃左右，效果显著。

（5）地膜覆盖对温室热环境的改善。在自然条件下，地温高于一般气温。在温室小气候条件下，经常出现地温低于气温的情况。长时间低地温，使根系产生生理障碍，最终影响地上部分正常生长。采用地膜覆盖措施，可使地温平均提高 2～4℃，对协调作物地下地上部分生长有重要意义。实际工作中经常发现，地表覆盖地膜后 2～3 分钟，膜下就有水汽凝结，水汽凝结形成的小水珠布满地膜下表面，使地膜对太阳辐射的反射率大为增加，一般可达到 30%～40%，这样，地膜对太阳能的透射率大大降低，从而影响其增温效果的充分发挥。如能在地膜生产中引入无滴技术，抑制地膜下表面水汽凝结成滴，提高地膜透光率，对改善地温特别是温室地温条件具有积极的意义。

2. 增温技术及应用效果

当温室有可能出现接收和贮存的热量不足以维持作物生长所需温度的情况时，应考虑采用加温设备改善温室热环境条件。

（1）燃烧加热技术。对单屋面温室，一般采用在北墙处安装烟道的形式，实现对温室的加温，所需设备和技术较为简单。对现代化大型连栋温室，由于缺少单屋面温室墙体贮热及室外覆盖的保温条件，加热措施是其维持正常生产必不可少的环节。

国外大型现代化温室生产管理技术较为成熟。我国在大型温室发展初期，多以成套技术设备引进为主。由于受冬季蒙古高压的影响，我国大部分地区冬季气温比同纬度其他国家显著偏低，如东北地区 1 月偏低 4～18℃，黄淮海地区偏低 10～14℃，长江以南偏低 8℃。受这一特殊气候背景条件的影响，从国外全套引进的现代化温室，在我国因运行成本过高而难以赢利，例如 1996 年上海引进 15 hm² 大型温室，设备及配套费用 500～900 元/m²，运行成本 3.48 万元/hm²。其中 30%～40%为燃料成本，一个冬季耗煤 600～1 200 t/hm²，处于不计折旧勉强保本的经营状况。因此，研究开发适合我国能源消费水平和气候资源条件的温室加温技术显得尤为重要。

（2）灌溉用水加热技术。西北干旱地区地下水水位很低，大部分地区没有深井灌溉的条件，主要靠引黄河水灌溉。冬季属农业用水低谷期，不能保障温室灌溉用水，即使有蓄水池蓄水，也因冬季结冰而无法灌溉。为此，开发的日光温室柔性蓄水技术，较好地解决了干旱地区日光温室冬季灌溉用水问题。

该技术在专用日光温室内建造柔性蓄水池，利用日光温室接收和贮存的能量，提高池内水温，避免水体冻结，便于灌溉，同时不使灌溉地段因灌溉而大幅降温。该项技术在 12 月下旬室外气温 4.5℃条件下，可使室内气温达到 27.5℃，水温达到 100℃以上，可供 8 栋 50×7 m² 温室一个生长期的用水。

3. 降温技术及应用

目前，温室生产中较为成熟的降温技术主要有换气降温、蒸发降温和遮阳降温等几种形式。

（1）通风换气降温。对单屋面日光温室而言，在室内温度较高时，通过换气窗口排出热空气，实现降温目的。对大型连栋温室，可通过风机和天窗实现换气降温。该技术在室内外温差较大时，降温效果明显。遮阳降温技术是通过遮挡或反射采光面太阳辐射的射入量达到降低室内温度的目的。主要有遮阳网和铝箔反射型遮阳幕两种形式。采用遮阳网，室内气温一般可降低 2℃左右。铝箔反射型遮阳幕依其铝箔面积所占比例不同，遮阳率在 20%～99%。

（2）蒸发降温。该方法利用水分蒸发吸收汽化热的原理降低温室温度，主要有湿帘蒸发降温和雾化蒸发降温两种方式。

湿帘是由梭椤状纸板层叠而成的幕墙，墙内有水分循环系统。借助流风机形成室内负压，室外空气流经湿帘，经湿帘内水分蒸发吸热，形成低温气体流入室内，起到降温作用。降温幅度一般可达到 2～4℃。

雾化降温的基本原理是普通水经过滤后，加压约 4 MPa，由孔径非常小的喷嘴（直径 15 μm），形成直径 20 μm 以下的细雾滴，与空气混合，利用其蒸发吸热的性质，大量吸收空气中热量，从而达到降温目的。降温幅度可达 7℃，降温效率较湿帘提高 15%。蒸发降温的降温幅度与空气相对湿度密切相关，理论上可达到湿球温度的水平。

4. 变温管理技术及应用

根据作物光合、呼吸过程以及部分作物有"午休"现象的特性，在温度管理上采用四段变温管理技术，不但可以达到节能目的，而且还可以获得较适产量。

四段变温管理的原理：上午，作物光合作用效率较高，需要较高的温度配合，以使作物光合作用充分进行；午后，作物需转化上午的光合产物，出现光合效率下降趋势，此时需适当降低温度，抑制呼吸；前半夜，需转移同化产物，如温度太低，转移速率较慢，需适当加温；后半夜，降低温度，抑制呼吸消耗。

近年来，"差温"概念及调控技术在国外温室生产中得到应用。所谓差温，即夜温与昼温的差值。研究结果表明，一些植物的节间长度与差温成反比。生产中为获得理想株型，生产商通过升高夜温，降低昼温的方式进行温度调控，该温度管理模式在一品红等花卉生产中对塑造花卉株型效果明显。

5. 光环境调控技术及应用

光环境调控是设施农业中仅次于热环境调控的另一重要措施。"有收无收在于温，收多收少在于光"。光环境调控一般从补光、遮光两方面实施相应技术。反射补光在单屋面温室后墙悬挂反光膜可改善温室的光照条件。反光膜一般幅宽为 1.5～2.0 m，长度随室温长度而定。该技术可改善温室内北部 3 m 范围内的光照和温度条件。使用时应与北墙蓄热过程统筹考虑。

（1）低强度补光。对感光作物，为满足作物光周期需要而进行的补光措施。补光强度仅需 22～45 lx，目的是通过缩短黑暗时间，达到改变作物发育速度的目的。

（2）高强度补光。为作物进行光合作用而实施的补光措施。一般情况下在室内光照<3 000 lx，可采用人工补光。

李萍萍等对镝灯（生物效能灯）高压钠灯、金属卤化灯 3 种光源测定结果表明，镝灯补光效果最好，其光谱能量分布接近日光，光通量较高（70 lx/W），按照每 4 m² 安装一盏 400 W 镝灯的规格，补光系统可在大阴天使光强增加到 4 000～5 000 lx，比叶菜类作物光补偿点高出一倍左右。

高压钠灯理论光通过量很大，但实际测试结果远不如镝灯，同样安装密度条件下，400 W 钠灯下垂直 1 m 处，光强从 2 200 lx 提高到 3 200 lx（镝灯可提高到 5 000 lx）。此外，钠灯偏近红外线的光谱能量的比例较大，色泽刺眼，不便灯下操作。

（3）紫外线补光。紫外线是波长 0.05～0.40 μm 的电磁波，其中 0.28～0.32 μm

称为保健波段，对动植物具有很强的生理效应。紫外线补光在畜、禽舍应用较多，适宜剂量问题国内外争论较大。前苏联农业电气化研究所推荐剂量为 50 mW·h/m^2，游小杰等对鸡舍紫外线补光适宜量进行了研究。在 50 mW·h/m^2、233mW·h/m^2 紫外线强度下，与对照相比，鸡的产蛋率分别提高 3.2% 和 7.6%，蛋壳厚度分别增加 0.095 mm 和 0.145 mm，平均蛋重增加 4.74 g/枚 和 6.78 g/枚。死亡率降低 1.51% 和 2.74%，效果很好。

由于玻璃、塑膜等透光材料对紫外线的吸收率较大，温室内紫外线条件与可见光相比，紫外线处于低水平状态。现有文献表明，对因臭氧层破坏导致地面紫外线辐射增强后，对作物的不利影响研究较多，而温室条件下紫外线的不足以及在人工补充紫外线方面的研究尚不多见。有研究认为，茄子等作物果实着色度与紫外线照度有一定关系。对温室番茄人工补充紫外线 B（UV-B，0.28～0.32 μm），可提高番茄红素含量 10%，提高维生素含量 16%。UV-B 与红光复合处理，番茄果实的含糖量、酸度、番茄红素的含量明显增加，增加量分别为 34%、35% 和 22.5%，维生素含量与单独 UV-B 处理相当。

6. 湿环境的调控技术

湿环境的调控主要有加湿和降湿两套操作过程。由于温室基本上都处于高湿环境，加湿调控应用较少，如需加湿，借助降温操作中使用的湿帘、雾化等技术，均可达到增湿效果。温室降湿可通过室内外换气、地膜覆盖、膜下灌溉、滴灌、化学吸水除湿和热交换除湿等技术达到目的。其中采用滴灌技术降低温室湿度比较经济有效。据研究，采用滴灌技术，在 7～17 h 通风期，空气相对湿度比膜下灌溉降低 10%，停止通风后，膜下灌溉湿度达到 100%，滴灌仅 85%。

7. CO$_2$ 质量浓度的调控

受密闭环境条件的影响，从日出开始，作物开始光合作用，大量消耗 CO$_2$，不到 2 h 使温室内 CO$_2$ 质量浓度降到 300 mg/L 以下，中午前后降到 200 mg/L。因此，温室白天 CO$_2$ 含量严重亏缺，作物在绝大部分时间内处于饥饿状态，人工增施 CO$_2$ 不仅可以增产，而且可以改善品质。

温室 CO$_2$ 来源可归纳为有机质分解、炭等化石燃料燃烧、液态和固态 CO$_2$ 气化、碳酸盐加稀酸的反应及畜菜、菌菜互补等方式。其中畜菜、菌菜互补主要是利用动物和菌类呼吸和生长过程中释放出 CO$_2$ 提高温室内 CO$_2$ 质量浓度。据研究，在畜菜互补系统中，一头 80 kg 育肥猪，在维持栽培温室 CO$_2$ 质量浓度 1 403～3 964 mg/L 的条件下，每头猪可供应 21～39 m^2 番茄的生长需求，番茄产量和产值分别是对照的 2.4 倍和 1.4 倍，增收效果非常明显。

农业设施环境控制还包括土壤湿度、矿物养分、有害气体含量等对象。目前调控手段已从单因子的控制向综合考虑环境因子的相互影响，以同一环境因子为基准（如太阳辐射）其他环境因子为变量进行处理的多因素环境控制方向发展，并将专家系统和人工智能控制等技术引入农业设施环境控制系统之中，科技含量和自动化水平不断提高，为农业设施环境调控技术的进一步发展奠定了技术基础。

（四）以环境治理为中心的农业生态工程技术

1. 以沙漠治理为中心的农业生态工程配套技术

根据以沙漠化治理为中心的农业生态工程的内容，沙地农业生态工程技术主要包括以下内容：

农田防护林体系建设技术。树种的选择与搭配，固沙植物选择的原则是：在干旱沙地上具有生存的能力，能在空旷土地上生长，不怕风吹沙割；结实早，并在沙丘上能天然繁殖；根系能固定流沙，能发出不定根，同时能形成茂密的覆盖；有经济意义，至少可作燃料。例如在黄淮海风沙区，进行树种培植时，在低洼地以旱柳为第一层，刺槐为第二层，在风沙较严重的地段加上紫穗槐。第三层为草类，如种植红豆草、苜蓿等，形成乔、灌、草的防护林带。

设置好林带的结构，防护林带的防护性能取决于林带的结构，而林带的结构又取决于林带的宽度、高度、栽植密度、混交方式等因素。由于这些因素组合方式不同，构成不同结构的林带类型。仍以黄淮海风沙区为例，根据其他地方的经验和当地的具体情况，参考野外观测的结果，确定主林带宽度为 10 m，加上道路共 18 m；副林带为 4 m，加上道路 4 m，共 8 m。林带各树之间的行距为 2 m，株距为 3 m。

林网配置：一是林带的走向配置，林带与主风向垂直时，防护效果最好。当风向偏角大于 30°时，防风效果大大降低；二是带距的确定，带距主要由最大平均风速、林带高度和最大参考风速决定。例如，黄淮海风沙区历年最大平均风速为 18 m/s，林带的成林高度见表 3-1。另据观测，当地起沙风速为 4.2 m/s，这是在粗糙度为 0.02、土壤含水率近似零的干沙情况下测定的。在农耕地上，粗糙度在 0.06 以上，土壤含水率为 3%～5%。为慎重起见，按土壤含水率 3%计算，依照边界风速分布公式换算到气象站观测高度，按该地区风害季节的最大平均风速为 18 m/s，要求林网内任何一点的风速不大于 12.6 m/s。

造林技术　包括造林季节的选择、整地方式、幼林抚育、修枝等。

表 3-1　主要防护林成林高度　　　　　　　　　　　　单位：m

树种	干旱贫瘠沙土	潮湿沙土	潮湿肥沃沙土
泰青杨	10～12	12～15	15～18
刺槐	8～10	10～12	12～14
旱柳	9～11	11～13	13～16

2. 农田环境生态工程模式与技术

（1）农作物秸秆综合利用还田工程。依据养分归还学说基本理论，遵循物质循环与再生原理，采用作物秸秆直接和间接还田，提高土壤有机质含量，保持了土壤养分的良性循环、提高了农作物的产量和品质。农作物秸秆直接还田，使作物秸秆中丰富的营养物质还田后补充土壤养分，改善土壤的理化性状，改良土壤的通透性，有利于农作物生长发育，增加产量。而秸秆覆盖具有保墒、保温、保湿等作用。此外，通过留高茬、稻麦套播等技术实现秸秆全量还田，利用率高，效果好。据测定，连续 3 年秸秆还田有机质增幅达 0.22%～0.48%，增加作物抗病虫害能力，减少了化肥、农药的使用量，有效改良了土壤的生态环境。同时，农作物产量逐年上升 8%～10%，成本逐年下降，经济效益十分明显。

农作物秸秆间接还田是在田间地头空闲地上，将作物秸秆和秸秆催熟剂加水混合后，经过高温使作物秸秆快速腐烂分解，然后还田；或将作物秸秆先行利用（饲养食草动物、气化、育菇），然后还田。作物秸秆综合利用还田技术的应用，解决了生产中有机肥料投入不足，收获季节焚烧作物秸秆和推下沟河污染大气环境和水源，阻碍交通等问题。

（2）"四种、四养、四过腹"农业生态工程模式。所谓"四种、四养、四过腹"农业生态工程模式，是一种以沼气为纽带的食物链循环农村适用的技术体系。"四种"即种农作物、果树、牧草、食用菌；"四养"即养牛、养鸡、养猪、养鱼；"四过腹"即牛粪喂鱼，鸡粪喂猪、喂牛，猪粪进沼气池，沼气水进鱼塘或喂猪、浇地、浸种等，沼渣肥田、种食用菌。这一模式的关键环节是鸡粪喂猪是将鸡粪经过消毒除臭、高温发酵等方法处理后，按 32%～38% 的比例加入饲料，在仔猪体重达 35～50 kg 后饲喂，一般 40～50 只鸡可供一头猪的鸡粪饲料，可节约成本 25% 左右，即每头猪可降低成本 45～50 元。如果改变配料比例和喂养方法，鸡粪配合饲料还可以养鱼、养牛、养羊等。"四种、四养、四过腹"模式不仅使物质和能量循环与再生利用，效益提高，而且其操作性强，实现了社会效益、经济效益、生态效益统一的目的。

（3）种养结合污染零排放生态治理工程。该工程是依据食物链原理以及物质的不断循环与再生原理设计而成。通过牧草养牛，直接产出牛奶、牛肉、牛皮产品；牛尿直接肥草，牛粪经蚯蚓分解与蚯蚓排泄物一起为牧草提供优质有机肥料。与此同时，大量的蚯蚓不仅为奶牛提供高蛋白饲料，而且成为许多药物、营养品的原料。

种草养牛是农业产业结构中的重点，牛奶产品是人们的理想食品。0.067 hm² 牧草饲养一头奶牛，每年可产奶 5 t，扣除生产成本，净收益可达 5 000 元，通过物质循环与再生利用，还可增加间接收益 3 000 元。同时，牧草发达的根系能够有效防止水土流失，保护生态环境。这一工程项目的实施，形成了物质、能源的良性循环，取得了社会、经济、生态三效益的统一，尤其在太湖地区对总体上控制农业面源污染具有重要意义。

第二节　林业环境生态工程

一、林业生态系统

环境与发展是全球关注的重大问题，林业作为重要的环境维护、碳汇系统，对维护生态平衡，改善人类生存环境、减免自然灾害，保障农牧业稳产高产，实施可持续发展战略，具有极其特殊的重要作用。树木还能分泌出大量杀菌物质，使林中细菌大量减少。不同树种分泌的一些特种气体物质，有利于一些疾病的康复，如松林中的肺病疗养院等，这就进一步突出了森林的疗养功能。从绿色植物的组成来看，它包括乔、灌、草和花卉；从功能来看有空气净化林，防尘、防噪声林、污染监测林、疗养林以及环境美化林等。

林业生态系统的三大效益

（1）生态效益。林业在生态环境系统的动态调节作用，主要是通过生态效益来实现。

调节气候。夏季炎热、干燥，树木可以降温增湿，树冠下气温比空旷地低 14℃，温差可形成一级风。1 株成年树的生长季节，每天可蒸腾约 400 kg 水，相当于 5 部 10 467 kJ/h 的冷气机开 20 h。城市防护林可以防冬季寒风、春夏季的干热风，防护林降低风速的范围，迎风面相当于树高的 2～5 倍，背风面相当于树高的 30 倍，其中在靠近林带相当于树高 10～20 倍的距离内，可降低风速 50%。

阻隔、消纳污染物。树木花草有吸附、吸收污染物，能吸收二氧化硫、氨、氯气、氟化氢和汞、铬等重金属。加拿大杨吸收 SO_2 的能力很强，每克干叶最高含硫量达 124.58 mg。工厂周围如有 500 m 宽林带，就会减少空气中 SO_2 含量的 70%，减少氮氧化物含量的 67%。树木花草枝叶能吸附灰尘及悬浮微粒，据测定，每公顷绿地每年能滞留数百千克至 10 t 的灰尘及悬浮微粒。树木枝叶能吸收和降低噪声。宽阔、高大浓密的树丛可以降低噪声 5～10 dB。一般情况下，噪声与居民区之间的 30 m 宽林带可使居民安静。

杀菌、减少细菌。有些树种如松、杉等分泌杀菌物质，使林中或树冠下空气中细菌减少；林区灰尘少，细菌载体少，也使含菌量较少，林区含菌量为 3.35%，林缘为 14.11%，市中心为 309.94%。

吸收二氧化碳释放氧气。据日本测算，每公顷常绿阔叶林每年可吸收 29 t 二氧化碳，释放 22 t 氧气，针叶林的相应数字分别为 22 t 和 16 t，落叶阔叶林分别为 14 t 和 10 t。树叶花朵还能吸收和掩盖烟味或其他气味，使人感到愉快。

保持水土。森林可以涵养水源，为城市提供清洁的饮水。据北京市园林局测定：每公顷树木可蓄水 30 万 m^3；巴西圣保罗市营造 5 000 hm^2 水土保持林，10 年后，可提供该市饮用水的 40%。松树树冠可拦截雨水 40%，阔叶树拦截 20%，减少冲刷土壤和滑坡。

（2）经济效益。美国用城市树木的木材生产纤维或纸浆，有些国家用枯枝落叶生产煤气，还生产干鲜果品、花卉、种苗等。

完善的城市防护林体系，可使粮食、蔬菜增产 10%～15%，降低能源消耗 10%～15%，降低取暖费 10%～20%。在美国纽约州，周围有树木的房屋，房价提高 15%，在公园附近的住宅价值高 15%～20%。

（3）社会效益。林业对人类的影响非常深远，其社会效益很广泛。美化城市，活跃居民生活，疏导交通。林业在美化市容方面起着主导作用，春天的花、夏天的绿、秋天的色和果、冬天的枝、干，无不展示其丰富多彩，姿色秀丽，使居民心情舒畅。道路两侧的绿带、行道树，调节光线减少阳光直射，使司机和行人减轻疲劳。同时，可把树种的变化作为标志，以减少交通事故。

二、林业环境生态工程模式

森林是农业的屏障、生态系统的支柱，林业生态系统治理模式的着眼点是实现区域社会、经济、环境、复合生态系统的高效、和谐和可持续发展。其中心内容是对社会、经济和生态环境系统的合理调控。森林生态系统结构和功能是林业环境生态工程治理的基础，效果是否合理，能否达到高功能是林业生态系统治理模式成功与否的重要标志。根据不同的林业类型，可将林业划分为不同的区域治理模式。

（一）山地高丘水土流失重点区治理模式

1. 山地条件特征

由于人们只注重山林的经济效益，对山地高丘进行过度超量采伐，以至于部分山林越砍越小，越砍越稀，山林质量日益下降，山林年龄结构极不合理，造成了山林保持水土、涵养水源，维护地力的生态效能大为削弱，已成为山地区域内生态环境持续恶化的重要因素之一。山地亚区的森林具有生态防护功能的常绿阔叶林资源持续减少，质量不断下降，致使森林维护生物多样性等生态功能大为削弱，水源供给不足，水库、河床淤积严重，山洪、塌方、洪水、干旱、病虫害等自然灾害发生越来越频繁，危害越来越大。

2. 治理的主要技术措施

人工造林对坡度 30°以下的水土流失山坡，选择耐干旱，耐瘠薄，生长快，固土、蓄水能力强的树种，如木荷、枫香、拟赤杨、刺槐、马尾松、湿地松等实行人工造林。在每个小斑内必须营造针阔混交林或阔叶混交林，阔叶树比例必须大于 50%。在山体中下部或山沟土壤肥力较好的区域，可营造少量的经济林。

在坡度大于 25°、土层瘠薄、植被盖度小于 40%的难造林地可先种植百喜草、狗牙根等草本或胡枝子等灌木，以控制水土流失。

（1）砍杂抚育。砍除林内杂灌，控制伐桩不高于 10 cm，并将杂灌归集成水平带状就地覆盖于林地，以增加林地肥力，同时为竹林创造良好的生长空间，但须保留山顶（脊）部，陡坡及环山脚的灌草植被和有经济、观赏或其他特殊价值的植物物种，以有效防止水土流失和保护生物的多样性。

（2）合理垦复、挖笋。在砍杂抚育的基础上，进行铲山或垦复，清除竹蔸、树蔸、老鞭、石头等，以改善林地通透性，促进竹木生长，在实施过程中，根据土壤板结程度及水土流失状况采取相应的环保措施，坡度 20°以下、土壤黏性较重的竹林可进行全面垦复和铲山，20°～35°的竹林实行沿等高线带状垦复，每隔 4 m 设置 2～3 m 宽的垦复带，35°以上的陡坡严禁铲山垦复。

（3）在砍杂抚育的过程中，适当保留竹林内混生树木，以形成竹木混交林，有效防止病虫害的发生和危害，同时防止风吹和雪压。

（4）及时清理林内枯竹、老竹、病腐竹、小竹，打通竹蔸隔，不断优化竹林的遗传品质。

（5）合理采伐。坚持按合理年龄进行采伐，不断调整竹龄组成，使一、二、三、四度竹的组成比达到 3∶3∶3∶1 的合理竹龄结构，做到砍密留稀、砍老留小、砍弱留强，保持立竹度达 150 株/亩[①]以上，平均眉径达 10 cm 以上，形成具有产量高、生态防护功能强的优良毛竹林。

（6）封山育林符合以下条件之一的林地可列入封山育林范围：①郁闭度在 0.3～0.4 且容易造成水土流失的低效林地；②现有天然更新幼树且有培育前途的树种分布的疏林地；③地带偏远，坡度陡峭或岩石裸露地区，有灌丛和适量母树分布，并具有水土流失现象，且造林难度大或造林效果不佳的地块。

封山育林技术要求：①在封育区设置封山育林禁牌，禁牌上应注明封山界线、时间、方法、责任人及护林公约、每 1 000 亩配置 1 名专职护林员。②封育区内严禁砍柴、伐木、烧山、放牧、割草等人畜活动。

（7）低产林改造。在不影响森林生态效益正常发挥的前提下，对低产林进行砍杂、抚育、间伐，清除林地中部分藤灌和杂草，就地覆盖于地表，并砍除林内的霸王树、病腐木、弯曲木，为保留木创造有利的生长条件和生存空间。在实施过程中，保留生长旺盛、干形通直的马尾松、杉木及硬阔、软阔等目的树种和珍贵树种，并保留珍贵、稀有的灌、草物种，并相对形成上下 2～3 层的复层林，使上层林（主林层）保留木平均为 100 株/亩。根据林分生长状况，以后每隔 8～12 年进行一次择伐，择伐强度为立木蓄积的 20%～30%，形成不间断的循环作业，以达到森林资源总量不断增加，质量不断提高的目的，充分发挥森林的生态效益，同时并兼顾其经济效益。

（8）生物技术措施。优先治理坡度大于 25°的坡耕地，此类坡耕地坡度陡，水土流失严重，是退耕还林的重点和难点。要求全部营造生态防护林。根据立地条件和农民经营习惯，选择适应性强、耐干旱瘠薄、生长迅速、蓄水固土、生态防护效益好的针叶和阔叶树种，为了提高防护效益，以营造多树种针阔混交林为主，阔叶树所占比例不低于 30%，争取达 50%。对土壤严重侵蚀、立地条件极差、土壤贫瘠的坡耕地可先种草（或灌木）以增加地表植被，形成良好的保护层以减少雨水对地表的直接冲刷。根据立地条件，用于坡耕地造林的树种可选择马尾松、湿地松、杉木、木荷、枫香、刺槐、拟赤杨、栎类、栲类等，适宜种植的草本与灌木有紫穗槐、胡枝子、茶叶、狗牙根、百喜草、香根草等。

[①] 1 亩=1/15 公顷。

对坡度不大于 25°的坡耕地，可根据不同的立地条件，选择培育防护林、用材林、薪炭林或竹林。水土流失严重，生态环境恶劣的坡耕地须营造防护林；对立地条件较好、坡度为斜坡或缓坡的坡耕地在保护生态环境的前提下，可培育用材林、薪炭林或竹林，或培育兼用林。选择树种有杉木、马尾松、湿地松、木荷、香椿、枫香、黑荆树、桉树、毛竹等，对立地条件好，坡度平缓的坡耕地可适当培育名、特、优、新经济林，如油茶、板栗、银杏、棕榈及笋用竹等，将退耕还林与开发扶贫、促进山区经济综合开发紧密结合。对于以前开垦的坡度不大于 25°的坡耕地通过平整土地，全部修筑成水平梯田，以有效拦截泥沙，减缓水流速度，合理耕作，以有效防止水土流失。

（二）盆地江河、铁路、公路沿线绿化、美化区域治理模式

1．立地条件特征

由于盆地江河、铁路、公路沿线绿化、美化区域交通便利，人口密度大，森林植被遭到人为破坏的程度尤为严重，因此，江河、铁路、公路沿线（岸）区域大多林相不齐，植被覆盖率低，甚至退化为光地，水土流失严重，塌方、滑坡等灾害时有发生，已成为生态环境脆弱与敏感区域，是生态林业建设的重点对象。

2．治理主要技术措施

根据区域的地理特征，以生物治理为主，针对沿线（岸）迎坡面林地的不同立地条件和生态建设方向，采取人工造林等治理措施，提高森林质量，改善生态环境。

人工造林：对沿线坡度比较平缓、立地条件较好的林地采取人工造林措施，以营造生态林为主尽快扩大林草植被，为了提高森林防护效益，美化沿线风景，营造以阔叶树为主的针阔混交林。通过采取人工造林等生物措施迅速恢复森林植被，以增加生物多样性，减少水土流失；通过修建工程措施防止山上泥沙流入流失，减少山体泥沙对农田及河流水库的淤积。

三、防护林工程与作用

防护林是为了保持水土、防风固沙、涵养水源、调节气候、减少污染所经营的天然林和人工林（林分指林木的内部结构特征）。是以防御自然灾害、维护基础设施、保护生产、改善环境和维持生态平衡等为主要目的的森林群落。它是中

国林种分类中的一个主要林种。

在中国，根据其防护目的和效能，防护林分为水源涵养林、水土保持林、防风固沙林、农田牧场防护林、护路林、护岸林、海防林、环境保护林等。

在日本，防护林包括：水源涵养林、水土保持林、防止土沙崩坏林、防止飞沙林、防风林、防止水害林、防止潮害林、防止干害林、防雾林、防止雪崩林、防止落石林、防火林、护渔林、航行目标防护林、保健防护林、风景防护林等。

1. 三北防护林工程

"三北"防护林体系建设工程，是世界上最大的生态工程，始于 1978 年，到 2050 年结束。建设范围包括中国东北、华北、西北 13 个省区的 551 个县（旗、市、区）总面积 406 万 km^2。规划营造林总面积 3 508 万 hm^2，工程建成后，森林覆盖率由 1975 年的 5%提高到 2050 年的 14%左右。内蒙古有 86 个旗县市列入该工程范围，总任务为 1 080 万 hm^2。

> 在东北平原、华北平原、黄河河套、甘肃河西走廊和新疆绿洲，过去受风沙侵袭的 1 600 多万 hm^2 农田实现了林网化，形成了许多数县连片、乃至跨省成片联网的大型农田防护林体系，年净增粮食 800 多万 t。
> 在沙区有 20%的沙漠化土地得到治理，一些沙区基本结束了沙进人退的历史；进入全面改造利用沙漠、发展绿洲农业的新阶段。
> 在黄土高原，大面积水土流失区得到初步治理，流入黄河的泥沙量减少了 10%以上。
> 在京津地区，新增森林 177.8 万 hm^2，森林覆盖率达到 29.1%，8 级以上大风日数和扬沙日数分别由 20 世纪 70 年代的 37 天和 21 天减少到现在的 17 天和 8 天，北京周围的生态环境得到明显改善。

目前，"三北"地区已在沙漠中开辟农田、牧场、果园 140 万 hm^2，恢复和保护草牧场 1 000 多万 hm^2；数百万农牧民在沙漠绿洲中安家落户。

2. 三北防护林的作用

三北防护林建设走出了一条符合"三北"地区实际和国情的环境生态建设道路，成为我国生态建设的一面旗帜，为我们开展大型生态建设积累了丰富经验，也增强了我们实现秀美山川建设目标的信心。不仅如此，三北工程已成为我国政府重视生态建设的标志性工程，具有重要的世界意义，产生了重要的国际影响。

三北防护林体系建设工程是一项利在当代、功在千秋的伟大工程，不仅是中国生态环境建设的重大工程，也是全球生态环境建设的重要组成部分。其建设规模之大、速度之快、效益之高超过美国的"罗斯福大草原林业工程"、前苏联的"斯大林改善大自然计划"和北非五国的"绿色坝工程",在国际上被誉为"中国的绿色长城""世界生态工程之最"。所以,三北防护林建设不仅对中国,而且对世界也有重要的贡献。三北工程建设,也促进了我国林业的对外开放和引进外资工作,成为我国林业对外交流与合作的重要窗口。

第三节　牧、渔业环境生态工程

一、牧业生态系统

在农业生态环境系统中,家畜属初级消费者的范畴,初级消费者的功能在于将生产者所同化的有机物和能量转化为动物产品并赋予更高的能量,通过食物链输送给次级消费者;与此同时,家畜又可将部分未被利用的有机物通过排泄物返回土地,由分解者分解还原后重新投入生态系统的再循环。

畜牧业前连种植业,后接加工业,是农村经济的重要支柱,现代畜牧业是农业现代化的重要标志。现代畜牧业示范区,是发展现代畜牧业的重要举措,有利于统筹解决面源污染问题,促进生态环境建设;有利于工业化带动农业现代化,促进产业结构优化升级;有利于增强农业综合生产能力,加速推进农业现代化进程,带动农村第二、第三产业协调发展。

二、牧业环境生态工程模式

目前,我国畜牧业正处在从传统畜牧业向现代畜牧业加速转型的关键时期,各种矛盾和问题凸显:畜产品质量安全隐患突出,疫病防控形势严峻,畜产品市场波动加剧,整体生产科技水平落后。畜牧业作为农民的主要经济收入来源之一,发展现代畜牧业及牧业环境生态工程是实现农业现代化的突破口,是"以工促农、以城带乡镇,扎实推进社会主义新农村建设"的重要抓手。是探索解决制约现代畜牧业发展的饲料、土地、环境等问题的重要途径。这也是一项长期而艰巨的任务,对于促进畜牧业持续健康发展具有十分重要的意义。

福建圣农模式及其做法

福建圣农实业有限公司位于武夷山自然保护区核心区光泽县境内,是中国南方规模最大的白羽肉鸡养殖、屠宰和加工企业，农业产业化国家重点龙头企业。公司始建于 1983 年，2005 年年底资产总额达 10 亿元，占地面积 6 000 余亩，下辖 5 个子公司，60 个生产基地场（厂），员工 4 500 人。2005 年实现产值 14 亿元。2006 年 6 月年肉鸡饲养能力 4 000 万羽，年肉鸡加工能力 1.2 亿羽。

圣农模式的突出特点可以概括为一体化、标准化、企业化、生态化。

一体化，是指从种禽饲养、孵化、饲料加工、饲养、屠宰、加工、副产品综合利用，圣农集团实现了畜牧产品生产的各个环节的完整体系，实行了高度的一体化经营。高度的一体化经营，使得企业的抵御风险能力大大增强。2006 年上半年我国由于部分地区发生禽流感的影响，肉鸡市场受到很大的冲击。圣农集团凭借一体化优势，降低了不利影响。

标准化，公司不断引进具有世界先进水平的肉鸡饲养和食品加工设备，现在拥有现代化自动控制鸡舍 400 多幢，基地场全部实现现代化、标准化饲养和加工，在全国处于领先地位。公司的种鸡、肉鸡饲养、饲料、屠宰加工和运输销售生产体系已通过中国质量认证中心 ISO 9001 国际质量体系、ISO 14001 国际环境体系和欧盟食品安全 HACCP 体系三大认证。

企业化，是指在这个体系的各个环节中，都按照企业的方式进行运作管理，尤其是在养殖环节，也实行企业化经营，避免了一家一户散养所容易发生的问题。

生态化，是指在整个体系的各个环节中，注意生态环境问题。圣农肉鸡产业已初步实现了良好的零废弃物生产体系，形成了两条副业链：一条是以鸡粪生产生物有机肥、以生物质（鸡粪）发电的副业链，其中有机肥年产 6 万 t，以鸡粪为原料的发电厂正在建设中，总设计规模为 48MW，这是国内首创，开启了国内养殖业废弃物综合利用的新思路。另一条是以鸡的废弃物（鸡毛、鸡肠、鸡血）和屠宰下脚料（鸡壳、鸡油、鸡骨架）开发利用的副业链，实现了肉鸡产业资源的综合、高效利用。

由于以上 4 个方面的突出特点，使得圣农集团的产品表现出了很强的质量竞争力，不仅在国内成为著名的快餐连锁业、大型超市、大中城市的农产品市场的供应商，而且先后出口日本、俄罗斯、南非、中东等国家和地区。依靠质量优势，圣农集团在业内赢得了良好的信誉，市场不断扩大，经济效益显著，企业快速成长发展，成为我国最主要的现代化国际标准肉鸡供应商之一。

三、渔业环境生态工程

我国水域辽阔，从北至南有渤海、黄海、东海、南海四大海区及黑龙江、黄河、长江、珠江、鄱阳湖、洞庭湖、太湖、青海湖、滇池等众多水域，在该水域中生活着 2 万多种水生生物，其中鱼类 2 400 多种，约占世界总量的 20%，还有大量虾蟹类、贝类、藻类等，渔业资源十分丰富。在改革开放以前，我国的渔业生态环境一直保持良好状态，但随着我国工农业的发展和人口的增加以及城镇发展的日趋大型化，给我国水域生态环境带来了巨大的冲击，对渔业生态环境构成巨大威胁。

（一）渔业环境现状

1．近岸海域环境状况

2001 年，我国近岸海域水质以 II 类和超 IV 类为主，分别占 28%和 34.5%；影响我国近岸海域水质的主要污染因子是无机氮和活性磷酸盐；部分海域石油类超标。

在四大海域中，东海近岸海域超 IV 类海水所占比例为 58.1%，其次是渤海，占 38.5%，而南海和黄海分别占 19.0%，因此东海近岸海域污染比较严重，南海、黄海相对较轻。

由于江河携带大量陆源污染物入海，主要江河入海口，如长江口、杭州湾、珠江口、辽河口、鸭绿江口等海域污染严重。另外，受工业废水、城市生活污水及养殖业废水等影响，一些大中城市附近海域，如大连湾、象山港等近岸污染较重。

2．内陆渔业环境状况

由于中国对大江大河等渔业环境的监测工作起步较晚，缺少早期的数据，直到 20 世纪 80 年代才开始对大江大河实施监测，I、II 类水质所占的比例越来越少。长江、黄河、淮河等大水系受到了不同程度污染。淮河流域有 50%以上的河段失去了使用价值，鱼虾绝迹。生物多样性遭到严重破坏，淮河中下游的人民深受其害。1989 年 2 月，淮河发生第 1 次重大污染事故，大量的污染团下泄，所到之处"鱼虾绝迹"。企业生产受到影响，自来水厂被迫关闭，沿途几百万人生活受到严重的威胁，经济损失超过亿元。为此，1994 年国家开始了大规模的水污染源治理工程，10 年中淮河流域总计投资 193 亿元，建成城市污水处理厂 57 座。2005 年 11 月，松花江由于化工厂爆炸造成污染，100 多 t 苯类物质流入松花江，造成了 873 km 长的河段严重水污染，使沿岸数百万居民的生活受到影响。云南的滇池，水域面积 300 km²，曾是高原明珠。在 20 世纪 60 年代其水质为 II

类，人可以直接饮用，70 年代为Ⅲ类，从 1988—1999 年，滇池主要的富营养化指标呈明显上升趋势，全湖水质超Ⅴ类，水体富营养化日趋严重，90 年代全为劣Ⅴ类。据 1995 年监测，滇池内湖高锰酸盐指数、生化需氧量、总磷、总氮均超过Ⅳ类水质标准，其超标率分别为 83.3%、100%、100%、100%；滇池外湖高锰酸盐指数、总磷、总氮均超过Ⅲ类水质标准，其超标率分别为 16.7%、100%、100%。江苏的太湖也出现了严重的富营养化，现在已无Ⅰ、Ⅱ类水质。Ⅲ、Ⅳ、Ⅴ类水质分别占总水面积的 24%、70%、6%。

（二）水域污染的主要原因

水域污染的污染源可以分为点污染源和非点污染源。就具体成分而言，工业污水中主要是重金属和有机物，农业污水主要是化学肥料、农药和除草剂，生活污水中主要是氮和磷。

1. 点污染源

主要的点污染源包括工业废水、城镇生活污水、污水处理厂与固体废弃物处理场的出水以及流域其他固定排放源。工业化和城市化加剧了内陆水域的污染。中国是一个农业大国，实行改革开放以后，在发展工业的过程中，由于法律不健全，缺少环境评价体系和监督机制，以及短期的经济行为，使得一些技术和工艺水平不高、高能耗和高污染的厂矿企业得以生存与发展。我国许多河流的污染和湖泊的富营养化也正是在最近的 20 年产生的。

2. 非点污染源

非点污染源是指点污染源以外的污染源。它没有固定的发生源，污染物的运动在时间和空间上具有不确定性和不连续性。它主要包括城镇地表径流、农牧区地表径流、林区地表径流、矿区地表径流、大气降水降尘、水产养殖业和水上娱乐业等。长江中下游湖泊原来大多与江、河相通。兼具供水、调蓄、养殖、景观、灌溉等多种功能。

随着城市化进程的加剧和湖泊污染状况日益恶化，湖泊的自然属性不断削弱，由天然湖泊、通江湖泊逐渐演化成城内封闭或者半封闭型湖泊，原有的城市饮用水水源地功能基本丧失，仅仅具有调蓄、工农业用水和水产养殖功能。由于多数湖泊营养负荷很高，湖泊原来具备的污染消纳功能变得只能纳而不能消，系统功能被严重破坏。湖泊生态系统自遭破坏的近二三十年以来，湖泊不断淤塞、污染以及大规模的围垦种植与填湖（围湖造田和房地产开发），致使湖泊调蓄容量急剧减少，原有的江湖连通格局和蓄泄关系遭到严重的破坏。围垦与填湖建房将湖泊滩地与湖泊深水区、湖泊与江河、江河与江河人为割裂开来。长江中下游的许多湖泊属于浅水湖泊，由于原来与湖泊相连的湿地消失，甚至沿湖岸线构筑坝，既隔断了湖泊与江河的联系，使得湖水的交换无法进行或交换周期延长，又破坏了湖泊的沿岸带，直接改变了湖泊的生态系统格局，使原有的营养物质的输入与输出受到严重阻隔。由于污染加剧，湖泊内原有的物质、能量循环和信息交流模式也受到破坏，加剧了营养和污染物的积累，因而引起湖泊生态系统结构和生物资源的变化，种群减少，种类减少，生物多样性下降，破坏了鱼类繁殖与栖息的环境，对鱼类的正常生长极为不利。填湖建房或开垦还缩小了水生生物的生存空间，可能迫使水生植物优势种改变，植物物种组成单一。对内陆水域及近岸海域的不合理开发与利用也会导致污染和生物多样性的降低。相当数量的湖泊和近岸海域都发展有养殖业，为了提高鱼产量，渔民们在水中投放饵料，大举捞绞水草，使水质恶化，水体富营养化不断加重。

（三）渔牧结合环境生态工程

1. 渔牧结合高效养殖技术

（1）鱼与肥的有机结合。鱼与肥的有机结合当属目前渔牧结合高效养殖的成功典范。利用规模化畜禽养殖产生的粪便进行有氧发酵生产生物肥，其主要成分为常量营养元素、微量营养元素、有益微生物、氨基酸和小肽等，依据养殖水体的化学相、菌相和藻相相应地添加一定比例的营养成分，定向培养水体的有益微生物和浮游生物，为滤食性鱼类提供丰富的天然饵料。这种生物肥具有肥效好、投入产出比高和绿色环保等优点，符合发展生态农业的需要，是一种稳定的富含有机质的肥源，已在大水面养殖水域中广泛使用。

（2）畜禽—蚯蚓和蛆—水产循环养殖。利用品种优良的蚯蚓和蛆分解畜禽养殖过程中产生的粪便，获得优质蛋白质饲料的蚯蚓和蛆直接饲喂名优摄食性鱼类，如黄鳝和乌鳢等。

畜禽粪便的资源化处理是渔牧结合的切入点，规模化畜禽场的粪便处理工程涉及学科面广且技术环节多。每次先进技术手段的革新无疑都会带来一次重大的产业革命，如近年采用的超临界水技术处理畜禽粪便的研究，已取得一定进展，未来这些新的手段在畜禽粪便的处理中将起到关键性作用。如何能将这些技术手段大规模推广应用，还需与物理学、化学和生物学方法有机地结合起来，降低成本和能耗。借鉴国外发达国家的成功经验，引入政府治理基金参与畜禽粪便的处理，根据畜禽粪便属性进行组分分离，同时加快配套技术与设备的研发，实现综合开发利用。渔牧结合的形式也需结合当地资源，因地制宜，灵活多变地采用具体的形式，实现渔牧结合的高效养殖。

（3）种草养鱼。沿江渔业生产是以饲养草鱼为主，但是多年来，养鱼户习惯于用酒糟等精饲料喂鱼的方法，存在着饲料成本高，易沉积池底，浪费大，清塘困难和草鱼食草性强，但缺乏青饲料增重慢等缺点，在一定程度上影响着渔业生产的发展。距城 8.2 km，总占地 17.93 km² 的朗目山，1993 年建植牧草种子地、放牧地和截草地共 240 hm²，再加上 1991 年建植的草地 580 hm²，现共有人工草地 820 hm²。在发展朗目山草地草种生产，种草养畜的同时，结合沿江乡渔业生产的实际，划分出 67 hm² 喂鱼割草地，探索一条渔牧结合、种草养鱼的新路子。1994 年开始示范推广，指导养鱼户采用以青草为主，精料为辅的饲养方法，全年售出喂鱼青草 1 000 余 t，收入 3 万元，种草养鱼取得了显著成效。

草鱼在 6 个月的生长期内，每生长 1 kg 需青草 30～40 kg，相当于 15～20 kg 酒糟的效果。由于种草养鱼大大提高了成鱼产量，按每公顷增产 1 710 kg，每千克平均售价 10 元计算，每公顷可增产值 1.7 万元，全乡共有 199 hm² 养鱼水面，全部推广种草养鱼可增产值 340 万元。据饲养户反映，过去用酒糟等饲料喂鱼，较难掌握适度投入饲料，清塘时饲料堆积池底很厚一层，造成饲料浪费大，并污染鱼塘环境。采用青草喂鱼，鱼喜吃，生长快，避免了以前用酒糟喂鱼的缺点。采取以青饲料喂鱼为主，酒糟精料为辅的饲养方法，代替过去专用酒糟精料喂鱼方法的实践表明，这种办法投资少，见效快，易推广，深受养鱼户欢迎。采取以点带面，开展现场示范和技术培训相结合的方法，从而调动了全乡养鱼户种草养鱼的积极性，并辐射到临近乡（镇）。

（四）渔禽结合生态工程

多年来，许多鱼禽（畜）结合的养殖户以养殖猪、鸭、鹅为获利主体，鱼塘只是处理畜禽粪便的附属设施，渔产多少无关紧要。近期鱼价不断上升，广大养殖户也开始关注养鱼收益。

鱼禽（畜）结合双获利，最大的技术难题就是畜禽粪便导致水质恶化，鱼病频发，治疗困难，养殖成功率低。利用酵素菌技术，是提高鱼禽（畜）结合养殖成功率的最佳方案。酵素菌施入水体，一是可以有效改善水质，减少水体有害物质的沉积（晴天上午施用 4 h 后即见效）；二是酵素菌利用水中污染物为培养基，大量繁殖，形成优势菌群，有效抑制有害菌的滋生，同时还为鱼类提供大量高蛋白菌体饵料；三是培育优良藻相，既可改善水体，又是大头鱼等滤食鱼类的良饵；

四是可提高饲料的消化利用率；五是提高鱼的抗病力，鱼长得快，品质好。

1．鸭—沼—鱼循环养殖

鸭—沼—鱼循环养殖模式是指在鱼塘的塘埂搭建鸭篷，高密度饲养肉鸭，同时在鸭篷附近建立一个小型的沼气发酵池，定期将收集的鸭粪投入沼气发酵池，发酵产生的沼气通过管道供生活用或储气罐贮存，残留的发酵液通过水泵抽入鱼塘，培养浮游生物。

2．鸭—藕—鱼循环养殖

鸭—藕—鱼循环养殖是将鱼鸭混养池中的污水定期排入藕池，利用藕池中水生植物的净化作用将排泄物等进行初步降解，经降解后的净化水再排入鱼塘。其主要原理为：鸭在水面游动和对底泥的搅动增加了养殖水体中的溶氧并加速有机质的矿化速度，有利于鱼的生长，鸭粪中的养分可直接被鱼摄食利用或作肥料繁殖浮游生物。通过藕池降解的外塘水再导回到混养池，鸭能通过捕食水中的昆虫、蚴蚌和蝌蚪等得到育肥，既清洁了水体又可降低鸭病发生率。

3．鱼禽结合生态养鱼技术

鱼禽结合生态养鱼主要技术措施是：鱼池的清淤和消毒，为鱼类创造良好的生态环境；增加投入主养鲢鳙鱼（70%）大规格鱼种的数量；人工施畜禽粪，培养调控水质及浮游生物的种群和数量；改进施肥方法和时间，完善合理的施肥技术；加强鱼类生长早期和中期饲养技术；科学使用人工配合饵料技术；科学的水质监测；预防为主的鱼病防治技术。该技术从 1990 年 5 月至 1991 年 11 月在天津市 12 个单位实施推广，推广面积达 47 932 亩，亩产鲜鱼 436.1 kg，亩效益 600.2 元，两年合计总产鲜鱼 19 065.7 t，新增产量 611 255.5 t，新增产值 1 493.2 万元，获纯利 2 419.1 万元。1992 年推广面积达 90 849 亩，三年合计新增产量 18 810.4 t，新增产值 5 516.8 万元，新增利润 3 270.5 万元，经济效益达 7 913.9 万元。

4．仙溪水库渔禽结合养鱼高产试验

仙溪水库是 1962 年建成的小型水库，集雨面积 6.15 km²，正常库容 265 万 m³。最大水深 7 m，一般水深 2.7 m，养鱼水面 760 亩。年降雨量 1 530 mm，年均气温 26℃，月气温最高 35℃，最低 16.2℃。灌溉面积 5 200 亩，年水交换量 2 次以上。集雨区内农田 2 500 亩，有一定外源性营养物质随径流入库。年内水位变幅大，浮游生物在鱼类生长旺季明显不足。

1984 年仙溪发展 3 户，养鸭存栏量 6 000 只，以后逐年增加，1987 年引进鸭场后，鸭存栏量达 7.5 万只。由于养鸭是采用半陆半水的圈养方式，实际上每年给水库水体直接或通过地表径流间接施入大量的饵料和肥料。据有关资料计算，一只鸭一年排粪量 9 kg，共含 950 g 氮，1.26 g 磷，56 g 钾，相当于 2 062 g 尿素，741 g 过磷酸钙，112 g 硫酸钾，且氮磷钾之比为 7∶5∶1，配比合理，是一种优质肥料，有利于浮游植物的生长。

鲢、鳙放养量随每年养鸭量的增加而增加，但头两年放养比例不尽合理，鲢放养量偏少，鳙偏多。1987 年对水库饵料生物分析后，将鲢、鳙放养重量比例 53∶47 调整 80∶20，平均亩放 51 尾和 16 尾，而总放养重量基本不变。调整后的第二年（1988），在养鸭量稍减的情况下，鲢产量增加近一倍，占总产量 60%。从 1984 年至 1988 年 8 月底止，5 年合计总产鱼 227.9 t，平均年产 45.6 t，平均亩产 60 kg。其中 1987 年 56.58 t，亩产 74.5 kg，1988 年（8 月止）78.9 t，亩产 103.8 kg。5 年库周养鸭 43 万只，年均存栏量 4.2 万只，年均每只鸭可增产 1.09 kg 鱼，每 8.3 kg 鸭粪可养 1 kg 鱼。

仙溪渔禽结合的方式可节省大量饲肥开支。一般精养水库饲肥成本占产值的 30%～50%，单这一项试验每年就可节省 6 万元以上。5 年共投资 19 万余元，产值 52 万余元，获利 33 万余元，1987 年总成本只占总产值的 28% 左右，每千克鱼成本 0.68 元，每千克纯利 1.71 元，每亩获利 127 元。1988 年效益更加显著，到 8 月止，产值已达 19.67 万元，纯利 14.4 万元，纯利率 74%，每千克鱼纯利 1.83 元，亩纯利 190 元。

（五）渔农复合生态工程技术

稻田养鱼和稻田养蟹是目前最为典型的渔农复合生态工程，通过农作物（水稻、茭白等）与水生生物（鱼、蟹等）的互利共生，在同一块农田上同时进行粮食和渔业生产，使农业资源得到更加充分的利用，农业生态系统生产出更多更丰富的农产品，农民获得更高的收入。

1. 稻田养鱼生态工程技术

运用生态系统互利共生原理，将动物（鱼）、植物（稻）、微生物（水生微生物）优化配置在一起，使之互为利用，互相促进，达到稻鱼增产增收。在稻鱼模式配置中，延伸到稻稻鱼、稻桑鱼、稻鸭鱼、藕鱼、茭鱼等模式。如稻田养鱼生态工程在四川省大足县布局 1.3 万 hm² 以上，收获面积在 0.9 万～1.1 万 hm²，稻田养鱼 700 hm² 以上乡镇 8 个。

该生态工程形成水稻为鱼类栖息提供荫蔽条件，夏天在一定程度上降低田间水层温度，枯叶在水中腐烂，促进微生物繁衍，增加了鱼类饵料。鱼类为水稻疏松表层土壤，提高通透性和增加溶氧，促进微生物活跃，加速土壤养分的分解，供水稻吸收。鱼类为水稻消灭害虫和杂草，排粪为水稻施肥，培肥土力，加之人工投饵，使两者都处于良性循环优化系统生态环境之中，综合功能增强，向外输出生物产量能力提高。农民总结稻田养鱼为：稻田养鱼挖个凼，高温伏旱能够抗，施药治虫也能防，集中投料好喂养，养鱼稻田肥力高，稻鱼增产效益长。

技术要点：①稻鱼种合理搭配，为了有效提高稻田养鱼产量，必须投入 3 寸以上规格的鱼种，并掌握合理的密度，采取多鱼种搭配，形成鱼类之间的食物链（网）。按产 570 kg/hm² 成鱼设计可投放草、鲤、鲫大规格鱼种 3 750～4 500 尾，比例按 7∶2∶1 或 5∶4∶1。②搞好人工投料，有投入才有产出，提高产量必须要有饲料才能转化，特别是 6—9 月，是鱼类生长旺季，要坚持每天投放饲料，以满足鱼类需要。③抗旱和防逃，养鱼稻田决不能断水，而暴雨期洪水又易使鱼随水逃跑。因此，在不影响水稻生长的前提下，尽量使稻田多蓄水。雨季做好防洪工作。④防治鱼病，田间慎用农药。

2. 稻田养蟹生态工程技术

（1）相关模式（以辽宁省大洼县为例）。进入 20 世纪 80 年代，大洼县水稻生产已跨入高产稳产新时期。1997 年全县水稻平均单产已达 9 431.25 kg/hm²，但实践证明，若实行稻蟹立体养殖，则可实现一地双收高效益。面对辽河三角洲开发、防潮大堤及挡潮闸的修建、影响河蟹回游以及近海污染等因素，河蟹繁殖量显著减少，因而稻田养蟹也是通过生态手段，人工再造生物量的需要。

（2）养殖配套技术

① 育苗技术。河蟹养殖关键技术在于育苗，按照河蟹从排卵至生长成大眼幼体以及发育成幼蟹对最佳生育环境的要求，人工模拟建成了现代化的育苗场所。

具体技术，包括种蟹选择（200 g/只）交配适宜温度 10～12℃、越冬适宜温度 10℃、适宜盐度 0.6%～1.5%、越冬期 5 个月。翌年春天 4 月末破卵至大眼肉体阶段，时间 20～22 天，适宜温度 20℃，此期盐度由 1.5%→2.5%→3% 渐增，而后水体盐度每隔 3～4 h 降低 0.3%～0.4% 至近似淡水，进入休养池。

② 养殖技术（一龄蟹）。放养时期 6 月 20 日至 25 日，蟹苗放养量 4.5～5.25 kg/hm²。

③ 配套农业技术。选用抗病水稻品种，增施硅肥，提高水稻抗病力，旨在减少后期农药施用量。增施有机肥，尽量减少化肥用量，增加化肥做基肥比例，

追肥宜实行少吃多餐施肥法，每次尿素用量不宜超过 150 kg/hm²。化学除草采取广谱复合的高效一次性除草剂，施用期宜在插秧前施用，待农药降解后放养蟹苗。

（3）效益分析

① 生态效益。稻蟹立体养殖，具有两者共生互补效益。稻田提供河蟹适宜的生态环境并为河蟹提供了部分饲料，而河蟹除了具有清治稻田类似中耕作用外，其排泄物又是水稻所需肥料。

② 经济效益。稻田养蟹平均每公顷产蟹 800 kg，每千克 100 元，则每公顷产值 8 万元，净效益为 4 万元。加水稻每公顷产 10 000kg，每公顷水稻净效益 7 000 元，则河蟹收益为水稻的 5.7 倍。1997 年大洼县稻田养蟹面积已占河蟹养殖总面积的 38%，并辐射至辽宁、河北、安徽等适宜稻区。

第四节　农业环境生态防护工程

一、农业环境污染防护工程

农业环境污染种类繁多，如土壤环境污染、水环境污染、固体废弃物污染、大气污染、热辐射污染等，每种污染又可细分。针对不同污染，产生了多种多样防治方法和技术。下面以荷兰政府所采取的措施来说明农业环境污染的防护。

20 世纪 80 年代初，随着农业和畜牧业大规模发展，荷兰农业环境污染问题日益严重。针对农业生产中过量的畜禽粪便和氨气排放对环境造成的污染，荷兰政府制定了一系列农业环境政策，以控制和减少农业污染。荷兰政府农业环境政策制定和实施大致分为 3 个阶段。第一阶段是控制和稳固阶段。在此期间，荷兰政府建立了畜禽粪便生产和粪肥使用许可证机制，对生产和使用数量制定了一定的标准。凡是从事畜禽饲养业的农场和公司必须登记注册，并申请粪便排放许可，一旦粪便排放超出标准，必须交纳一定数量的罚金，同时荷兰政府还协助建立了畜禽粪便的买方和卖方市场，对于剩余粪便采取统一管理、定向分流。将畜牧业发达地区过剩的粪便向需要粪肥的大田作物生产区输送，甚至出口到国外。此外，荷兰政府还积极支持建立大型粪便处理厂，集中处理过剩粪便。到 80 年代末，畜禽粪便对环境的污染得到了有效控制。

20 世纪 90 年代初，政府开始实施第二阶段政策，逐步降低粪便生产和使用标准，已达到减少粪便对环境污染的目的。在此期间，政府积极鼓励农户采取先进的饲养技术，改进饲料配方，改善畜禽舍条件，提高管理水平，向清洁生产方向发展。根据政府新的排放标准，相关农场和企业积极采取措施，投资改进饲养技术，提高管理水平，基本上达到了政府制定的新的排放标准。除此之外，政府对畜禽生产还采取了配额制度，对畜禽存栏量进行控制，同时也有效地控制了畜禽粪便的生产和排放。荷兰政府上述两个阶段的政策实施比较顺利，并收到了预期的效果。据统计，1985—1995 年，仅土壤中硝酸盐的排放就减少了 16%，如果不实施上述政策，排放量将增加 40%。此外，氮肥使用量减少了 60%，畜禽粪便氨气排放量减少 26%，磷酸盐流失减少 25%。

1995 年，荷兰政府开始实施第三阶段控制农业污染的政策。根据当时政府通过的关于控制粪便和氨气排放政策备忘录制定的目标，到 2000 年，农业生产过程中矿物质成分的输入和输出要达到平衡，矿物质成分的流失要减少到最低程度。政府为此建立了矿物质成分计算体系，较精确地统计农业生产过程中通过饲料和肥料等方式投入的矿物质成分数量和通过农产品和粪便产出的矿物质成分的数量，以计算出实际流失的矿物质成分。然而，该政策在具体实施过程中遇到一些问题，首先，新的一套计算体系替代传统的计算方法比预期的时间要长，需更多的宣传工作和具体实施准备工作；其次，大型的畜禽粪便集中处理厂发展滞后，使得农场难以销售过剩粪便，而达到高标准排放的要求；再则，根据政府和工业界的进一步研究结果表明，环境所能接受的排放和农业生产中不可避免的排放之间难以权衡，也就是说，当时制定的 2000 年达到矿物质成分输入和输出平衡的目标不够现实。鉴于上述原因，荷兰政府从 1996 年开始重新制定了新的控制粪便和氨气排放政策，提出把清洁生产作为农业最终发展目标。目前，荷兰实施的控制粪便和氨气排放政策主要有以下几方面的内容：

（1）完善和健全矿物质成分计算体系。根据过去几年政策实施的经验，该计算体系能较精确地反映出农业生产过程中矿物质成分流失的情况，克服农业各行业之间矿物质成分流失情况差异而造成行业间的扯皮，并从科学的角度激励农户进行技术开发和创新，逐步由传统农业生产转向科学饲养和科学种植。1998 年 1 月，荷兰政府开始正式引入新的矿物质成分计算体系，按新的规定，畜禽饲养密度超过 2.5 畜禽单元/hm^2 的农场或公司必须加入该计算体系，并每年固定交纳 400 荷兰盾的管理费用。这项规定共涉及约 5 000 家农场和公司，几乎包括所有的养猪、养鸡和其他集约化饲养农场。对于饲养密度小于 2.5 畜禽单元/hm^2 的农场或公司，目前暂不要求加入该计算体系，但需按规定每月记录下畜禽的数量、土地面积和肥料使用情况，如果矿物质使用量和排放超出限定标准，就必须提交矿物质成分清单，并交纳一定数量的罚金。到 2000 年，荷兰所有的畜禽养殖农场都必须加入矿物质成分计算体系。

（2）鼓励技术创新和提高管理水平。农业生产过程中矿物质成分的流失不可避免，但通过科学的饲养和种植方法，可以将这种流失减少到最低程度。这就要求一方面要控制矿物质成分的输入，如减少饲料中矿物质的含量等方法；另一方面减少矿物质成分的流失，如实施粪便加工处理、科学施肥、改进畜禽舍环境及优化粪便、肥料运输和集散体系等方式。荷兰政府计划到 2002 年投入 6 500 万荷兰盾进一步开展科学研究，通过示范和推广项目，帮助农户改进生产技术，提高管理水平。此外，政府计划到 2002 年投入 8 000 万荷兰盾通过贷款、补贴和减免税收等方式，鼓励和支持农场和企业开发农业清洁生产技术，建设低排放畜禽舍和大型粪便处理厂。1996—1998 年，荷兰政府已投资 8 200 万荷兰盾用于大型粪便处理厂的建设。

（3）加强许可证管理，控制和减少污染源。农业污染原因之一是由于集约化农场的规模和数量不断扩大，因此控制和减少农场规模和数量是控制农业污染的有效方式。荷兰政府从 20 世纪 80 年代中开始实施的粪便生产许可证制度取得了较好的效果，按新的政策规定，当农场生产出的粪便没有土地可排放或无法处理和转移，其生产许可将逐步缩小或收回。对于地处自然保护区和敏感地区的农场，如果无法改进生产方式，或难以排放剩余畜禽粪便。政府将鼓励这些农场进行迁移或转产。此外，为鼓励粪便排放比较严重的农场缩小生产规模，减少排放，政府还建立了重建基金，对因规模缩小而遭受经济损失的农场通过购买生产许可证的方式进行补贴。1996—2002 年，政府重建基金总额约 4.7 亿荷兰盾。通过这项重建计划，政府希望农场的规模和数量小而精，并逐步满足清洁生产的要求，同时进一步提高国际竞争力。

（4）加强政策执行过程中的跟踪和评估。政府制定的政策和采取的措施是否可行和有效，必须通过实践加以验证，这就要求政府不断跟踪和了解政策执行情况。并随政策的实效性进行评估，荷兰农业部和环境部共同负责对农业环境政策的跟踪和评估，并每年提交环境评估报告。如果评估结果表明农业生产中矿物质流失未达到预期标准，那么政府将进一步加大政策力度，并采取减少许可证发放数量和缩小许可证允许的生产量等方式来进一步控制粪便的生产和排放。

二、农业资源的利用与保护工程技术

（一）农业废弃物资源化利用新途径

根据底物干物质含量的不同，沼气发酵技术可分为湿法和干法两种：湿法技术的底物干物质含量一般小于 8%，是液态有机物的处理方法；干法技术的底物干物质含量一般在 20%以上，是固态有机物的处理方法。沼气湿法发酵技术具有物料传热、传质效果好，反应器可以在厌氧状态下连续进出料，易于工程放大等优点，现阶段大中型沼气工程普遍采用；而沼气干法发酵技术较难实现在厌氧状态下连续进出料，过去仅用于一次性"大换料"的户用沼气池。随着全球能源和环境危机日益加剧，具有容积产气率高、处理过程中不产生污水、自身能耗低等独特优势的沼气干法发酵技术受到了越来越多的关注，近年来在工程化技术方面取得了长足的进步。

1. 沼气干法发酵的原理及工艺条件

沼气干法发酵是指培养基呈固态，虽然含水丰富，但没有或几乎没有自由流动水的沼气厌氧微生物发酵过程，其发酵的微生物学原理与湿法沼气发酵基本相同。在这个过程中已经查明的微生物有二三百种，这些微生物在有机物的厌氧分解过程中相互依存，形成一条食物链，其中大多数微生物不直接产生甲烷。按"三阶段理论"，沼气干法发酵的过程可分为 3 个阶段。第一阶段为水解阶段，各种固体有机物通常不能进入微生物体内被微生物利用，必须在好氧和厌氧微生物分泌的胞外酶、表面酶（纤维素酶、蛋白酶、脂肪酶）的作用下，将固体有机质水解成分子量较小的可溶性单糖、氨基酸、甘油、脂肪酸，这些分子量较小的可溶性物质就可以进入微生物细胞之内被进一步分解利用。第二阶段为产酸阶段，各种可溶性物质（单糖、氨基酸、甘油、脂肪酸），在纤维素细菌、蛋白质细菌、脂肪细菌、果胶细菌胞内酶作用下继续分解转化成低分子物质，如丁酸、丙酸、乙酸以及醇、酮、醛等简单有机物质，同时也有部分氢气、二氧化碳等无机物释放。第三阶段为产甲烷阶段，由产甲烷菌将第二阶段分解出来的乙酸等简单有机物分解成甲烷和二氧化碳。

沼气干法发酵的工艺条件主要包括两个方面：一是从工艺上满足厌氧发酵微生物生长繁殖的适宜条件，以达到发酵旺盛、产气量高的目的。这包括厌氧环境的形成，原料的预处理，底物 C/N 比和干物质含量、发酵温度、pH、接种物量等参数的合理控制等。二是从工艺上满足沼气干法发酵的工程化生产问题。由于干法发酵原料呈固态，在反应器厌氧状态下连续进出料有较大难度，为避免使用高能耗的输送设备，一般采用全进全出的间歇式进出料工艺。在间歇式进出料工艺条件下，能够实现大规模快速进出料的反应器形式和密封结构是工程化研究设计的难点。

2. 覆膜槽干法发酵沼气工程技术

从国内外沼气干法发酵技术的研发状况来看，由于工程化干法发酵沼气技术在农业废弃物的处理量、系统运行的稳定性、人员培训和管理等方面具有明显的优势，且随着在处理工艺、设施装备等方面的不断进步，工程化的沼气干法发酵技术已成为干法沼气技术的发展主流。农业部规划设计研究院广泛吸取国内外干法发酵沼气技术的研发经验，以具有自主知识产权的覆膜槽生物反应器为核心，通过解决快速密封、机械化进出料、工艺条件的工程调控等一系列关键技术问题，成功开发出覆膜槽干法发酵沼气工程技术。该工程技术已申报多项中国和国际专利，其中一项发明专利和多项实用新型专利已被授权。

（1）实施和装备：

① 覆膜槽生物反应器（Membrane Covered Trough，简称 MCT）。该项工程技术的核心是覆膜槽生物反应器，包括一个用于容纳物料的槽体，一个用于覆盖所述槽体的柔性膜及一个可使柔性膜与槽体结合部密封的连接装置。该反应器槽体的一端和顶部敞开，便于装载机等机械设备进出料操作。

该反应器除用于厌氧发酵产沼气外，还用于物料好氧发酵升温预处理和厌氧发酵剩余物的脱水制肥后处理。由柔性膜气密性地覆盖槽体端和顶部的开口部分，造成严格的厌氧环境，使固体有机废弃物在反应器中厌氧发酵生产沼气。在上述厌氧发酵过程之前和之后，即覆膜前和揭膜后，固体有机废弃物在敞开的反应器槽体内进行好氧发酵。

② 搅拌装置。该装置的双螺旋翻搅部件可对反应器内物料进行充分翻搅，从而实现以下两个功能：一是分别用于覆膜前和揭膜后的好氧发酵段物料补氧，促进物料好氧发酵快速进行；二是用于厌氧发酵接种，即通过机械的强力搅拌作用，使接种物与固体物料混匀，以达到减少接种物用量、提高接种效果的目的。

③ 其他设施和装备。该项技术的主要设施和装备还包括：反应器加热保温系统；接种物制备系统；安全控制系统；沼气净化及输配系统。

（2）工艺流程。首先将满足沼气干法发酵 C/N 要求的物料堆入发酵槽（各种物料分层堆入即可，不必预混合），采用搅拌装置定时翻搅，进行好氧发酵升温。待物料升温后，将厌氧发酵旧料或由专用接种物制备系统生产的菌剂混入，并用搅拌装置混合均匀。然后将发酵槽覆盖柔性膜，并用连接装置使柔性膜和刚性的发酵槽接口密封连接，使物料在密闭条件下进行厌氧发酵，生产沼气。厌氧发酵结束后，将反应器内沼气抽空，收起柔性膜。对厌氧发酵后的剩余物再进行好氧脱水处理，生产有机肥料。整个工艺流程可分为 3 个阶段，即好氧发酵升温预处理—厌氧发酵生产沼气—好氧发酵生产有机肥料。

（3）技术特点。以"覆膜槽生物反应器（MCT）"为核心的该项技术，其特点主要体现在以下几个方面：反应器采用覆膜槽结构并采用软管充气压力密封方式，解决了固体厌氧发酵条件和好氧发酵条件的快速转换，从而可以采用装载机进出料，在工程意义上解决了干法发酵沼气工程快速进出料的问题；借助于翻搅装置的机械搅拌功能，实现了快速高效的厌氧菌接种操作；采用"好氧升温—厌氧产气—好氧制肥"三段同槽发酵工艺，简化了操作步骤、降低了资金投入和运行成本；利用好氧发酵使物料升温，并通过保温措施使物料在厌氧产气时保持所需温度，减少了系统的能耗；可根据柔性膜的变形状态直观判断反应器中的沼气存量，提高了沼气工程的安全性能，简化了厌氧发酵结束时的沼气排空程序；采用单元化设计，可满足不同规模沼气用量的需要；对原料有较广泛的适应性。

三、农业环境生态工程与评价

中国的农业生态工程，是以经济发展与环境和自然资源的持续承受能力相适应为指导思想的，在不危及后代需要的前提下，寻求满足当代人需求的发展途径。通过农业生态工程建设，可以将资源的开发、利用与环境保护紧密结合在一起，确保获得和持续满足目前几代人和今后世代人的资源与环境的协调及可持续发展需要。

（一）基本目标

由于生态环境系统、经济系统和人文社会系统等各子系统之间相互依存和影响，人们在以农业为基础，立足于全部土地资源所进行的农业生态工程建设中，必须以协调各子系统之间的关系，使系统稳定性提高，实现系统有序和协调地发展，以获得系统的最优化为目的。系统论观点告诉我们，子系统最优化不一定会获得大系统的最优化。因此，农业生态环境工程技术建设不能只重视单一的系统发展，也不能只重视个别的系统发展，应强调生态环境、经济和人文社会三大效益的同步协调增长，故而农业生态工程技术必须多元化的同步发展。

随着农业生态环境工程建设工作的深入进行，不仅需要在宏观上进行定性、定量的研究，还需要在不同层次上进行定量、定性和模型化的评价和论证。而且，未来扩大和深入开展农业生态环境工程建设，需要对已有的试点进行分类评价，为进一步优化生态经济系统提供依据。因此，有必要建立科学的、实用的指标体系和综合评价方法。农业生态环境工程建设评价及应用研究起着推进农业生态环境工程理论的科学化，提高农业生态环境工程进一步发展的价值功能及其社会可接受性。由于农业生态环境工程建设是全球可持续发展战略在农业领域的具体体现。因此，农业生态环境工程建设的综合评价工作的开展，也必将促进我国农业发展的国家标准进程。

（二）农业环境生态工程的评价

环境生态工程中的能流、物流、价值流和资源核算分析既相互联系、互为补充，又分别独立地反映环境生态工程中某一方面的功能作用。因此，以能流、物流、价值流和资源核算分析为工具，可以成为对农业生态环境工程评价的重要方法。能流分析是从能量角度对系统的基本特征及投入产出效率作出评价；物流分析则可以判断系统中的土壤养分是否供需平衡，营养物质循环是否合理；价值流分析可以合理、科学地组织农业生产，为提高农业生态环境工程的经济效益提供依据；资源核算分析则可以提高对资源经济价值的认识，减少对资源的高度掠夺性的利用。

思考与练习

1．什么是农业环境生态工程？农业环境生态工程研究的内容及研究方法有哪些？

2．什么是农业生态工程技术？主要应用在哪些方面？

3．林业环境生态工程的研究内容是什么？有哪些模式？

4．牧业生态环境工程模式有哪些，其优缺点体现在哪些方面？

5．根据我国水域现状，渔业与牧业、种植业等如何结合才能更有利于我国的水环境改善？

6．农业环境生态工程的防护技术有哪些，农业生态环境防护工程技术和农业可持续发展之间的关系怎样认识？

参考文献

[1]　杨京平. 生态农业工程[M]. 北京：中国环境科学出版社，2009.

[2]　杨京平. 农业生态工程与技术[M]. 北京：化学工业出版社，2001.

[3]　张壬午，等. 农业生态工程技术[M]. 郑州：河南科学技术出版社，2000.

[4]　中国科学院北京农业生态系统试验站. 农业生态环境研究[M]. 北京：气象出版社，1989.

[5] 杨文宪. 生态农业工程技术[M]. 北京：中国农业科技出版社，1999.

[6] 云正明. 生态工程[M]. 北京：气象出版社，1998.

[7] 张建国，吴静和. 现代林业论[M]. 北京：中国林业出版社，2002.

[8] 张佩昌，袁嘉祖. 中国林业生态环境评价、区划与建设[M]. 北京：中国经济出版社，1996.

[9] 曹越，吴晓敬，李淑岩. 土壤重金属污染来源及修复技术研究[J]. 环境科学与管理，2010，3（35）：62-64.

[10] 骆辉煌，禹雪中，刘金鹏，等. 引水调控工程经济效益评估初步框架[J]. 中国水利水电科学研究院学报，2009（3）：28-32.

[11] 姜海波，张治晖，孙吉刚，等. 大型农业灌区节水改造工程实践与效果分析[J]. 水利科技与经济，2009（11）：971-972.

[12] 张伟东，王雪峰，等. 几种典型生态农业模式的优点及实现途径[J]. 中国生态农业学报，2007（11）：179-181.

[13] 陈金华，陈楷根. 福建省农业环境问题及对策探讨[J]. 福建水土保持，2003（3）：35-39.

[14] 孙鸿良. 生态农业的理论与方法[M]. 济南：山东科学技术出版社，1993.

[15] 尹钧，高志强. 农业生态基础[M]. 北京：经济科学出版杜，1996.

[16] 杨怀森，雷圣远. 农业生态工程技术[M]. 北京：中国农业科技出版社，1992.

[17] 周光裕，路志英. 生态农业模式与效益[M]. 济南：山东大学出版社，1990.

第四章　工业环境生态工程

第一节　工业生态系统概述

一、工业生态系统与工业生态化

工业这一概念在不同的国家，根据不同的国民经济部门分类方法，具有并不完全相同的含义。我国根据人类社会生产活动的历史顺序和各行各业的性质，将工业划分到第二产业中。这其中的工业是指以生产有形产品为主的传统工业。

工业是伴随着社会生产力的发展，从农业中分离出来并逐渐发展起来的。最初是以手工业的形式存在，资本主义社会确立以后，才逐渐发展为机器大工业形式。而我们通常所说的工业，一般是指机器大工业，它是在英国人瓦特发明蒸汽机后逐步建立的。此时，工业才真正成为一个完全独立的社会物质生产部门。

工业的不断发展壮大，逐渐形成了一个工业体系（或称为工业系统）。从生态学的角度而言，工业体系又可以看成是一个工业生态系统。

（一）工业生态系统

自然生态系统作为一个有机整体能够将废弃物减少到最低限度，没有或者几乎没有一种有机体排出的废物对于另一种有机体来说不是有用的物质和能量的来源，即自然界中所有动植物，无论生死都是另一些生物的食物。例如，微生物消耗和分解废物，然而在食物网内它们又转而成为其他生物的食物。在这个奇妙的自然系统内，物质和能量在一系列相互作用的机体之间周而复始地循环。由自然生态系统的循环得到启发，人们开始考虑寻找一种途径，以消纳由于各种工业过程而产生的废弃物。

工业生态系统是依据生态学、经济学、技术科学以及系统科学的基本原理与方法来经营和管理工业经济活动，并以节约资源、保护生态环境和提高物质综合利用为特征的现代工业发展模式，是由社会、经济、环境三个子系统复合而成的有机整体。发展完善的工业生态模式不只是把某个特定工厂或工业部门的废物减至最少，而且还要能将产出的废物总量减至最少。工业生态系统是一个类比的概念，几十年来，人类获得了自然生态系统循环方面的大量知识，但将这些研究成果运用到分析工业领域生态系统的研究还刚刚开始。

（二）工业生态系统与自然生态系统的异同

1. 工业生态系统与自然生态系统的比较

（1）两者都存在物质循环和能量流动。从理论上说，自然生态系统的物质循环在人造的生态系统中也可以实现，每一种废物总会找到一个去处。就理想化的工业生态系统而言，适当处理过的废物也总会找到合适的去处。

（2）两者都是开放式的生态系统，且都由生产者、消费者和分解者构成。生态系统与外界环境进行着各种各样的输入（如摄入能量）与输出（如代谢过程所产生的熵）。而工业生态系统也同样如此，工业生态系统依靠外界输入（如原材料），通过自身的加工、运输、使用等一系列人类活动后输出各种各样的物质与能量（如经过最终处理的废弃物）。

在工业生态系统中，资源部门相当于生态系统中的初级生产者，主要进行不可更新资源，可更新资源的生产和有序利用资源的开发，以可更新资源逐渐取代不可更新资源为目标，为工业生产提供初级原料和能源；加工生产部门相当于生态系统中的消费者，以生产过程无浪费、无污染为目标，将资源生产部门提供的初级资源加工转化为满足人类生产、生活需要的工业品；还原生产部门相当于生态系统中的分解者，将各副产品、废弃物进行资源化或无害化处理，使其转化为新的产品。

（3）两个系统内的各组分都有自己的"需求"，为自身生存而求共生。狼吃掉兔子不是为了控制兔子的数量以保持草场不至于因过度被啃食而退化，而是为了自身的生存和繁衍；同样，一个工业生态系统中的各个企业的存在目的主要不是为了吃掉另一个企业的废物从而减少进入环境的垃圾量，而是为了减少自己的经营成本，其根本的或者说是主要的目的在于降低成本，从而能更好、更有利地占领市场。自然生态系统内的一些物种间的共生关系在工业生态系统内一些企业间也有体现，生态系统的若干生物为什么会结成这种共生关系，合理地解释就是它们都以对方的生存为自己生存的条件。当然，共生的前提是首先要不损害自己的需求。

（4）两种生态系统的形成、发展和崩溃是一个动态进化过程。自然生态系统中的物种和工业生态系统中的企业都遵循或者服从"适者生存"的达尔文法则，都要经历由原生演替或自生演替逐渐达到顶级状态的过程。这意味着，工业生态系统中的任何企业都有着自己的"生存期"，社会环境的各种限制因素、企业的生存能力以及社会环境的适应性等多方面因素的叠加作用，决定企业自身乃至于整个系统生存时间的长短。

2. 工业生态系统与自然生态系统的不同之处

（1）两者最主要的差别是人的参与程度。严格意义上的自然生态系统应该是没有人的参与的。这样的生态系统在今天几乎无法找到，但在历史上毕竟存在过，可以不严格地将原始社会的生态系统称之为自然生态系统。从这个意义上说，自然生态系统是没有目的的，一切物种的生死存亡皆属自然。而工业生态系统不仅有人的介入，而且是人设计、创造出来的。人与其他生物最明显的不同之处在于人有智慧，有创造能力，可以利用技术来对自然生态系统加以有计划的改造与加工，使之合乎人的目的。但遗憾的是无论从理论上、逻辑上还是在现实的实践中，人都无法保证自己思维的绝对合理性，无法保证自己行动的目的和手段没有缺陷。

（2）自然生态系统具有工业生态系统无法比拟的复杂性。自然界中极少有生物只以一种生物为食，例如蛇吃青蛙、老鼠、鸟等，狼可以吃几乎所有的小型食草动物。这种食物网的复杂性决定了生态系统的稳定性。而工业生态系统内的"食物网"比自然生态系统的食物网要简单得多，因此，这个体系必然要脆弱得多。

（3）自然生态系统受生态学规律的约束而不受经济学中市场规则的制约，而工业生态系统则不然。一个生态工业园区内的企业不仅要考虑到原材料是不是尽可能地使用了其他厂家的废物而对环境有利，还必须要考虑到生产的产品是否能卖得出去以及价格因素对企业的生存与发展是否有利。一个生态学上合理而经济学上不合理的工业生态系统是无法生存下去的。

通过上述的分析，工业生态系统具有以下特征：

（1）物质循环和能量流动。工业生态系统把经济活动组织成"资源—产品—再生资源"物质反复循环流动过程，实现物质闭路循环和能量多级利用。一个企业产生的废物经过处理总可以找到合适的去处，即工业生态系统通过建立"生产者—消费者—分解者"的"工业链"，形成互利共生网络，使物质循环和能量流动畅通，物质和能量得到充分利用。整个工业生态系统基本上不产生废物或只产生很少的废物，实现工业废物"低排放"甚至"零排放"。但工业生态系统要维持稳定和有序，需要外部生态系统输入物质和能量。

（2）企业动态演化。工业生态系统"工业群落"中的企业都有一个"生存期"，每个企业都遵循或服从"适者生存"和"优胜劣汰"的进化法则。企业在工业生态系统中生存时间的长短取决于社会的各种限制因素、企业的生存能力以及同社会环境的适应性等方面因素的叠加作用。在市场经济体制下，企业可通过购买或出让排污权而自由进入或退出工业"生态系统"：当企业的经济实力、生产技术水平、治污工艺水平等处于落后状态时，在总量控制目标下，即将按"逆行演替"退出该工业生态系统；反之，当一个企业的经济实力、生产技术水平、治污工艺水平等处于先进状态时，它可通过购买排污权，按"顺行演替"进入该工业生态系统。

（3）工业生态系统的脆弱性。在工业生态系统中，任何一个企业生产经营状况都会干扰与其相互联系的企业。如果一家企业的原料来源主要是另一家企业产生的废料，那么当提供废料的企业因无法预料的偶发因素而影响到生产并因此无法提供足够的废料或质量无法保证时，这家企业就会陷于瘫痪状态。这种企业间联系渠道的单一性，导致工业生态系统的脆弱性。所以，工业生态系统要维持稳定，企业就要随时寻找自己的原料被利用的可能性以及用其他厂家废料作为原料的可能性，并保证这种可能性变成现实且能持续运行。

（4）工业生态系统的双重性。工业生态系统的双重性是指工业生态系统不仅受到生态学规律的约束，同时还要受到市场经济规律的制约，兼具自然属性和社会属性。一个生态学上合理而经济学上不合理的工业生态系统是无法生存的，市场调节对工业生态系统中的企业的荣衰与成败以及整个系统的稳定性起着决定性的作用。所以，一个稳定运行的工业生态系统必然具有经济学和生态学原理相结合的完美性。为此，人的主动性在提高工业生态系统运行效率方面应发挥积极作用。运用当代环境伦理道德观使企业在保证整个工业生态系统的生态效率的前提下追求经济效益，决不能仅仅只为追求本企业的经济效益而损害系统的整体利益。

（三）实现工业生态化的途径和方法

自工业革命以来，随着工业化程度的提高，工业所造成的环境污染越来越严重，资源浪费惊人。很多工业化的国家为了保持生态平衡，维护日益衰弱的生态支持系统，加大了环境治理的力度。在传统的环境治理中，很多国家基本上实行的是"过程末端治理"措施。这类措施的缺陷在于：一是随着工业化程度的提高，治理成本大幅度的提高；二是在治理中有可能造成资源浪费和二次环境污染；三是工业发展模式并未因治理难度的加大而改变；四是治理政策出自多个部门，很难协调；五是经济效益与生态效益不能同步实现。总之，末端治理虽在局部上对环境有所改善，但总体上却导致环境的进一步退化，形成恶性循环。因此，需要研究和探讨实现工业生态化，实现经济、社会和环境三种效益同步的有效途径和方法。

1. 实现工业生态化的主要途径

工业生态化的主要目标是提高生态效率，而非传统含义上的单纯提高生产效率。其主要特点表现为：企业内部生产过程循环，即在组织内部各生产部门之间充分利用上一部门的废弃物、副产品和产出；企业之间生产过程循环，也就是在企业之间建立一种类似于生态链的网络关系，在网络内的各企业相互利用各自的废弃物、副产品和产出，以减少能源、资源的消耗，降低污染。

在工业系统中，应用生态学和工程学的原理和方法，通过生态重组等手段，可加速工业转型，实现工业生态化，进而获得经济、社会和生态多重效益，最终实现人类社会的可持续发展。

（1）生态重组。生态重组是一种通过按照尽可能对地球的生物——地球化学系统干扰最少的方式进行技术设计和实施，从而推动社会财富的目的的实现。生态重组从本质上就是按照自然生态学原理和自然生态系统运行方式来调整人类的活动，在工业生态学中强调的是以工业活动为主的工业系统的重组，是人类与整个地球可持续发展的关键。

工业生态重组主要是针对工业系统，包括各种不同数量和类型工厂企业的组合、企业的地理布局、相互间的物质、能量和信息的流动、交流和层叠。

（2）企业内部的工业转型。工业转型（Industrial transformation）是近些年来在可持续发展和工业生态学等相关文献中出现的新名词。工业转型内容广泛，包括产品和服务的生产和消费的技术、组织和形式（空间和时间）原材料和能源的转变以及所产生的环境影响及这些影响对生命质量产生的后果等。

工业转型实际上是生态重组实施过程及结果在公司层面上的体现，转型的目的旨在提高特定公司工业生产的生态效益。

2. 实现工业转型（生态化）的主要方法和内容

（1）工业代谢分析（Analysis of Industrial Metabolism）。工业代谢分析是建立生态工业的一种行之有效的分析方法。它是基于模拟生物和自然界新陈代谢功能的一种系统分析方法。与自然生态系统相似，工业生态系统同样包括 4 个基本组分：生产者、消费者、分解者和外部环境。工业代谢分析通过分析系统结构进行功能模拟和输入输出信息流分析来研究生态工业的代谢机理。工业代谢分析方法是以环境为最终的考察目标，对环境资源追踪其从提炼、工业加工和生产直至消费体系后变成废物的整个过程中物质和能量的流向，给出工业系统造成污染的总体评价，并力求找出造成污染的原因。

（2）生命周期评价（Life Cycle Assessment）。生命周期评价是对一种产品及其包装物、生产工艺、原材料、能源或其他某种人类活动行为的全过程，包括原材料的采集、加工、生产、包装、运输、消费和回用以及最终处理等，进行资源和环境影响的分析与评价。

生命周期评价是与整个产品系统原材料的采集、加工、生产、包装、运输、消费和回用以及最终处理生命周期有关的环境负荷的分析过程。以系统的思维方式去研究产品或行为在整个生命周期中每一个环节中的所有资源消耗、废弃物的产生情况及其对环境的影响，定量评价这些能量和物质的使用以及所释放废物对环境的影响，辨识和评价改善环境影响的机会，强调分析产品或行为在生命周期各阶段对环境的影响。包括能源利用、土地占用及排放污染物等，最后以总量形式反映产品或行为的环境影响程度。生命周期评价注重研究系统在生态健康、人类健康和资源消耗领域内的环境影响。

（3）工业生态设计（Design for IE）。工业生态设计是从产品的孕育阶段就开始遵循污染预防的原则，使改善产品对环境影响的努力凝固在产品设计之中。经过生态设计的产品对生态环境不会产生不良的影响，对能源和自然资源的利用是有效的，同时是可以再循环、再生或安全处置的。它是一种产品设计的新理念，又称绿色设计，包括环境设计和生命周期设计，是指产品在原材料获取、生产、运销、使用和处置等整个生命周期中密切考虑人类健康和生态安全的产品设计原则和方法。其最终目标是建立可持续产品的生产与消费。

（4）生态工业园区（Eco-industrial parks）。生态工业园区是指企业之间、企业与社区和政府之间在副产品交流和管理方面有密切合作的工业园区。生态工业园作为以生态循环再生为基础的工业园区，包括产品和服务的交流，更重要的是以最优的空间和时间形式组织在生产和消费过程中产生的副产品的交换，从而使企业付出最小的废物处理成本，提高资源的利用效率，改善参与公司的经济效益，同时最大限度地减少对生态环境的影响。

3. 生态工业发展的具体模式

（1）工业结构生态化（Ecologizing of Industrial Structure）。工业结构生态化，即通过法律、行政、经济的手段，把整个工业系统的结构，规划组织成"资源生产"、"加工生产"、"还原生产"三大工业部门构成的工业生态链。资源生产部门相当于生态系统中的初级生产者，主要承担不可更新资源、可更新资源的生产和永续资源的开发利用，并以可更新的永续资源逐渐取代不可更新资源为目标，为工业生产提供初级原材料和能源；加工生产部门相当于生态系统的消费者，以生产过程无浪费、无污染为目标，将资源生产部门提供的初级资源加工转换成满足人类生产生活需要的工业品；还原生产部门则将各种副产品再资源化，或做无害化处理，或加工转化为新的工业品。

（2）工业生产生态化（Ecologizing of Industrial Producing）。从生产工艺角度看，许多废料实质上是没有利用尽的部分原料。例如，随废水排出的许多酸、碱、盐，随废气、烟尘、灰尘，散发到空气中的矿粉、化肥粉末、水泥等，都是非生态化生产过程造成的后果。只要实现生产过程的生态化，它们都可以变"废"为宝。

（3）工业设计生态化（Ecologizing of Industrial Design）。设计时改进产品和包装的结构、体积、形状、成分，可以使产品和包装材料在生产过程中节约资源，用可更新资源或可降解材料，在使用和消费过程中能节约能源、减少对环境的危害，在使用和消费后能方便回收利用或能在自然环境中无害分解。无氟绿色冰箱、可降解塑料、太阳能汽车等，都是从设计入手，解决生态问题的典范。

（4）工业小区生态化（Ecologizing of Industrial Parks）。受自然生态系统启发，我们认为工业企业之间也存在"工业共生"现象，各企业之间可以通过循环链接的办法，尽力按"生态经济链"的关系把工厂配置成首尾相接的"废料"—"原料"互利网络，形成无废或少废的生态工业区。丹麦的卡伦堡就是工业园区生态化的典范。

（5）工业垃圾生态化（Ecologizing of Industrial Waste Materials）。生产、消费后的工业垃圾，实质上大部分是没有充分利用起来的原料，当回收条件和再资源化技术具备时，它们都可以成为另一些产品的原料。德国政府规定，1993年1月以后，废纸、铅、纸板、废塑料等包装材料的回收率不得低于30%，玻璃包装材料的回收率不得低于60%；1995年以后，上述包装材料的回收率要全部达到80%。德国目前已有300多家大小企业拥有自己的产品包装回收机构和处理工厂。

二、工业生态系统的基本组成和结构

（一）工业生态系统的基本组成

1．自然生态系统的启发

正如大家已熟知的，自然生态系统由生物环境和非生物环境组成。生物环境又由生产者、消费者和分解者组成，而非生物环境又由气候因子（太阳辐射能等）无机物质（水、氧、二氧化碳等）和有机物质（腐殖质等）组成。

（1）生产者。自养型植物，包括所有进行光合作用的绿色植物和化能合成的细菌。绿色植物利用日光作为能源，通过光合作用将吸收的水、CO_2 和无机盐类合成初级产品——碳水化合物，可进一步合成脂肪和蛋白质。这些有机物成为地球上包括人类在内的一切生物的食物来源。

（2）消费者。异养型生物，即生活在生态系统中的各类动物和某些腐生或寄生菌类，只能依赖生产者生产的有机物作为营养来获得能量。

（3）分解者。异养型生物，如细菌、真菌、放线菌以及土壤原生动物和一些土壤中的小型无脊椎动物。它们将复杂的有机物还原为无机物，把养分释放出来，归还给环境中。其作用与生产者正好相反。分解者在生态系统中的作用是极为重要的，如果没有它们，动植物尸体将会堆积成山，物质得不到循环，生态系统必然毁灭。

2．工业生态系统的基本组成

工业生态系统也是生态系统的一种类型，同样由主体及其周围环境构成。这里的主体就相当于自然生态系统中所说的生物，由各种各样的企业和工厂构成。在工业生态系统中，资源部门相当于生态系统中的初级生产者，主要进行不可更新资源、可更新资源的生产和有序利用资源的开发，以可更新资源逐渐取代不可更新资源为目标，为工业生产提供初级原料和能源。加工生产部门相当于生态系统中的消费者，以生产过程无浪费、无污染为目标，将资源生产部门提供的初级资源加工转化为满足人类生产、生活需要的工业品。而还原生产部门相当于生态系统中的分解者，将各副产品、废弃物进行资源化或无害化处理，使其转化为新的产品。

工业生态系统中所说的主体周围的环境则是指除了工厂和企业之外的周边环

境，包括大气环境、土壤环境和水环境等。由于工业生产对这些周边环境的影响是巨大的，因此也十分值得我们关注。

（二）工业生态系统的结构

如上所述，我们知道工业生态系统是受到自然生态系统的启发而建立的。在自然生态系统中，由生产者、消费者、分解者所构成的食物链，从生态学原理看，它是一条能量转化链，物质传递链，也是一条价值增值链。绿色植物被草食动物所食，草食动物被肉食动物吃掉，植物和动物残体又可为小动物和低等动物分解，以这种吃与被吃的方式形成了食物链，但食物链并非都像水稻—蝗虫—鸟类的简单关系，而是复杂的食物链网络关系，正是这种食物链关系使得生态系统维持着良好的动态平衡状态。

在工业生态系统中同时存在的多种资源也通过类似于生物食物营养联系的生态关系相互依存、相互制约，这就是"工业生态链"。工业生态链是指由原材料供应商、制造商、分销商、零售商、用户组成的链状结构、通道或网络。在生态链的各个环节，从原材料获取到产品的制造、运输、使用过程都会产生废弃物，对环境造成严重的污染，威胁人类的健康和生态平衡。各节点所要求的生产要素互不相同，一个企业不可能在每一个生态链节点上都具有比较优势，只能是此企业在这一节点上具有比较优势，而彼企业在另一节点上具有比较优势。为了在市场竞争中共同优胜，避免被共同劣汰，消除企业生产过程对环境造成的危害，使企业的社会成本内部化，企业就在生态链的关键环节上展开合作，形成工业共生系统。工业生态链既是一条能量转化链，又是一条物质传递链。物质流和能流沿着工业生态链逐级逐层流动，原料、能源、废物和各种环境要素之间形成立体环流结构。能源、资源在其中反复循环获得最大限度的利用，使废弃物资源化，实现再生增值。

自然生态系统的某些特性对于指导人类的实践活动起到了非常重要的作用。从生态系统的角度来看，工业生态园实际上就是一个生物群落，可以是由初级材料加工厂、深加工厂或转化厂、制造厂、各种供应站、废物加工厂、次级材料加工厂等组合而成的一个企业群；也可能是由燃料加工厂甚至废物再循环场组合而成的一个企业群。在其中存在着资源、企业、环境之间的上下游关系与相互依存、相互作用关系，根据它们在园区中的作用和位置不同也可以分为生产者企业、消费者企业和分解者企业。另外，在该企业群落中还伴有资金、信息、政策、人才和价值的流动，从而形成类似自然生态系统食物链网络的工业生态链网。因此，模仿自然生态系统、按照自然规律来规划传统的工业园区具有非常深远的现实意义。

工业生态系统正是效仿自然生态系统创立的，模拟自然生态系统的物质循环方式，建立不同工艺过程之间的联系，使一个生产过程产生的废物（副产品）作为下一生产过程的原料，使原来线性叠加的工业过程形成"生物链"结构，进而生成"生物网"结构；加入具有分解功能的"消费工业废物"链条，实现废物资源的回收、再生和利用。

建立工业生态系统目的是在适应社会需求的同时，通过人、经济（市场）和信息的调节作用，促进系统的可持续发展，实现经济、社会和生态环境的多重效益。

三、工业生态系统的类型及其特征

（一）工业生态系统的类型

工业生态系统是依据生态学、经济学、技术科学以及系统科学的基本原理与方法来经营和管理工业经济活动，并以节约资源、保护生态环境和提高物质综合利用为特征的现代工业发展模式。可见与传统的工业系统最大的区别就是其具有"生态"特征，它利用生态学中物质循环、能量流动等基本原理，使废物资源化，因此是实施和实现可持续发展的重要工具。

工业生态系统类型的划分应该基于科学性、直观性、可比较性的原则。不同工业生态系统给人最直观的区别就是其规模及结构。一般认为，规模的大小不同可能会影响系统结构的复杂程度。因此，工业生态系统分为 3 种类型：星式、放射式、点式，见图 4-1。

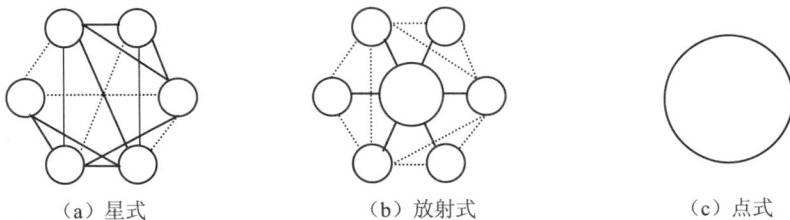

（a）星式　　　　　（b）放射式　　　　　（c）点式

图 4-1　工业生态系统的类型（引自芮加利等，2009）

图 4-1 中，每 1 个圆圈代表 1 个企业，圆圈大小不代表企业的大小，每 1 条线代表不同类型企业之间的 1 组交易，实线代表主要的交易，虚线代表可能存在的交易。

（二）各类型工业生态系统的特征

星式工业生态系统是由若干个企业有机组成的联盟，众企业因错综复杂的工业链接关系交织在一起，形成了"星式"模式。不同企业之间以交易方式利用对方生产过程中的废料或者副产品而紧密联系，每一笔交易就形成一个工业链。每个企业引发的工业链数目不等。合作关系都是本着互惠互利的原则协商而成，双方地位平等、实力相当，参与企业都具有独立的法人资格，每个合作项目都具备很好的商业意义，建立的是长期稳定的关系。

另外各元素企业具有一定程度的不可替代性，共同控制共生关系的演化，是一种对称式共生。因此，作为一种企业战略联盟形式的工业生态系统，它同时具有规模经济和范围经济的优势，在很大程度上保证了其经济效益和生态效益，而政府宏观政策、合同、契约等市场经济工具具有很强的约束力，可保证合作链的稳定。

放射式工业生态系统与星式工业生态系统有一定程度的相似性，也是由若干个不同类型企业组成，而且彼此间存在很多可能的交易关系。二者的区别在于放射式工业生态系统内部，存在 1 个核心企业（总部），其规模在所有企业中最大，并且在系统中起着主导作用，各企业通过与它在商业利益上的交易（物流或能流）关系而紧紧围绕在其周围。大的核心企业在中央，其他元素企业因与核心企业形成的工业链及其他合作关系一同形成了"放射式"模式，各企业都是"一家人"。核心企业的司令部作用，直接说明了企业间经济地位并不平等，各共生企业一般无权决定是否拓展共生业务或中断与其他企业的共生关系，这种合作关系是依核心公司的发展战略而定的，有时并不是以盈利为目的的。所有参与合作的企业隶属于核心企业，核心企业的决策对其共生联合体企业是否合作起决定作用。

点式的工业生态系统是指 1 个较简单的企业内部进行的废物循环。可以说是工业生态系统的 3 种类型中规模最小的 1 种，是工业生态学在微观的企业层面上的循环经济实施单元。企业在自身生产过程内部尽量获得所需的原材料和能量，增加内部物料和能源循环，在材料（生态特征）、生产过程（环保工艺）及产品服务（消费后可再利用）的系统水平上充分实现生态的特征。当然在现今技术水平下，单个企业很难实现完全的闭路循环，少量必要的原料或多余的副产品还是可以与其他企业进行交易。企业内部各工艺路线之间物料循环利用，放弃使用某些对环境有害的化学物质，减少化学物质的使用量以及发明回收本公司产品的新工艺，创造性地实施减量化、再利用、再循环，以达到少排放甚至零排放的环境保护目标，实现经济效益、社会效益和环境效益的统一。

（三）不同工业生态系统类型的稳定性分析

著名的丹麦卡伦堡工业共生体是星式工业生态型系统的典型代表。作为世界生态工业园区的典范，卡伦堡工业共生体自 20 世纪 70 年代经各企业单位协商合作建成以来，已稳定运行了 30 多年。该共生体由阿斯耐斯瓦尔盖发电厂、斯塔多尔炼油厂、挪尔迪斯克公司、吉普洛克石膏厂、诺维信生物公司和卡伦堡市政府组成。在商业基础上，该共生体通过错综复杂的商业交易，使得各成员企业的副产品得到最大限度的充分利用。促使其形成的驱动力有 3 个：一是政策机制，即污染排放高收费政策；二是企业经济效益和长期发展；三是企业的生态道德和社会责任。而在 1995 年，卡伦堡共生体由于火电厂的廉价燃料导致石膏厂的石膏中含有大量的钒，曾对人类健康造成威胁，导致火电厂改变其设备。有学者认为，"技术更新、外界压力（法律、公众压力）以及新能源、材料，合并和接管的变化都会对整个系统产生显著影响，甚至使系统崩溃"。

我国广西贵港生态工业园区就是一个典型的放射式工业生态系统。股份有限公司是园区龙头、甘蔗制糖是核心企业，其他企业如蔗田、制糖厂、酿酒厂、造纸厂、热电联产和环境综合处理（碱回收、水泥、碳酸钙、复合肥）为其下属企业。贵港集团虽然自 2001 年以来遇到许多问题，但仍取得了可观的经济效益和环境效益，并具备一定的稳定性。贵港企业集团在中国加入 WTO 后连续 2 年出现亏损，糖料生产和制糖工业遭遇巨大的冲击，直到 2004 年年底随着相关辅助配套厂的建成投产才扭亏为盈。

辽宁某造纸集团将清洁生产的思想贯穿于生产工艺的全过程，形成了点式工业生态系统，在能耗、物耗、水耗污染物排放量控制及废物循环利用等方面均达到国际先进水平。在原料上，该集团采用的是当地芦苇和自制芦苇浆，充分利用了当地的资源；在生产工艺中，备料工段采用干湿法备料降低了蒸煮用碱量，减少系统 50% 的含硅量，并降低黑液黏度 50%，有利于提高黑液提取率和碱回收率，漂白工段采用无元素氯漂白工艺，从而减轻制浆系统的污染负荷，同时也大大减少了可吸附有机卤化物（AOX）的产生量。对废水的充分利用，最大限度地减少了新鲜水的用量，提高了水的重复利用率；制浆产生的黑液全部进入碱回收车间，碱回收率高达 85%，回收的碱再用于该项目，既减少了污染物的排放，又节省了碱使用量，实现了系统内部资源的循环利用。在产品线上，产品本身是一种清洁的产品，不会对环境产生影响，被废弃后其中的造纸纤维可以回收再生利用。虽然该集团的清洁生产已经处于国际先进水平，产生的 AOX 数量少而且毒性小，但是 AOX 本身具有难降解性，且易在生物体内富集，对生物有"三致"

效应，该企业仍面临着探索全无氯漂白技术，进一步提高清洁生产水平的任务。

以上分析表明，不同类型的工业生态系统之间的差异是很显著的。这三种工业生态系统的形成原因、由其特点决定的不稳定因素（或者风险来源）抵抗风险和恢复稳定的途径都是不同的，这直接说明了工业生态系统的类型与稳定性还是可能存在相关性的。

第二节　工业环境生态工程模式分类

一、工业环境生态工程的概念

工业环境生态工程是环境生态工程理论、方法和工程技术体系在工业环境中的应用。针对工业生产环境的特征以及存在的环境问题，应用生态系统中的各项原理，利用工程学的方法，协调工业生态系统内多种组分的相互关系，解决工业生产的环境问题，维持工业生态系统的平衡，促进工业生态系统的发展。

由于工业生态系统与自然生态系统存在着不少的相同点，将生态系统中生物群落共生原理、系统内多种组分相互协调和促进的功能原理以及地球化学物质循环和能量转化原理等扩展应用到工业生态系统中，设计与建设合理利用资源的工业生态系统，保护工业生态系统的稳定性，维持工业生态系统的高生产力。这一过程中所涉及的理论、方法和工程技术体系就是工业环境生态工程的内容。

二、工业环境生态工程模式的分类

（一）按工业环境生态工程模式的地域结构划分

工业环境生态工程模式按照其地域结构可以划分成工业环境生态工程示范点、工业环境生态工程示范区、工业环境生态工程枢纽和工业环境生态工程示范地区等类型。工业环境生态工程模式的范围可大可小，小到一个开发区，大到一个城市、一个省，甚至一个地区，它们具有不同等级的地域结构类型，它们的性质、规模、内在联系、功能等存在很大差异，也具有不同的发展规律。

1. 工业环境生态工程示范点模式

工业环境生态工程示范点是由少数小型工业企业或联合企业组成，工业用地范围小，企业生态联系简单，一般只有一条闭环生态链，产业链较短，没有虚拟的生态联系，是生态工业地域结构类型的"基层细胞"，可分为农村生态工业点和城市生态工业点。例如，在开展生态工业规划前，贵糖集团公司拥有 3 000 多名员工、占地面积 1.5 km²，具有甘蔗—制糖—糖蜜制酒精—酒精废液制复合肥和甘蔗—制糖—蔗渣制浆造纸两条工业生态链，形成一条甘蔗田—甘蔗—制糖—糖蜜制酒精—酒精废液制复合肥—甘蔗田的闭环生态链，产业链短，没有虚拟的生态联系，是以一个工业企业集团为核心形成的生态工业点。

2. 工业环境生态工程示范区模式

工业环境生态工程示范区是由较多的大中小型企业（含联合企业）根据产业生态联系组成的生态工业群体。工业用地面积较大，从几到几十平方千米，企业生态联系网络较复杂，一般具有至少两条闭环生态链，具有虚拟的产业生态联系。长沙黄兴国家生态工业示范园区规划面积 9～30 km²，形成包括 15 个生产者（智能金属材料企业等）、11 个消费者（抗菌陶瓷厂等）和 7 个分解者（建筑砖厂等）以及 9 个虚拟企业（食品加工厂等），由多条闭环生态链组成的产业生态网络，是正在形成中的工业环境生态工程示范区。

3. 工业环境生态工程枢纽模式

工业环境生态工程枢纽是由若干个生态工业区和众多的生态工业点组成。生态工业区数量多、规模大、工业门类多样，企业生态联系网络复杂，往往具有众多的虚拟生态联系，具有较大的枢纽功能，工业用地范围从几十到几百平方千米。山东鲁北集团地处黄河三角洲，南依碣石山，北临黄骅港，占地约 400 km²，拥有 52 个成员企业，横跨化工、建材、轻工、电力等 12 个行业，具有由磷铵、硫酸、水泥联产，海水"一水多用"和清洁发电与盐、碱联产 3 条生态链有机沟通与整合形成的以化学紧密共生关系为主的复杂产业生态网，是目前世界上最大的磷铵、硫酸、水泥联合生产企业，是全国最大的磷复肥生产基地、石膏制硫酸基地和全国化肥行业经济效益最好的集团企业。以鲁北集团为核心形成的生态工业地域是工业环境生态工程枢纽的代表。

4. 工业环境生态工程示范地区模式

工业环境生态工程示范地区由两个或两个以上的工业环境生态工程枢纽组成，工业用地范围从几千到几万平方千米，其产业生态网络更为复杂、联系范围更为广泛，行业结构复杂多样，往往形成于矿产资源极为丰富、工业发达的地区。

我国在辽宁省、贵阳市等开展了循环经济省、市建设试点工作，但目前主要是在经济技术开发区、高新技术开发区、资源枯竭地区和老工业地区等建设一批生态工业园区，规模小，层次低，属于工业环境生态工程示范点、工业环境生态工程示范区和工业环境生态工程枢纽试点，还没有进行工业环境生态工程示范地区建设试点。未来我国要在工业环境生态工程示范区和工业环境生态工程示范枢纽试点的基础上，进行工业环境生态工程示范地区建设试点，如在矿产资源丰富或河湖交汇、铁路枢纽密集的辽东半岛、山东半岛、珠江三角洲、长江三角洲等工业发达地区，通过生态化改造，加强工业园区之间的虚拟产业生态联系，进行工业环境生态工程示范地区建设试点，实现更高层次的循环经济。

（二）按工业环境生态工程模式构建遵循的原则划分

合理的工业生态系统应该是"资源—产品—再生资源—再生产品"的物质循环流动生产过程，这是一种循环经济发展模式。该模式是以资源的高效利用和循环利用为核心，以"减量化（Reduce）、再利用（Reuse）、再循环（Recycle）"为原则，以低消耗、低排放、高效率为基本特征的社会生产和再生产方式，它融资源综合利用、清洁生产、生态设计和可持续消费等为一体，把工业生产活动重组为"资源利用—产品—资源再生"的封闭流程和"低开采、高利用、低排放"的循环模式，强调经济系统与自然生态系统和谐共生，其实质是以尽可能少的资源消耗和尽可能小的环境代价实现最大的发展效益。

"减量化"原则要求尽量减少进入生产和消费过程的物质和能源，从而在输入端预防和减少污染物的产生；

"再利用"原则要求尽可能多次利用或以多种方式利用资源和物品，避免物品过早地成为垃圾；

"资源化"原则要求尽可能把废弃物再次变成资源，循环使用。这三项原则分别在生产消费的输入端、过程中和末端起作用，以保证资源循环利用和清洁生产。

因此，我们也可以将工业环境生态工程模式按照其涉及的技术类型划分为减量化模式、再利用型模式和资源化模式三种类型，但同时，这三种类型的工业环境生态工程模式之间又存在着密不可分的联系，往往会形成一个生态工业共生模式。

1. 工业生产中的物质减量化模式

工业发展带来了物质上的富足、人们生活水平的提高，但同时也对人类健康和生态环境构成威胁。目前，世界人口增长迅速，如果我们既想在这样的条件下享有高水准的生活，又想把对环境的影响降低到最低限度，那我们只有争取在同样多的甚至更少的物质基础上获得更多的产品与服务。物质减量化（或非物质化）就是为解决这些矛盾而产生的一个概念，其宗旨，确切地说就是为了提高资源利用率。

物质减量化是工业生态学研究的一个重要领域，是在最大程度上循环利用材料和能源的同时，对工业和生态体系产生最小的破坏，即以最少的消耗换取最大的价值，这也是生态学原理在工业生态系统中应用的重要方面。

（1）物质减量化概念。物质减量化（Dematerialization）是指在生产过程中单位经济产出所消耗的物质材料或产生的废弃物量的绝对（或相对）减少，其基本思想是以最小的资源投入产出最大量产品的同时产生最小量的废品，即在消耗同样多的甚至更少的物质的基础上获得更多的产品和服务。

（2）物质减量化的意义。人类社会要发展就离不开工业生产，生产是一种物质转化过程，即投入某种实物资源（包括人力资源和信息资源），经过生产过程，产出能够满足人们需要的、具有高附加值的产品。在传统的工业生产中，实物资源的消耗是工业活动的前提，也是生产发展的基础，其中实物资源有可再生资源和非再生资源。非再生资源，如能源资源、矿物资源等，是工业化最需要的资源。目前，我国工业生产过程中现有的科技水平对资源利用率水平较低，非再生资源日益走向衰竭，这必将制约经济的发展。即使资源利用率大幅提高，在如此巨大的人口需求的压力下，这种趋势也难以避免。因此，资源的循环再生就显得非常重要，但循环再生也需要一定的条件，同时在生产和产品消费过程中，产生的各种废弃物也对人类赖以生存的环境构成威胁，资源和环境问题已经成为制约人类发展的重要因素，而人类的发展又要求经济的增长，这必然又会对资源和环境造成压力，物质减量化正是解决这一矛盾的有利途径。

（3）工业生产中的物质减量化途径：

① 通过能量再利用（Energy Reuse）实现能源投入减量化。能量的损失使我们不得不使用越来越多的原料来弥补能源利用效率的不足，但如果可以将这些损失的能量作为一种可收集的有价值的能源利用起来，供给其他生产生活使用，则可很好地实现工业生产中能源消耗的减量化。美国 Gillette 公司就通过合作生产过程等一系列措施将原本损耗的能量充分利用起来，节能达到了50%。而能量串级也是实现能量再利用的一个有效途径，即尽可能充分利用损失的能量，减少产能材料的利用。

② 提高产品质量及使用寿命。对工业生产的产品进行耐用设计，使得用于

生产、运输和废物处理等方面的能量消耗大大减少，也有利于工业生产物质减量化的实现。或对于原有的不利于环境保护和不利于物质再循环的产品进行再设计，也是减少物质利用强度的好办法。在产品的设计中，必须考虑到产品功能的替换能力。当一个用品完成了其使用功能之后，首要的问题是设法再利用这个产品或它的零部件和附件。最终，通过产品质量的提高，使用寿命的延长而达到减少资源投入的目的。

③ 新型替代材料的研发。为了设计出环境友好型产品，需要研发更好的智能环保材料。许多行业都通过应用先进材料替代来降低资源的消耗。例如，在汽车尾气处理中的催化剂组分，考虑用含量丰富的稀土金属来替代昂贵的铑；而在建筑行业中用质量小、强度高的合金来代替性质相反的材料，如轻质的玻璃、金属代替笨重的砖石。

④ 能源脱碳。能源脱碳是指采用相应的技术使燃料释放同等能量过程中产生出更少的碳产物。由于能源产品的重要性和特殊性，能源脱碳作为物质减量化的特殊分支已经得到广泛重视。

自工业革命开始以来，源自矿物以碳氢化合物形态出现的煤炭一直是最主要的能量供给元素，碳氢化合物（煤炭、石油、天然气）占我们地球开采物质的 70%以上。然而，煤炭矿藏也是许许多多问题的源头，如温室效应、烟雾、赤潮、酸雨等。过多二氧化碳排放所造成的温室效应是全球各国政府共同面临的世界性难题，减少矿物能源的使用，是缓解全球变暖这一世界性难题的重要途径之一。

我们鼓励以石油替代煤炭，以天然气代替石油，最好能通过各种途径，使用其他能源（如太阳能、水能和风能等）替代矿物燃料，或将矿物燃料转化使用，如将碳（用于长期地下或海底储存）和氢（用于能量载体）分开使用，最终实现矿物能源使用的减量化。

另外，对于矿物能源，必须注意其物质量的外观规模。能源产品是人类在地球表面运输量最大的物质。在散装货物的世界贸易量中占据主要地位，在各国国内贸易中亦如此。因此，理想的是缩短能源介质运输的距离，应该努力使之"减量化"，即借助于使用数量、能量比优越的介质，尽量减少运输所必需的基础设施，最终实现矿物能源运输的减量化。

（4）工业环境生态工程的减量化模式举例：

① 产品包装减量化。我国包装制品的生产和消费巨大，纸包装制品年产量已超过 1 400 万 t，塑料、金属和玻璃等包装制品均居世界第四位。大量的包装废弃物及其处理，给人类生存环境造成日益严重的污染。据统计，我国每年产生的垃圾，有 30%是包装废弃物，其数量达到 2 500 万 t，而包装用的塑料制品需

要 200 年以上才能被土壤降解吸收。由于产品包装中存在大量的不合理设计，包装选材不当和过度包装造成的对资源的浪费及其废弃物对环境的影响则更加严重。

面向物质减量化原则的产品包装，首先，应该制止过度包装，提倡适度包装。产品的过度包装增加了原材料消耗及加工制造成本、装卸和运输的成本，更进一步地增加了包装物废弃后的回收再利用和处理成本。在满足一般包装功能和外观要求的条件下，制止过度包装，提倡适度包装已成为包装减量化的最低要求。其次，包装材料要进行减量化设计。在美国、日本等经济发达国家，包装用五层瓦楞纸箱所占的比重大约为 10%，三层箱是瓦楞纸箱的主流产品；而我国五层箱占80%，三层箱使用不多。以此为例，可通过采用减少容器厚度、薄膜化、轻量化等方法使包装材料减量化。再次，合理地设计包装结构。通过合理的包装结构设计，提高包装的刚度和强度，节约材料，满足产品运输的安全性要求。如箱形薄壁容器，可采用在容器边缘局部增加壁厚的结构形式提高容器边缘的刚度；采用瓦楞状的结构，减小容器侧壁的翘曲变形等，达到减小壁厚，节省材料的目的。另外，不同的包装形状对应的材料利用率也是不同的，合理的形状可有效减少材料的使用，如球形、立方形和圆柱形等。

② 工业废水处理过程污泥减量化模式。工业废水生物处理过程中会产生大量的剩余污泥，这些污泥的处理和处置往往因为处理费用高、处理技术不成熟而成为污水处理系统良性运转的制约因素，导致处理系统效率降低甚至于运转不正常，并且带来二次污染。根据废水处理工艺的特点，从污泥产生的工艺单元着手减少污泥的产量，是污泥减量化研究工作的前沿。决定其实用性的关键是对处理效率的影响，因此需要特别的措施保证出水水质。

有实验研究表明，在厌氧好氧相结合的生物处理工艺中，控制厌氧进水温度、优化 UASB 反应器的结构以及调整污泥回流路线都能有效地减少废水处理过程中各工艺单元的污泥产量，并且经济可行。

2. 工业环境生态工程的再利用型模式

在资源严重短缺，人口、资源、环境、经济与社会追求协调和可持续发展的背景下，我们需要对传统经济发展模式进行深刻反思，找到一种实现生态持续、经济持续和社会持续三者和谐统一的可持续发展模式。其中，对工业生产中产生的废弃物以及正常产品使用后的循环再利用不容忽视。按照循环经济的模式，工业废物在工业经济系统内部的循环流动，不仅能延缓对生态环境的输出过程，而且对经济系统所输出的废物进行回用或无害化处理后，使废物以生态环境能够容纳的形态重新回流到环境系统中得到再生利用。它将工业经济系统作为子系统和谐地纳入生态环境系统中，促进两个系统的协调共生和发展。

（1）工业固体废弃物再利用模式。工业固体废弃物在工业经济系统与生态环境系统之间的循环流动，是一种深层次的循环。这种系统与系统之间的物质循环，实际上体现了工业固体废弃物在工业生产过程中的减量化、再利用和资源化。

工业固体废弃物再利用的模式将工业经济系统作为子系统和谐地纳入生态环境系统中，促进两个系统的协调共生。这种工业生产方式能够减少对自然资源和能源的索取，更有效地利用工业废弃物，将工业固体废弃物转化为可以继续利用的资源，形成资源—产品—再生资源—再生产品的物质流动闭合回路，最终顺畅地进入生态环境系统中，降低工业固体废弃物对生态环境的影响，为生态环境减轻负担，并且提供自我恢复的空间。另外，资源化了的工业固体废弃物作为新的资源和能源在降低自然资源消耗的同时，给工业经济增长提供了有力的支撑。该模式下，人与生态环境之间互动影响已不再是破坏生态环境、限制经济发展的障碍，而是表现为一种社会、经济和环境"共赢"的有利局面。

上海闵行区莘庄工业园区现有紫江企业集团股份有限公司、紫江特种瓶业、紫日包装、紫泉饮料、紫泉标签、紫藤包装、DIC 油墨等包装企业，在产业链的生态效率方面有巨大的挖掘潜力。通过企业间的物质、能量和信息集成，以紫江企业集团为核心，便可使企业间在生产过程中有效、合理，且最大化地利用资源。

以紫泉饮料作为终端的循环，紫江特种瓶业为其提供 PET 瓶坯，紫日包装材料为其提供塑料防盗盖，紫泉标签为其提供饮料瓶标签，这就是一种共生互补关系。同时，这些企业间也存在着副产品和废物的循环利用。即紫日包装材料的原料包装袋及固废物 100%回收和回用于生产过程中；紫泉标签的废膜和边角料部分在线造粒回用，部分送合同单位生产再生塑料制品；紫藤包装材料将收集的 PP 粉尘和废 MCP、CPP 膜部分在线造粒回用，部分送合同单位再制粒后生产塑料制品。

通过以上紫江集团包装生态产业链的运行，针对其中企业大多数是塑料生产和印刷企业，而且具有原料、副产品、生产工艺十分相近的特点，既能提高资源的有效利用率，又可促进企业技术创新的发展能力。

（2）工业生态系统中的水资源再利用模式。传统意义的城市水循环模式强调水资源的供给管理，其主要任务是通过建设供水设施，扩大供给能力以满足不断增长的用水量需求，这与我国淡水资源稀缺的现状极不相称。对于工业园区的用水问题，国家已作出明确规定，国家鼓励各类产业园区的企业进行水的分类利用和循环使用，而企业应当积极发展串联用水系统和循环用水系统，以提高水的重复利用率。为了实现上述目标，可以利用"减量化、水再使用、水再生利用、水再循环、水资源管理"的水循环经济模式，使生态工业园区成为水资源循环系统的有效平台，增加水资源在社会循环中的停留时间，使水资源得到充分利用，为削减工业用水量、提高用水效率和减少废水排放量等问题的解决提供新的思路。

水循环再利用模式，通过清洁生产和集成水系统的建立，实现用水的减量化；通过水资源的梯级利用和中水回用实现用水的资源化，根据工业生态系统内企业的用水性质不同，可将水资源分成超纯和极纯水、去离子水、饮用水、清洗用水、灌溉用水等，同时采用蒸汽冷凝回用、间接冷却水循环利用和封闭水循环等技术，在区内建立中水回用系统和再生水厂，使不同企业分别成为上游生产者和下游消费者。对于高科技工业园区，由于上游企业对水质的要求较高，这种梯级作用更加明显，因此对水的循环再利用更加有效。

表 4-1 为世界上几项污水重复利用的大型工程。

表 4-1　世界上几项污水重复利用的大型工程（引自《工业与生态》，2005）

国　家	工厂或项目名称	回用量/（万 m³/d）	用　途
美国	马里兰州伯利恒钢铁公司	40.1	炼钢冷却水
以色列	达恩地区	27.4	灌溉
美国	加州奥兰治和洛杉矶	20.0	工业冷却
波兰	费罗茨瓦夫市	17.0	灌溉、地下水回用
美国	密执安市	15.9	灌溉
墨西哥	联邦区	15.5	灌溉花园
沙特阿拉伯	利亚德市	12.0	石油提炼、灌溉
美国	内华达州动力公司	10.2	火电厂冷却水
日本	东京	7.1	工业用水

3. 工业环境生态工程的资源化模式

面对有限的环境资源，发达国家在 20 世纪 90 年代就把减少资源、减少物质使用的经济增长作为提高自己国际竞争力的目标，提出了在促进经济增长的同时，降低物质消耗和污染排放的任务。如欧美等国提出了在 21 世纪要实现经济大幅度增长而物质消耗减少一半的生态经济发展目标。

相比之下，我国在实现经济增长的同时，资源利用率与国际先进水平相比较低，即资源产出率低、资源利用率低、资源综合利用水平低和再生资源回收率低。例如，目前我国钢铁、电力、水泥等高耗能行业的单位产品能耗比世界先进水平平均高 20%左右；矿产资源总回收率为 30%，比国外先进水平低 20%以上；木材综合利用率为 60%，比国外先进水平低 20%；再生资源利用量占总生产量的比重，比国外先进水平也低很多。形成高污染、高消耗、低效益生产方式的原因，是长期以来沿袭线性经济发展模式，从生态环境中获取资源，再经过工业生产加工和使用之后，不经回收和处理直接排向环境的结果，并随着工业经济的高速发展，这种线性经济模式被强化后，对生态环境的干扰力度超过了自然环境的恢复和承受能力，导致人与自然之间的和谐关系遭到了破坏。要维持环境资源和生产发展的可持续能力，就必须在促进经济增长的同时顾及生态环境的承受能力和环境容量，从工业经济系统自身发掘资源、能源，从生产的全过程中实现废物资源化。

案例分析：上海闵行区工业废物资源化模式

闵行现有 12 个工业园区，大致可分为化工、包装、汽车、微电子通信、光电子、航天等产业，其中化工、包装等产业环境污染和资源利用问题更为典型和突出。对此，以吴泾和莘庄等工业园区为背景，运用循环经济和工业环境生态学的原理，对工业环境生态工程资源化模式作如下分析。

（1）综合性大型化工企业循环经济链模式分析。闵行吴泾化学工业园区现有40 多家化工企业，企业多以煤为主要原料，采用气化技术生产装置。传统的煤炼焦制气系统，主要产品是焦炭、城市煤气和化工产品等，在炼焦制气过程中焦炉在炼焦、加煤、出焦和熄焦过程中产生严重的大气污染和煤气净化过程中大量的废水。

其中，企业内部资源化模式以上海焦化有限公司为例：上海焦化有限公司是闵行区所属的上海市最大的煤气生产企业，占全市人工煤气总量的45%，也是冶金、化工、医药等行业重要原料和燃料的供应基地。该企业运用循环经济"3R"原则和理念，采用德士古气化技术，在生产甲醇、一氧化碳和氢气过程中，该公司设计和推行了如下循环生产链，见图 4-2。

从以上循环链和生产流程，可见其体现了资源投入最小化、废物利用最大化和污染排放的最小化。该公司还总结了构建循环经济链与促进企业可持续发展的3 个运行环节：

① 原料煤在制浆过程中，首先使用的是甲醇精馏产生的高浓度含甲醇废水约 15t/h。煤浆经德士古炉在高温、高压下进行汽化后产生的废渣，送制砖厂进行综合利用。甲醇合成过程中副产蒸汽，一部分回用，另一部分还可为周边的企业提供服务。

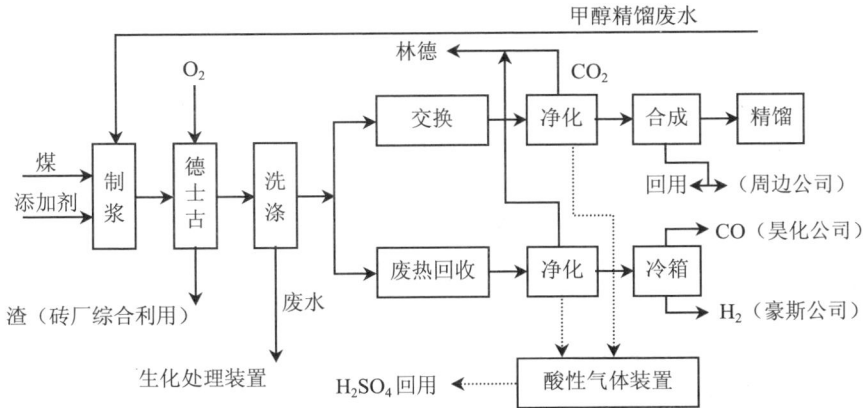

图 4-2　上海焦化有限公司循环生产链（引自刘书俊，2009）

② 该公司通过林德二氧化碳公司，以上述气体为原料，生产食品级液体二氧化碳，并以年产量 6 万 t 的产品进入许多国际著名饮料公司，解决了原设计中将产生温室效应的主要污染源即二氧化碳气体直接排入大气的问题。

③ 为减少 SO_2 排放量，该公司引进丹麦托普索 WSA 脱硫工艺，回收气体中的硫化氢。该工艺既可减少 SO_2 排放量，同时还可副产硫酸、1.5MPa 蒸汽回用。为此，还解决了原有传统工艺净化过程中产生的含硫化氢气体，进入煤气管道系统作为焦炉加热用，燃烧产生的 SO_2 高空排放对大气的污染问题。

企业间的资源化循环模式。以吴泾地区的化工基地为例：上海焦化有限公司毗邻京华化工厂、卡博特公司、双氧水公司、钛白粉公司、吴泾化工公司、氯碱公司、林德公司、申星化工公司等十多家企业，根据各自企业不同情况，运用卡伦堡工业共生体系原理，即借鉴卡伦堡的主要企业相互间交换"废料"（蒸汽、水和各种副产品），自 20 世纪 80 年代以来逐渐创造的一种体系，在循环经济和生态工业的实践中加以广泛应用，则能将上述企业有机的结合，进行"废物"交换，形成企业间的工业代谢和共生循环体系。

由上海焦化有限公司向周边毗邻企业提供自身生产中多余的蒸汽、氮气、氢气、甲醇等作为周边企业的生产原料之一，周边的小企业便可利用这一资源减少本企业的锅炉项目，从而减少环境污染；焦化公司将炼焦过程中产生的蒽油提供给卡博特公司，使卡博特公司利用蒽油在生产工程中，以重油裂解生产炭黑，由裂解产生的热量加热进入燃烧炉，使温度升至 800℃，将原来每吨产品需 1.9～2.1 t 原料降至只需 1.7 t 原料。同时，该厂还可利用反应炉生产的废气作炭黑产品的干燥气体，以替代原有的锅炉，减少了对大气的污染。

氯碱公司将氯乙烯生产过程中产生的副产物液碱提供给焦化厂，既可解决该公司废物排放问题，又可使焦化厂通过利用废碱水（主要成分为 Na_2CO_3 和 $NaHCO_3$）而降低生产成本；卡博特公司生产后的尾气输送给焦化公司的煤气加热系统，既提高资源有效利用，又减少了用"天灯"燃烧后直排大气的环境污染问题。

综上，吴泾地区的化工基地通过企业间"物质"交换，促进了企业各自的生产，创造了新的价值，减少了污染的排放，实现了经济效益和环境效益的双赢。

（2）相关生态产业循环经济链模式分析。其他相关产业亦可根据自身特点，建立发展相应的产业循环经济链模式，如纺织、服装业产业链。据上海市闵行生态区建设规划研究报告，以题桥、黑川等龙头企业为主导，整合上游生产资源（布料、辅料等供应商）和下游批发商，分销商和技术开发企业结合，形成纺、织、染、服一条龙开发，在结合的企业之间实行绿色供应链，提高资源利用率；废物资源化，不断提高纺织废料综合利用程度，用废旧服装面料生产再生纤维，回收的棉纶可用于生产尼龙料；将回收的纺织废料分类收集，统一管理交换与交易；通过资讯网络与其他纺织服装发达地区合作，利用闵行区位优势，集中力量发展来料加工、精加工和高附加值产品，最终淘汰污染严重的印染加工。

（三）按工业环境生态工程模式中企业间的相互关系划分

1. 依托型核心企业模式

这是依据工业环境生态工程模式中的一家或几家大型核心企业，许多中小型企业分别围绕这些核心企业进行运作，形成工业共生网络。由于核心企业的存在，一方面需要其他企业为它提供大量原材料和零部件，由此为大量相关中小企业提供了巨大的市场机会；另一方面核心企业也产生大量的副产品，如水、材料或能源等，当这些廉价的副产品是相关中小企业的生产材料时，也会吸引大量企业围绕其相关业务建厂。核心企业共生模式是生态工业园中最基本和最为广泛存在的组织形式。

2. 平等型商业模式

这是指在工业环境生态工程模式中，各个节点企业处于对等的地位，通过各节点企业之间（物质、信息、资金和人才）的相互交流，形成网络组织的自我调节以维持组织的运行，一家企业会同时与多家企业进行资源的交流，在合作谈判过程中处于相对平等的地位，依靠市场调节机制来实现价值链的增值，当两家企业之间的交换不再为任何一方带来利益时，就终止共生关系，再寻求与其他企业的合作。参与商业共生模式的企业一般为中小型企业。

3. 嵌套型模式

这是工业环境生态工程模式中的一种复杂网络组织形式，它吸收了核心企业模式和商业模式的优点，是由多家大型企业和其吸附企业通过各种业务关系而形成的多级嵌套模式。在该模式中，多家大型企业之间通过副产品、信息、资金和人才等资源交流来建立共生关系，形成主体网络，同时每家大型企业又吸附大量的中小企业，这些中小企业以该大型企业为中心又形成子网络。此外，围绕在各大企业周围的中小企业之间也存在业务关系，由此形成一个错综复杂的网络综合体。

第三节　工业环境生态工程技术

自从马世骏先生在 20 世纪 80 年代初提出生态工程以来，生态工程在我国经历了近 30 年的发展，取得了显著的成效。与此同时，运用生态学和工程学的理论和技术发展起来的生态工程技术也获得了很好的实践和应用。

一、工业环境生态工程技术的概念

（一）生态工程技术

生态工程技术通常被认为是利用生态系统原理和生态设计原则，对系统从输入到转换关系与环节直接输出的全部过程进行合理设计，达到既合理利用资源，获得良好的经济及社会效益，又将生产过程对环境的破坏作用降低到较低的水平。

国外对生态工程技术的理解基本上在于对环境无害及无污染的清洁生产技术、废物无害化与资源化技术、如何减少生产过程中废物产生与排放减量、废物回收、废弃物回用及再循环，并把生态工程等同于生态技术。而在我国生态工程技术与工艺方面也提出了自己独到的模式，如加环（生产环、增益环、减耗环、复合环和加工环）连接、优化原本为相对独立与平行的一些生态系统为共生生态网路，置换、调整一些生态系统内部结构，充分发挥物质生产潜力、减少废物，因地制宜促进良性发展。中国生态工程虽然起步较晚，但是发展很快，特别是在生产实际的应用中，更是取得了长足的进步，并取得了较大的成绩。

（二）工业环境生态工程技术

生态工程在环境保护中的研究与应用较为广泛，特别是在污染物和废弃物的处理与利用，污染水处理与湖泊、海湾的富营养化防治上更为突出。而我国长期以来在废物利用、再生、循环等方面积累了许多丰富的经验。

工业发展进程中，工业生产在提供产品的同时，耗费了大量宝贵的资源，占用了大量农田，产出了大量废料，这些废料在很大程度上污染了环境、损害了居民的健康、降低了生活的质量，灭绝了大量生物物种。这些都是曾经被人们忽视的工业生产的负面影响，工业污染造成的损失可能并不完全由造成污染的当事企业承担，而是转嫁给了社会，社会遭受的损失往往远大于企业所获得的利润。

在工业企业生产过程中，只有一部分原材料转化为产品，其余的大部分以废弃物的形式进入环境，造成环境污染。工业生产性污染往往同时包括大气污染、水污染、噪声污染等多种形态，对人体健康、生态系统平衡和社会发展都有很大的危害。针对这种情况，各种环境友好型的工业环境生态工程技术应运而生。

通过合理的生态设计，把传统技术和工艺改造成有利于实现材料投入和能源消耗减量化，废弃物资源化再利用和排放减量的生态工程技术及工艺，提高资源利用率，节约资源和能源，保护环境。工业环境生态工程技术是实现工业生产活动的经济效益、社会效益和生态效益三效统一所需采取的必要措施。

二、工业环境生态工程中的重要技术和方法

20 世纪中期以来，随着科学技术的发展，人们的生活发生了巨大的变化。工业迅速发展、城市化速度加快、人们的物质生活水平得到了显著的提高。人们曾经认为工业社会为人类发展带来了十分美妙的前景，因此理论家们认为西方国家所走过的工业化道路是所有发展中国家都必须经历的发展道路，也是发达国家将一如既往走下去的道路。然而，进入 21 世纪，工业现代化带来了一系列问题，如环境污染、生态平衡破坏、资源匮乏、人口剧增等，人们开始对传统的发展模式进行了反思。

工业化国家走过的是一条"高投入、高消耗、高污染和低效益"的"三高一低"的发展道路，而我们应该追求的是"低投入、低消耗、低排放和高效益"的"三低一高"的发展模式。只有坚持走这样一条新型的经济发展道路，我们才能真正实现缩短与发达国家之间的差距，走上富裕之路的美好愿望。同时，也无需

再承受工业化国家改造环境所产生的严重的生态后果。

（一）对传统工业技术的反思

工业文明的开始，无疑是人类发展史上的一个重要的里程碑。在科学技术的推动下，人类社会创造了前所未有的社会财富，而且在地球上建立了以人类为中心的庞大的人工生态系统。但技术是一把"双刃剑"，在人类对它肆无忌惮使用时，它不利于社会和人类发展的一面也渐渐表现出来。

正是由于认识上的不足，以及在技术使用时缺乏长远考虑和全面评价，新技术的大规模应用造成了许多严重的环境污染和生态破坏。在工业生产中，人类依靠技术从自然界得到的天然物质越来越多，但其有效利用率都极低，一般只有1%～1.5%，大部分作为生产废料排放到生物圈中，而这些废料往往含有有害物质，危害人类健康和动植物生长。另外，科技的进步，使人类有能力生产出大自然中不存在的化学品，可以说 20 世纪以来，化学品的应用极为普遍，甚至是无处不在。人类社会依靠化学品改善生活的同时，也付出了巨大的代价。如工业生产出来的发胶、打火机燃油、指甲油、家具擦亮剂、各种杀虫剂等，这些产品中都含有许多有毒有害的有机化合物，可能诱发疾病，危害人体健康。还有被我们称为"环境激素"的能对人和动物生殖功能产生恶劣影响的毒物，它们多数是人工合成的药物或有机化学品，可以通过相关工厂排放的"三废"物质进入环境。由于它们的分子结构与人类及动物体内的激素相似，一旦进入体内，就会与相关受体结合，产生一系列生物反应，最常见的是引起内分泌失调，危害生殖系统，并殃及后代。

面对这样的情况，我们需要注重开发新的环境友好型技术，尽量减少技术这把"双刃剑"对人类及环境有害的那一面。

（二）工业环境生态工程中的重要技术和方法

工业生态系统的健康有序发展，需要一系列的绿色技术来支撑。绿色技术主要包括预防污染的减废或无废工艺技术和绿色产品技术，同时包括必要的治理污染的末端技术。

1. 清洁生产技术

清洁生产在不同的国家和地区有不同的提法，如"少废无废工艺""无废生产""无公害工艺""废料最少化""污染预防""废物最少化"等，对其定义也多种多样。《中国 21 世纪议程》对清洁生产作出的定义是：清洁生产是指既可满足人们的需要，又可合理使用自然资源和能源，并保护环境的生产方法和措施，其实质是一种物料和能源消费最小的人类活动的规划和管理，将废物减量化、资源化和无害化，或消灭于生产过程中。清洁生产包括 3 部分：清洁的原料和能源、清洁的工艺技术和管理方法、清洁的产品。清洁生产技术是一种控制产品从产生到灭亡都不对环境造成大的危害的技术。

推行清洁生产也是一个系统工程，是对工业生产全过程以及产品的整个生命周期采取污染预防的综合措施。清洁生产兼顾了经济效益和环境效益，最大限度地减少了原材料和能源的消耗，实现了在生命周期内对产品进行全过程的管理，从根本上解决了环境污染与生态破坏的问题，带来很高的环境效益，同时还可以在技术改造和工业结构调整方面大有作为，创造显著的经济效益。清洁生产可以说是绿色工业技术体系的核心，之后介绍的产品生态设计，物料、能源的回用技术等都可以算作清洁生产技术的一部分。这一部分在以后的章节中还有详细的介绍。

2. 产品的生态设计

产品作为联系生产与生活的中介，与人类所面临的生态环境问题密不可分。如果以产品为核心，把产品生产过程以及产品的使用和用后处理过程联系起来看，就构成了一个产品系统，包括原材料采掘、原材料生产、产品制造、产品使用，以及产品用后的处理与循环利用。在产品系统中，作为系统的投入（资源与能源），造成了资源耗竭和能源短缺的问题，而"三废"排放作为系统的输出，又造成了环境污染问题，因此所有的工业环境生态问题无一不与产品系统密切相关。因此，如何进行产品生态设计，开发和设计出符合环境标准的环境友好型产品是工业环境生态工程中的一项重要技术。

3. 生态（环境）材料

环境材料（Eco-materials）是指与生态环境相容或协调的材料，即从开采、产品制造到应用、废弃或再循环利用，以及废物处理等整个生命周期中对生态环境没有危害、能够与生态环境和谐共存，并有利于人类健康，或能够自我降解、对环境有一定的净化和修复功能的材料。它是对资源和能源消耗最少、生态影响最小、再生循环利用率最高，或可分解使用的具有优异使用性能的新型材料，具备净化、吸附和促进健康的功能，包括循环材料、净化材料、绿色能源材料和绿色建材等。

现代环境材料技术主要有：纳米材料、超导材料、生物材料、特种陶瓷、高分子材料、半导体材料、光通信材料、磁记录材料、航天复合材料、金刚石和超硬材料、超晶格和非晶态材料等。以纳米技术在环保及生态工程上的应用为例，生产纳滤膜用于废水处理；絮凝剂中混入一定的纳米粉体，可改善絮凝效果；生产纳米冷却剂替代循环冷却水，可以节约水资源；冶金炉渣生产纳米粉体用于生产水泥、涂料、陶瓷和玻璃等。

4. 废物资源化、再循环和重复利用技术

这是工业生态系统重要的技术载体，包括资源重复利用技术、能源综合利用技术、废物回收综合利用技术、产品替代技术等。如进行水的重复利用技术研究，尽量减少对水的需求和最大限度地减少进入水处理系统和生态系统的废水量。同时研究能源替代和物质回收技术，围绕企业废物和副产品开发重复利用的新工艺使工业生态系统提高交换废物与材料的能力，主要是研究如何把废物变成可用于其他企业（或用途）的转化和分离技术。

5. 污染末端治理技术

污染末端治理技术，主要是指传统意义上的环境工程技术，其特点是不改变生产系统或工艺程序，只在生产过程的末端通过净化废物实现污染控制。

（1）相关污水处理和废水回用技术。废水中所含的污染物是多种多样的，其物理和化学性质各不相同，存在形式、浓度也不相同，因此对不同水质的废水要采用不同的处理方法。按处理原理不同，可将废水处理方法分为物理法、化学法、物理化学法和生物处理法四类。其中，物理法包括重力分离、过滤法、离心分离、反渗透等；化学法包括沉淀法、絮凝法、中和法、氧化还原法等；物理化学法包括吸附法、离子交换法、电渗析法等；生物处理法包括好氧生物处理法（活性污泥法、生物膜法）和厌氧生物处理法等，如 A/O、A^2/O、SBR、氧化沟法等。按处理流程又可将废水处理分为一级处理、二级处理和三级处理。其中，一级处理包括沉淀和絮凝，阻垢与缓蚀，杀菌灭藻等；二级处理包括传统活性污泥法 A/O、A^2/O，SBR 法，氧化沟法，向上曝气活性污泥法等；三级处理包括膜分离技术，超临界水氧化法，生物絮凝法，人工湿地生态治理技术等。

经过使用后的"废水"其实具有重要的回用潜力，如能将可靠的废水作为第二水源积极地予以开发利用，不仅可以促进水污染治理，保护生态环境，同时还能缓解水资源紧缺的局面。将再生水回用于用水比例很大的工业生产，如用做工业冷却水、冷却系统的补充水；工艺用水和锅炉上水；冲水和洗涤水；或者厂区灌溉、防尘用水。同时，还可通过中水工程的中水再生回用技术，将城市污水资

源回用于工业生产。

（2）大气污染的治理技术。工业生产过程中的大气污染物类型主要有烟尘、工业粉尘等气溶胶状态污染物，以及硫氧化物、碳氧化物等以分子状态存在的气态污染物。因此，相应的就有烟尘及工业粉尘治理技术和气态污染物治理技术。

治理烟尘及工业粉尘的方法和设备有很多，各具不同的性能和特点，必须根据大气污染物排放的特点、烟尘自身的特性、要达到的除尘效果，结合除尘方法和设备的特点进行选择。常见的颗粒物治理方法主要有重力除尘、离心力除尘、湿式除尘、过滤式除尘和静电除尘等。

气态污染物种类繁多，特性各异，因此相应采用的治理方法也各不相同。常用的有吸收法、吸附法、催化法、燃烧法、冷凝法等。其中，吸收法是分离、净化气态污染物最重要的方法之一，在气态污染物治理工程中，被广泛应用于治理二氧化硫、氮氧化物、氟化物、氯化氢等废气中。

（3）固体废弃物的处理及回收利用技术。工业固体废弃物就是从工矿企业生产过程中排放出来的废物，通常又称废渣。主要包括以下几种：

① 冶金废渣。金属冶炼过程中或冶炼后排出的所有残渣废物，例如高炉矿渣、钢渣、有色金属渣、粉尘、污泥、废屑等。

② 燃料废渣。主要是工业锅炉，特别是燃煤的火力发电厂排出的大量粉煤灰和煤渣。

③ 化工废渣。化学工业生产中排出的工业废渣主要包括电石渣、碱渣、磷渣、盐泥、铬渣、废催化剂、绝热材料、废塑料、油泥等，这类废渣往往含有大量的有毒物质，对环境的危害极大。

④ 建材工业废渣。主要有水泥、黏土、玻璃废渣、砂石、陶瓷、纤维废渣等。在工业固体废弃物中，还包括机械工业的金属切削物、型砂等，食品工业的肉、骨、水果、蔬菜等废弃物，轻纺工业的布头、纤维、染料，建筑业的建筑废料等。我国每年排放的这些废渣达 1.3 亿 t 之多。

固体废弃物处理通常是指通过物理、化学、生物、物化及生化方法把固体废弃物转化为适于运输、贮存、利用或处置的过程。目前采用的预处理技术主要包括压实技术、破碎技术、分选技术、固化技术、焚烧和热解技术、生物处理技术、固废制沼气技术等。

固体废弃物的回收利用技术很多，以高炉矿渣的利用为例。高炉矿渣是冶炼生铁时从高炉中排出的一种废渣，是由脉石、灰分、助熔剂和其他不能进入生铁中的杂质所组成的易熔混合物。高炉矿渣可用于生产矿渣水泥、矿渣砖和湿碾矿渣混凝土制品等。还可以用来生产一些用量不大而产品价值高，又有特殊性能的高炉渣产品，如矿渣棉及制品、热铸矿渣、矿渣铸石及微晶玻璃、硅钙渣肥等。表 4-2 为全国主要化工固体废物处理技术概况。

表 4-2　全国主要化工固体废物处理技术概况（引自《工业与生态》，2005）

化工行业及废弃物	废物处理和利用技术	化工行业及废弃物	废物处理和利用技术
无机盐工业		氮肥工业	
铬渣	铬渣干法解毒技术	造气炉渣	制煤渣砖技术
	铬渣制玻璃着色剂	锅炉渣	制煤渣砖技术
	铬渣制钙镁磷肥		制水泥技术
	铬渣制钙铁粉等		制钙镁肥技术
磷泥	磷泥烧制磷酸	硫酸工业	
电炉黄磷渣	掺制硅酸盐水泥	硫铁矿烧渣	烧渣制砖技术
氰渣	高温水解氧化法处理		氰化法提取金、银、铁技术
氯碱工业			高温氯化法处理技术
含汞盐泥	次氯酸氧化法处理	废催化剂	从含钒催化剂中回收 V_2O_5 技术
	氯化硫化焙烧法处理	有机原料及合成材料工业	
非汞盐泥	盐泥制氧化镁技术		
	沉淀过滤法处理	废母液	分步结晶法回收季戊四醇母液
电石渣	电石渣生产水泥	蒸馏残液	缩合法处理甲醛废液
	电石渣制漂白液		有机氟残液焚烧处理技术
	做路面基层材料/技术	污泥	回转窑焚烧混合污泥技术
磷肥工业		染料工业	
电炉黄磷渣	制水泥技术	含铜废渣	含铜废渣中回收硫酸铜技术
磷泥	磷泥烧制磷酸技术	废母液	氯化母液中回收造纸助剂和废酸
磷石膏	制硫酸联产水泥	感光材料工业	
	制α-半水石膏粉、球	废胶片	废胶片和银回收技术

6. 生态恢复技术

生态恢复是将受损的生态系统从远离初始状态的方向推移至初始状态，是在生态系统层次上进行人工设计的综合过程。在遵循自然规律的基础上，根据"技术上适当、经济上可行、社会能够接受"的原则，使受损或退化的生态系统重构或再生。

矿区的开采往往造成土壤及植被的破坏，无论是表层开采还是深层开采都造成土壤被大量迁移或被矿物垃圾堆埋，造成了整个生态系统（包括自然生态系统和工业生态系统）的破坏。因此，生态恢复技术对矿区环境的改善尤为重要。

三、工业环境生态工程技术应用实例

（一）产品生态设计应用实例

1. 施乐公司的 DFE 项目

（1）项目简介。1997 年，施乐公司采用 DFE 原则开发了一种多功能的办公自动化机器，集传真、打印、复印、扫描于一体，而且可以与网络互联，具有较大的灵活性；具有完全开放的体系结构，便于升级；支持多种辅助设施及技术革新。

（2）项目目标。实现无废生产，提高未来市场的竞争力，减少产品在整个生命周期的环境影响，开发无害技术和产品。

（3）具体的环境设计方法和技术。在施乐公司的 DFE 项目中，具体的环境设计方法、技术体现在以下几个方面：

① 公司将能源协会和欧洲生态标志的标准作为开发产品的指南，通过 ISO 14000 环境管理体系认证，建立公司环境管理系统，在全球范围内开展环境影响评价项目。

② 建立原材料的环境影响数据库，便于设计者选取毒性影响最小的原材料。

③ 用产品再循环标志或再利用标签，向用户说明产品各个部分再利用的方法。

④ 产品的拆卸过程考虑环境设计。

⑤ 产品单元部件比同类产品少了 80%～90%，因此机器的运行噪声比美国政府规定的最低噪声标准低 30%～60%。部件的减少也降低了能源以及原材料的消耗，所消耗的能源少于 US 能源协会规定标准的 50%。

⑥ 用户使用产品的"第六感"诊断系统，减少了上门服务的交通环境影响，也提高了效率。

⑦ 无废包装。

⑧ 无废工厂。公司投资超过 1.5 亿美元开展无废工厂项目，实现了 90% 废物的再利用。

⑨ 无皮办公室。实行能源管理，配合数字自动化文档管理，其目的在于减少时间、金钱、精力、空间、能源的消耗和纸张的使用，回收顾客的产品用于再利用。

2．中国办公家具

哈尔滨工程大学和哈尔滨四达家具实业公司合作，通过对该公司及周围情况的分析，连同与四达公司产品有关的环境问题的数据设计了能使环境影响降低的战略。形成了一个在隔断方面独具特色的办公室装备系统，是一种相当廉价、易生产和有吸引力的办公室家具系统。通过设计，使得家具系统的质量减轻 46%，能耗降低 67%，酚醛树脂减少 36%。办公室的布局变得更加灵活、效率更高，隔墙具有照明（传播白天光线）和吸音特性。

3．芬兰专业咖啡机的回收和重复利用

Veromatic 是开发、生产和销售饮料机的一家芬兰公司。因公司有回收产品义务，故成立项目组，对产品回收问题进行研究，确定哪一种回收和重复利用体系的生态意义和经济效益最高。

经过研究，提出了 4 种方案：公司内拆卸、重复利用部件和材料；由一家再循环公司拆卸、重复利用零部件和材料；公司内选择性拆卸，其余部分送往粉碎公司；收回的全部产品都送往粉碎公司，重复利用材料。利用生态设计战略产生 2 种改善方案：短期和长期实施的改善方案。

（1）短期。研究表明，利用聚乙烯隔热，可使锅炉的规格从 4L 缩小到 2L，这样流失到空气中的能量可从 44%减少到 30%。

（2）长期。从长期来看，通过改善该机器的设计，可以重复利用有价值的部分，而且其他部分可以再循环。

（二）人工湿地技术处理工业污水

湿地，是介于陆地和水体之间的过渡带，其表面常年或经常覆盖着水，或充满了水，它是地球上生物多样性丰富和生产力较高的生态系统。另外，湿地中还有许多挺水、浮水和沉水植物，它们能够在其组织中吸附金属及一些有害物质，很多植物还能参与解毒过程，对污染物质进行吸收、代谢、分解、积累及水体净化。

人工湿地，可在减少污染的同时创建一片绿洲；北京石景山区的人工合成湿地技术是一种高效潜流式人工湿地污水处理技术，是人工湿地的核心技术，处于人工湿地技术研究的最前沿。

北京市石景山区西部的北京军区联勤部，由于处在市政管网未及的环境"死角"，多年来都为水苦恼。经多方考察、专家论证，并比较了生物污泥法、工业

处理法等多种污水处理方法后，最终决定采用既能就地处理污水又节省经费的人工合成湿地技术。

污水进入湿地前，先要经过沉淀池和格栅井"筛"去漂浮物和污泥，其中的一片湿地专门处理污泥，土地表面结成了一些黑壳。湿地里填充有特殊配备的 1m 深的人工介质，通过液位调节器让污水保持在水床最低位运行，污水通过两层管道在湿地内运行两天后排出。排进人工湿地的黑水，流进储水池后就变得清澈见底。该湿地不仅治污效果喜人，而且经济效益显著。处理后的水收集起来，除用作绿化外，还能做景观用水。由此带来了 13 000 m² 的曲面绿地、明澈见底的汩汩清流，每年节省上百万元买水费用。该人工湿地污水处理工程已正常运行，湿地中的芦苇长势喜人，引来了青蛙、蝴蝶、麻雀和野兔等前来嬉戏，生态效益良好。

该工程是把人工潜流湿地和中水回用合一，将污水通过管道输送到人工土壤介质中，在水床最低位运行，表面种植植物，类似于微灌、滴灌，用这种方法处理污水，污染物去除率高，整个湿地系统轻松"过冬"，且不滋生蚊虫、没有臭味。潜流式人工湿地污水处理技术也是环保安全的技术，它利用聚氯乙烯制成的防渗膜，能根本杜绝污染地下水。

用人工湿地来处理生活污水效果很好，一般出水的 COD 能达到 30 mg/L 以下，BOD 能达到 10 mg/L 以下，远远优于国家排放标准，可以达到地面水三级标准。而有关研究表明，在以二级污水处理厂出水作为原水的条件下，人工湿地对 BOD_5 的去除率可达 85%～95%，COD 去除率可达 80%以上，处理出水中 BOD_5 的浓度在 5 mg/L 左右；湿地对氮、磷也有很高的去除率，可达到 70%以上，而传统的污水回用工艺对氮、磷的去除率仅能达到 20%～40%。

人工合成湿地技术无需曝气、投加药剂和回流污泥，也没有剩余污泥产生，因而可大大节省运行费用，通常只消耗少量电能，用于提高进水水位（如果水位无需提升则无此项费用），处理费用一般不会超过 0.10 元/m³，据国外有关资料，人工湿地污水回用工程处理费用在美国为 0.002 5～0.025 美元/t。因此，该技术具备建设成本、运行管理费用低廉的特点。据保守估计，建设投资是污水处理厂建设费用的 2/3，运行管理却可能达到 1/8 甚至 1/10。对于人工合成湿地占地面积大的问题，可结合园林绿化来弥补，因地制宜。

（三）鞍钢集团公司的矿山生态恢复措施

由于长期开采，在鞍山市周边形成了 2 500 多 hm² 的排岩场和 1 700 多 hm² 的尾矿坝，被鞍山市民称为"城市沙漠"。为了防止水土流失，减少对环境的影响，鞍钢从 2000 年开始制订了 5 年矿山生态恢复计划，使"城市沙漠"变成绿洲。对齐大山铁矿等 20 世纪 90 年代开始开采的新矿山，实行边开采矿山、边恢复治理生态的措施，对占地约 252 hm² 废弃尾矿坝进行生态恢复治理，建成树木品种繁多的生态园。对眼前山铁矿的废弃排岩场、齐大山铁矿的废弃尾矿坝全部进行了生态恢复再造，取得显著的社会和环境效益。此外，鞍钢还实施了渣山绿化工程，原堆存历史沉渣的渣山小区域生态环境已经形成。

工业作为主要的物质生产领域，社会关注的焦点往往是它的积极结果：生产了多少产品，创造了多少利润，提供了多少就业机会，生活水平提高了多少。这些都是工业的正面功能。工业生产消极的一面，例如工业在提供产品的同时，消耗了多少宝贵的资源，占用了多少农田，产出了多少废料；这些废料在多大程度上污染了环境、损害了居民的健康，降低了生活质量，灭绝了多少生物物种；在创造利润的同时，因污染造成了多少经济损失。这些容易被忽视的负面效应如果得到我们的重视，运用适当的方法和技术进行处理，才能促进工业生态系统更好的发展。

思考与练习

1. 何谓工业生态系统？什么是工业生态化？它的实现方法和途径有哪些？
2. 工业环境生态工程的定义，试列举它的具体类型。
3. 什么是物质减量化，它具有什么样的重要性和意义？
4. 试列举工业环境生态工程中的主要技术。
5. 工业生产中带来的环境问题主要有哪些？相应的治理技术有哪些？

参考文献

[1]　于秀娟，等. 工业与生态[M]. 北京：化学工业出版社，2005.

[2]　王发明. 循环经济系统的结构和风险研究——以贵港生态工业园为例[J]. 财贸研究，2007（5）：14-18.

[3]　李素芹，等. 工业生态学[M]. 北京：冶金工业出版社，2007.

[4]　洪冰. 造纸行业清洁生产案例分析及对策[J]. 环境保护与循环经济，2007，27（5）：19-22.

[5]　芮加利，王子彦. 工业生态系统类型及稳定性的相关性探讨[J]. 环境保护与循环经济，2009（5）：49-51.

[6]   刘超，惠晔，王长浩. 基于工业生态学的产品包装减量化[J]. 产业经济，2008（2）：264.

[7]   刘书俊. 循环经济与工业生态系统运行实例分析[J]. 环境科学与技术，2009，32（3）：197-200.

[8]   陈曦. 工业废水处理过程污泥减量化研究[J]. 环境工程，2007，25（5）：97-99.

[9]   慈福义，陈烈. 中国循环工业与布局若干问题探讨[J]. 区域经济，2005（10）：14-17.

[10]   杨洁，陈小敏. 基于循环经济的生态工业园区建设模式及机制[J]. 河北理工大学学报（社会科学版），2009，9（4）：51-53.

第五章　城乡人居环境生态工程

先进的科学技术创造了工业文明，史无前例地释放了巨大的生产力，促进了城乡的大发展，同时也为人类生存环境带来了空前的危机。当今社会从过去发展的经验教训中认识到，需要适应新的形势，转变发展模式。人居环境科学也要适应形势的需要，积极地加以发展。

第一节　人居环境概述

一、人居环境的概念

"人居环境"中"环境"是平台，"居"是行为，"人"是主体，即是人类聚居生活的地方。其最初来源于第二次世界大战后希腊学者道萨迪亚斯（C. A. Doxiadis）提出的"人类聚居（Science of Human Settlement）"这一概念。人居环境是人类工作劳动、生活居住、休息娱乐和社会交往的空间场所，是与人类生存活动密切相关的地表空间，包括自然、人类、社会、居住、支撑五大系统。

（一）人居环境的形成

人居环境的形成是社会生产力的发展引起人类的生存方式不断变化的结果。在这个过程中，人类从被动地依赖自然到逐步地利用自然，再到主动地改造自然。

在漫长的原始社会，人类最初以采集和渔猎等简单劳动为谋生手段。为了不断获得天然食物，人类只能"逐水草而居"，居住地点既不固定，也不集中。为了利于迁徙，人类或栖身于可随时抛弃的天然洞穴，或栖身于地上陋室、树上窠巢，这些极简单的居处散布在一起，就组成了最原始的居民点。

随着生产力的发展，出现了在相对固定的土地上获取生活资料的生产方式——农耕与饲养，而且形成了从事不同专门劳动的人群：农民、牧人、猎人和渔夫。

农业的出现和人类历史上第一次劳动分工向人类提出了定居的要求，从而形成了各种各样的乡村人居环境。

这种真正的人居环境最早出现于新石器中期，如我国仰韶文化的村庄遗址。随着生产工具、劳动技能的不断改进，劳动产品有了剩余，产生了私有制，推动了又一次大规模的劳动分工——手工业、商业与农牧业的分离。手工匠人和商人寻求适当的地点集中居住，以专门从事手工业生产和商品交换，于是，距今大约5 500年前，以担负非农业经济活动为主的城镇应运而生。尼罗河下游的底比斯、孟菲斯，两河流域的伊立、巴比伦，印度河流域的哈拉帕、莫哼卓达罗，黄河流域的亳、殷、镐京等，就是世界上最早形成的城镇。

（二）人居环境的发展

作为人类栖息地，人居环境经历了从自然环境向人工环境、从次一级人工环境向高一级人工环境的发展演化过程，并仍将持续进行下去。就人居环境体系的层次结构而言，这个过程表现为：散居、村、镇、城市、城市群和城市带等。

人口规模的变化显示了人居环境规模演化的基本特征。这个演化过程大致经历了3个阶段。在工业革命以前的漫长时期，农业和手工业生产缓慢发展，不要求人口的大规模聚集，各种人居环境的规模基本上处于缓慢增长状态。工业革命以后一直到20世纪60年代，世界各国先后进入城镇化时期，城镇规模急剧扩大，而乡村规模相对稳定（某些地区甚至有所缩小），形成人口从乡村到小城镇，到中等城市，到大城市的向心型移动模式。另外，随之兴起的第三产业以生产服务、科技服务、文化服务和生活服务功能等从多方面支持了城镇化，并进一步扩大了就业门路，赋予城镇新的吸引力。20世纪60年代以后，人居环境规模的演化进入第三个阶段。在发展中国家，工业化主导城镇化的进程正处于上升时期，城镇人口，尤其是大城市人口一直处于持续增长状态。1952年我国有大城市19个，1985年增加到52个，增加了1.74倍，大城市人口从3 231万人增长到6 941万人，增长了114.8%。在发达国家，这一阶段却出现了新趋向。由于人口的高度密集，城市环境质量下降、用地紧张的矛盾不断加剧，城镇化的速度已大大减缓，甚至出现了大城市人口减少、小城镇人口增加，市中心区人口减少、郊区人口增加的逆城市化现象。

伴随着人居环境的演化，其地域形态也处于不断地发展变化之中。乡村地域形态的演化较简单，从零散分布的农舍到以中心建筑物或主要街道为线索布置的各类用地，就基本上完成了地域形态的演化过程。城镇地域形态的演化比较复杂。我国古代城镇基本上是以权力机构为中心的对称棋盘格形式，这与欧洲以教堂、宫殿或广场为中心展开布局的城镇同属原生城镇。随着生产力的发展，城市不断成长扩大，东西方城市殊途同归，都趋于树木年轮一样的单核同心圆式城市。资本主义早期，产业的迅猛发展使城市恶性膨胀，但城市仍固守原来的中心，地域的扩展从摊大饼式的漫溢发展转为沿交通线的蔓延，城市地域形态逐渐演化为单核多心放射环状。在近现代，为了克服城市病，人们设想以大城市郊区的"飞地"为新的成长核心来分散中心城市的压力，从而出现了多核城市和星座式城镇群。人们在城市规划与建设的实践中逐渐认识到，城市沿既定方向作极轴形扩展有很大优越性，于是产生了定向卫星城、带状城市和锁链状城镇群等。

二、人居环境的种类及其特征

如前所述，人居环境涵盖所有的人类聚居形式，通常可以把它分为乡村、集镇和城市三大类，其中镇是处于城市和乡村的中间过渡类型，因此，常有"城镇"、"乡镇"并提的情况。

（一）城市人居环境概述

1．城市人居环境的概念

城市人居环境是人居环境划分的五大层次（全球、区域、城市、社区、建筑）人居环境单元中的中间层次，是包括城镇到大城市的中等规模的人类聚居，同时也是人类影响、改造自然环境最强烈的地方。从内涵上看，城市人居环境具有多元性，既是环境问题，也是社会问题，更是经济问题，其质量好坏不仅影响城市居民的生活质量，而且关系到城市的可持续发展。目前，我国国内对人居环境的研究多集中在城市人居环境方面。

2．城市人居环境的特征

城市人居环境是人居环境中的一个部分，其重要性越来越突出。城市人居环境既有一般人居环境的特点，又有其自身的特征。

（1）高强度的聚集。城市人居环境是物质、能量、人口、资金等要素和生产、生活、交通等功能高度集聚的区域，其特点是在有限的自然空间内积聚了高强度的能流、物流和信息流，所以，城市人居环境在本质上存在着较高的风险——有限自然空间与高强度人类活动的矛盾，以及不同利益群体对有限自然空间的竞争性使用。

（2）高强度的组织化。在城市这个人口密度高、活动规模大、自然因素有限的特殊空间内，人们的行为必须得到较高程度的组织，在生活、生产、流通等方面具有非常严密的组织，才能维持城市环境本来就比较脆弱的内部平衡，因此，城市具有较高程度的组织化。这是城市比其他人居环境类型具有更高组织效益（效应）的内在原因。但城市人居环境高度的组织性并不能掩盖其所具有的脆弱的特点，因为从本质上说，城市人居环境不是一个自给自足的系统，而是一个依赖外力才能维持和生存的系统。

（3）高度的内在扩张性。城市人居环境的主体——城市人类主要生活在人造环境中，他们虽然不可能脱离自然环境而生存，但城市人类对自然环境的依赖性逐渐淡化，而发展物质文明和人造环境的积极性却不断增加，并且不断地扩大其领域和范围，这是城市人居环境的扩张性特征。城市人居环境的扩张性是与城市经济系统具有的扩张性相对应的。城市经济系统的扩张性，一方面与人类具有不断提高对物质和精神享受的追求的本能有关，另一方面也与经济系统的运行目标和运行规律有关。城市人居生态环境的扩张性与生态学中种群不断扩张个体数量和空间区域的潜在态势具有内在一致性。

城市发展对周边地区肥沃良田的侵占，早就是国际组织所密切关注的问题。城市人居环境的扩张性也是与城市人类掌握的空前的能力分不开的。在长久而艰难的演化过程中，由于科学与技术的快速发展，人类现已能够利用难以计数的方法，前所未有地大规模改造其生存环境。

（4）演进过程中具有显著的外涉效应。城市人居环境在发展过程中不断改造周边的自然环境以适应自己的需求。随着城市人居环境在地域上的扩张，城市在地区和国家中的地位和作用越来越重要，其引致的外涉效应也越来越突出。在众多的关于城市人居环境发展的外涉效应的论述中，绝大部分强调其负面影响。如布兰达和维尔在他们合著的《绿色建筑——为可持续的未来而设计》一书中指出："本质上说，城市是在地球这个行星上所产生的与自然最为不合的产物。尽管世界上的农业也改变了自然，然而它考虑了土壤、气候、人类生产和消费的可持续性，即它还是考虑自然系统的。"

城市则不然，城市没有考虑可持续的未来问题。现在城市的支撑取决于世界范围的腹地所提供的生产和生活资料，而它的耗费却反馈到环境，有时还污染到很大范围。著名美国生态学家 E. P. Odum 把城市称为"生物圈唯一的寄生虫"，并认为城市的发展在某种程度上损害了周围的自然环境。日本生态学家中野尊正认为，"城市是在破坏自然、损伤自然中逐渐扩大起来的。"Laszlo 指出："城市的集中、工业联合企业、滥用技术或不适当的技术以及不适当的能源结构产生污染、引起森林砍伐、触发气候变化、减少世界农业产量。这些情况与人口数量的不断增长结合在一起，对环境造成了无法承受的负担。"更有甚者，有的学者认为"城市是人类技术进步、经济发展和社会文明的结晶，也是环境污染、生态赤字和社会混乱的渊源。"其中，对城市人居环境的负面外涉效应阐述最为严厉的是 Franco Archibugi。他指出，全球环境危机与城市、城市规划之间有着密切的关系。他认为，人们从来没有考虑到，大多数严重污染和自然环境衰退的根源来自城市本身。城市是一个对环境有危害的因素，是一个对生态系统起着干扰作用的因素。

当然，也有与上述观点相左的论述，如"生态城市运动"的倡导人 Richard Register 认为，从导致生物物种灭绝和减少的原因看，城市本质上并不是造成这一问题的全部原因，郊区和乡村的居民也有责任。

3. 城市人居环境可持续发展内涵及其特性

（1）城市人居环境可持续发展内涵。从目前最普遍的可持续发展观点来看，城市人居环境可持续发展，应该是指城市的人工聚居环境、自然生态环境和社会经济环境协调、持续的发展。即在一定的时空尺度上，以适度的人口、高素质的劳动力、"以人为本"的人类聚居条件、"人与自然相协调"的生态环境、无污染或少污染的环境质量、高投入的环境建设资金、可持续利用的资源及其合理消费、稳定安全的社会环境，取得资源的合理利用、生态环境的有效保护，优化城市人居环境，促进城市化，从而既满足当代城市人类聚居的需求，又不影响未来城市人类聚居发展需求。这是狭义的城市人居环境可持续发展概念。具体而言，城市人居环境可持续发展包括下面几层含义：

① 城市住区可持续发展。住宅与居住环境是城市居民聚居生活的重要场所，是城市人居环境的微观层面，因此，城市住区可持续发展是城市人居环境可持续发展的核心内容。城市住区的可持续发展，就是关注城市居民住房与居住环境问题，突出政府的推动、导向作用，把住宅开发与居住环境建立在可持续发展的基础上，城市住区可持续发展思想具体表现在住宅功能的人性化、住区环境美化方面。根据《广州市生态城市规划纲要》，广州市生态住宅以人为本，住宅功能由"有房可住"的生存功能，向实用型、舒适型、健康型、美观型发展。生态型住区的空间布局提倡"开放空间优先"观念，把住宅建设密度控制在 30%以下，小区的绿地率不得少于 35%。建筑设计应根据城市大环境及其区位确定主题定位，在园林设计、建筑造型、社区服务等方面突出特色。住区还有充足的日照、清新的空气、良好的通风、洁净的水面，一改目前住区商业、居住、工业多功能混杂的状况。

② 城市基础设施可持续发展。基础设施是城市各种经济、社会、物质实体

的支撑系统和承载体，城市人居系统结构的可持续性是与城市基础设施的容量密切相关。城市基础设施具有生产性，这在城市经济性基础设施上表现尤为突出；城市社会性基础设施能够保证和推动人的全面发展和社会的进步；城市环境性基础设施主要是改善城市生态环境质量，保证城市社会经济发展有牢靠的自然基础。上述三大类城市基础设施（即经济性、社会性、环境性基础设施）各自的主要功能特征分别是促进经济发展、推动社会进步、维护生态平衡，但每一类设施的建设具有综合效益，包括经济、社会、生态的效益，因此，完善的城市基础设施建设能够推进城市人居环境可持续发展。

③ 城市生态环境可持续发展。从战略角度来看，城市生态环境可持续发展是城市人居环境可持续发展的基础和前提条件。当代，人作为城市生态系统的主体，城市社会经济活动的中心，是推动社会经济发展的动力，但同时又干预、耗损和破坏自然生物圈的物质循环和能量流动的规律。因此，城市生态环境可持续发展涉及人类的社会经济活动、自然生态和环境保护，以及它们彼此之间互相影响、互相制约、互相适应、互相促进的协调发展关系。

④ 社会经济可持续发展。城市人居环境可持续发展的最终目标就是要不断满足城市人类聚居需求和愿望，因此，社会的可持续性是城市人居环境可持续发展的目的。要实现社会的可持续发展，首先，人们要建立可持续发展思想，提高人类整体素质，认识到自己对自然、社会和子孙后代所负有的责任，自觉地保护环境、建设环境。其次，城市人口聚集给城市发展带来负面效应，人口密度越大，对有限的环境资源所产生的压力越大，使人和环境的关系更为紧张，故还必须把城市人口控制在可持续发展水平上。人居问题说到底是一个发展问题，保持一定速度的经济增长对解决人居环境问题具有重要意义。随着经济的发展，将会有更多的资金投入，从而推动人居环境的发展，因此，经济的可持续性是城市人居环境可持续发展的条件。

据此，城市人工聚居环境建设、自然生态环境和社会经济发展是一个不可分割的整体。因为如果没有人的发展，就没有经济的发展，而没有生态环境的适宜条件，则没有生物，也就没有人。在生态环境遭受破坏的世界里，是不可能有福利和财富可言的。同时，在城市人工环境建设中，人工构筑物的生产过程，必然大量向自然环境索取资源，自然生态环境中的各种生物要素和非生物要素就为人工构筑物生产提供各种资源，包括人类消费资料、工业原材料及能源，因此，要使城市人居环境可持续发展就要坚持社会经济发展、人工环境建设与生态环境保护相协调，促进城市经济效益、社会效益、生态效益的统一。

（2）城市人居环境可持续发展特性。城市人居环境各子系统相互联系、相互作用，共同组成一个有机整体。各子系统的可持续发展决定了城市人居环境可持续发展系统的可持续性，并具有以下基本特性：

① 整体性与层次性。人居环境的构成具有系统性与层次性，纵横关联，层次意识和系统思想是人居环境可持续发展的重要特征。城市人居环境的层次与系统结构又具有自身的特征，根据城市的特点，向下深入"家庭"层次，向上延展到"区域"层次。城市人居环境可持续发展就需要将人口、资源、环境与发展作为一个整体来研究，研究它们之间的层次结构功能、相互作用的机理，预测其发展变化，拟定调控和管理对策。

② 动态性与过程性。系统不仅指作为状态而存在，而且有时间性程序，系统有其产生、发展和消亡的自身运动，这就是系统的动态性和过程性。"持续发展"本身也说明是一种过程，城市的持续发展不仅表现为物质空间、社会经济结构、文化传统的延续和发展，更重要的是必须赋予"限制"因素，在不超越资源和环境承载能力的条件下，才能获得持续性。过程性要求城市人居环境建设要在城市发展的不同阶段采取不同的发展战略和空间模式，而对资源和环境的利用既要高效率，又不能超越其容量范围，城市人居环境可持续发展应是渐进的弹性推动。

③ 开放性与阶段性。城市人居环境系统是一个耗散结构，该结构是指在非平衡状态下，系统通过与外界"三流"交换，吸取负熵，而形成新的、稳定的、充满活力的结构，从这一概念来看，城市人居环境系统必须是一个开放系统。耗散结构有一个从混沌到有序的过程，在图 5-1 中，可看出城市人居环境可持续发展的 3 个阶段和相应的发展水平。

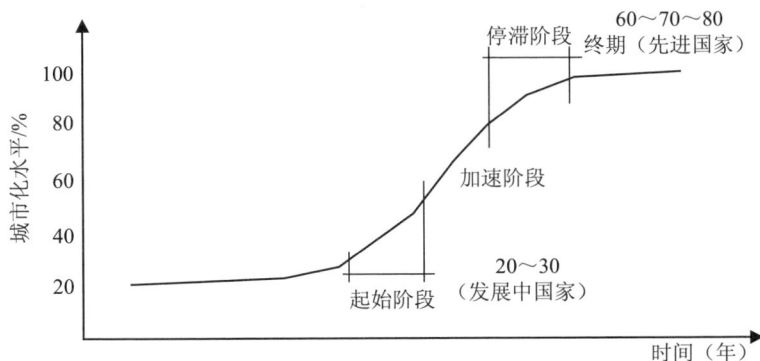

图 5-1　城市人居环境可持续发展 3 个阶段（引自成文利，2003）

在城市人居环境发展初期，城市人居环境处于非平衡状态，表现为混沌和无序，如城市土地扩张、人口激增、交通混乱、住房紧张、环境恶化等；在加速阶段，以上现象更为明显，此时第二产业处于主导地位；当"三流"交换达到某一特定阈值时，城市人居环境系统则转变为在空间和功能上均稳定的有序状态，即停滞阶段，表现为城市用地不再扩张，人口趋于平衡，第三产业处于主导地位，该阶段也被称为城市人居环境可持续发展的饱和点。

（二）乡村人居环境概述

乡村人居环境是人居环境科学的重要构成部分，随着城市化的快速推进，乡村人居环境日益恶化。而人居环境科学研究存在明显缺陷，即人居环境研究的"城市主义"倾向明显，忽视了乡村人居环境研究。这与我国目前约 8 亿人口生活在农村的现实情况形成鲜明对比，因此，乡村人居环境必将成为人居环境科学研究的新领域。

1. 乡村人居环境的概念及内涵

乡村人居环境是乡村居民"工作劳动、生活居住、休息娱乐和社会交往的空间场所"。它是乡村区域内农户生产、生活所需物质和非物质的有机结合体，是一个动态的复杂系统。

一般认为，乡村人居环境可分解为 3 个组成部分：自然环境、人文环境和人工环境。自然环境是指人类生存与发展所必需的自然条件和自然资源的集合，包括生物圈、水圈、大气圈和岩石圈的相关物质构成要素；人文环境是指人类自身演绎并生活其中的社会结构、组织制度、价值观念和行为方式等方面的总称，文化是其中的灵魂；人工环境是指通过人类长期的、有意识的社会劳动而创造的物质环境体系，包括村落建筑和各种联系通道等。其中，自然环境先于人类而存在，其演化主要遵循自然规律；人文环境是人类社会成员之间相互作用的产物，其发展主要遵从社会规律；人工环境是人地相互作用的物质结晶，其变化受自然和社会规律的双重制约。三者的结合构成人居环境。

一定地域的乡村自然环境、人文环境和人工环境具有不可分割的内在逻辑联系。首先，三者共同服务于乡村居民的空间需求。自然环境提供人类生存的物质基础和空间场所；人文环境形成人类生活的社会秩序和文化氛围；人工环境构筑人类生活的物质条件和空间载体。其次，三者通过乡村居民的生活活动发生相互作用。具有不同制度环境和文化传统的居民活动能够不同程度的"干扰"特定地域自然环境的演化方向；自然环境资产的一定数量和质量既支持又限制一定地域的人类活动；特别是，所有人工环境都是人类活动与地理环境相互作用的产物，不仅体现地域自然环境的特色，也深深打上地域文化传统的烙印。据此，乡村人居环境是一定乡村地域人地关系的显示器。

2. 乡村人居环境的特征

乡村人居环境作为人居环境的重要构成部分，具有独特性。一是乡村人居环境具有与城市人居环境完全不同的空间形态、地理景观、文化传统和发展模式，因此，城市人居环境建设的理论和实践成果不能直接应用于乡村领域，需要进一步探索和把握乡村人居环境的演变特征、动力机制和空间形态。二是乡村人居环境因其地形复杂、生态敏感、空间广阔、文化差异等多重因素的综合影响，形成了独特的地域聚居模式，不同地域特征的乡村区域表现出不同的人居环境建设模式。

（1）乡村人居环境是一种相对独立的人居环境类型。在城市化浪潮几乎席卷世界的每一个角落的今天，凭借发达的科学技术和高生产力，"密集"的城市空间已经创造出优于乡村地区的人居要素，并主导着人居环境的发展进程。但是，"城市化不是消灭乡村，而是改造乡村"；即使社会发展到成熟的城乡一体化时代，作为一种人类住区形式的乡村仍然不会消失。由于自然生态基质及其地域空间特征的差异，乡村住区拥有城市空间无以比拟的优势，其与城市住区的竞争必将持续下去。从事物螺旋发展的自然逻辑看，乡村人居环境不是一个低级发展阶段，而是一种有序发展类型；人居环境发展应该"将重点放在城乡联系上，并视乡村和城市为共同生态系统中人类住区连续统一体的两个终端"。

（2）乡村人居环境是一种渐进变化的复合生态系统。工业革命催生现代城市，规模经济与聚集经济助长城市蔓延，空间效用的累积性增长加速城市化，城市逐渐演变为钢筋与水泥的混合体，成为一种典型的人工生态系统。相对于城市的急剧变化，乡村地区的演进缓慢而悠长。由于农业的非聚集经济和低生产力，繁星点点的村落展布于广袤的地表空间，人类的足迹步履轻盈；人口城市化进一步促进乡村地区的"空间均衡"。虽然社会进步和经济增长使得乡村空间的"人工孤岛"不断崛起，人类作用的痕迹趋重趋浓，但自然生态系统的主基调依然鲜明。如果说城市住区是一种完全的人工创造，乡村住区则是一种自然——人工生态系统。乡村空间固有的乡土气息、田园风光和社区氛围适应人类需求的螺旋变化与轮回演进趋势，其独特的"宜居性"必将再现于人类住区发展的历史进程。此外，作为"共同生态系统中人类住区连续统一体"的一端，乡村空间具有一种无与伦比的生态屏障功能，其对人类住区的生态安全必将发挥无以替代的作用。这些都构成现代乡村人居环境的生机与活力之源泉。

（3）乡村人居环境是一种动态开放的人居支撑体系。人类空间需求的不断变化是社会发展的必然趋势；与此相适应，乡村人居环境的空间属性和空间内涵都随之发生变化，逐步由"稀疏"走向"密集"、由静态封闭走向动态开放。例如，伴随着人类生产与生活方式的变革，乡村空间的属性和内涵不断发生变化，乡村居民的生产活动由农业发展到非农业、交易活动从市井走向集镇，与此同时，乡村住区与外部世界的联系更为密切；特别是，现代城市化对乡村住区带来全方位冲击，从地域、人口、经济和文化等多个方面彻底"扰乱"了传统乡村空间往日的宁静与祥和。从系统演化的观点看，适应外部环境变化是乡村住区生存与发展的必要前提，乡村空间通过与外部世界的"熵交换"不断进行结构优化和功能完善。因此，乡村空间只是包容了乡村居民的主体活动和主要内容，动态开放是现代乡村人居环境可持续发展的基本保障条件。

3. 乡村人居环境研究的重要性和迫切性

乡村人居环境功能转换和演变具有内在规律，但政策影响、利益驱动和人为破坏使乡村人居环境系统功能逐步衰竭，由此导致乡村人居环境日益恶化：农药、农膜和化肥的大量使用，"村村点火"式的乡村工业"三废"排放，致使乡村环境大面积污染。相对城市而言，乡村的自来水普及率、道路交通、文化娱乐等公共服务设施发展滞后，供给数量和质量均不能满足农村发展的需求。由于乡村普遍缺乏人居建设规划，村庄建设随意性和无序化发展态势明显。在快速城市化的驱动下，城市元素不断侵扰乡村，传统的聚落文化、人脉关系、社区意识等逐步被新的元素代替，多元化的乡村地域文化逐步衰落消亡。因此，乡村人居环境处于无序、混沌、转型的发展状态，迫切需要引起人们的关注。

乡村人居环境直接关系到广大农户的身心健康。乡村人居环境由人文环境、地域空间环境和自然生态环境组成。其中，自然生态环境包括人类发展所需的自然条件和自然资源，为乡村人居环境构建了一个可生存和可持续的物质基础平台。自然生态环境破坏严重威胁着广大农户的身心健康，特别是水体污染给农户生活和身心健康带来了严重影响。

乡村人居环境建设是实现新农村建设目标的一条重要途径。新农村建设的终极目标就是实现农村可持续发展，而乡村人居环境建设目标是改善乡村自然生态环境、保护传统地域文化和实现人居空间活动的有序移动。乡村人居环境建设是实现农村可持续发展的重要途径，也是新农村建设的重要内容。乡村人居环境的系统研究有利于从整体视角把握新农村建设方向，尤其是乡村人居环境的空间分析为新农村建设中的村镇空间合理布局提供了理论依据，乡村人居环境的系统演变研究为新农村建设提供了可供选择的政策依据。

（三）各类人居环境的差别概括

城、镇、村的差别主要体现在以下几个方面：

1. 人口的差别

首先是人口数量的差别。划分城、镇、村的人口指标因国家而异。在我国，人口在10万人以上的可设市，2 000人～10万人的可设镇，2 000人以下的居民点为乡村。其次是人口劳动构成的差别。城市和镇以从事第二、第三产业的劳动人口为主，乡村以从事第一产业的农业劳动人口为主。再次是人口密度的差别。一般说来，城市人口比较稠密，乡村人口比较稀疏。

2. 经济活动的差别

城镇是加工业、交通运输业、建筑业、商业、服务业等第二、三产业集聚的地方。乡村除了少量第三产业活动以外，耕作业、林果业、放牧业、渔猎业等第一产业占绝对优势。从另一方面来讲，城镇土地只与城镇经济活动发生间接关系，为城镇居民的工作与生产提供活动空间，其利用主要是物理机制。乡村土地与农业经济活动发生直接关系，深刻地参与生产的物质与能量循环，其利用主要是生物化学机制。

3. 社会文化结构的差别

城市居民的民族与宗教色彩、文化与职业构成都很复杂；乡村则比较单一。城市拥有众多的学校、科研单位和文艺、体育、娱乐、卫生设施与机构；乡村则比较少。城市建筑风格追求美观精巧、多元和谐，并力求开拓高空和地下空间；乡村建筑则朴素自然、简单实用，一般很少有高层建筑。城市居民的生活方式很有规律，习惯于在工作日严格地按时间表作息，周末则购物、娱乐、社交。除出差和远游外，城市基本上可以满足居民的日常生活需求；乡村居民的生活方式有很强的季节性，农忙时，日出即起、日落即归，农闲时则可自由安排时光。乡村难以提供人们所需的一切生产、生活资料和文化娱乐设施，因此不定期地"进城"成为农民生活中的要事。

4. 区域中心地位的差别

城镇多是某特定区域范围内的政治、经济、文化中心，在国家的政治、经济生活中占据特殊重要的地位，各种类型、各种级别决策机构的聚集是城镇的一大特色。乡村只是区域聚落体系的最基本单元，不具备中心性地位。

5. 景观的差别

城市景观的多维多面性是乡村无法比拟的。在城市，有规模宏大的公共建筑，有密集分布的住宅楼群，有成片如林的厂房烟囱，有纵横交错的交通网络，有人群熙攘的商业大街，有错落有致的园林绿地……事实上，城市景观是景观环境的一大组成部分。与城市相比，村、镇景观比较单一。"十"字形或"井"字形的主干街道，中心区几座公共建筑，成片的平房，稀疏分布的几座厂房，构成了集镇景观的主体；绿树和菜地，构造朴素的农舍和简单的生活、生产服务设施，再加上几条小路和一条小河，就组成了具有田园诗意的乡村景观。

三、人居环境科学概述

我国对当代人居环境问题的系统研究始于 20 世纪初期的建筑学和城市规划等学科领域，吴良镛先生受道萨迪亚斯（C. A. Doxiadis）的人类聚居学（Ekistics）理论的启发，创立了"人居环境科学"。相关主流学者认为，人居环境科学是以人与自然的和谐为中心，以包括城市、城镇和农村等各种人类住区为对象，研究其发生、发展和演变规律的学科群，并基于相关概念背景及自身学科渊源，提出"以建筑、地境、规划"三位一体为核心，构建人居环境科学体系的学科建设思想。

（一）中国人居环境建设的科学发展道路

吴良镛认为人居环境建设上，关键要体现两个基本回归，一是以人为本，面向社会大众生活；二是在"生态文明"指引下建设人居环境。

1. 以人为本，面向社会大众生活

人居环境的核心是人，人居环境研究以满足人类居住需要为目的。这是人居环境科学研究的最基本前提之一。

人的基本生存条件改善包括：加快推进建设以改善民生为重点的社会建设；

优先发展教育，扩大就业；深化收入分配制度改革，增加城乡居民收入；建立覆盖城乡居民的社会保障体系，健全医疗卫生制度，完善社会管理等。关注社会公平和社会和谐，提倡构建节约型社会，构建适宜的人居环境，构建多层次住房保障体系。

这些基本条件的满足，将确保社会稳定，安全健康，百业兴旺，文化科学繁荣，思想进一步解放，科技人文进一步创新，城乡进一步繁荣，广大人民群众诗情画意地栖居在神州大地上。

2. 在"生态文明"指引下建设人居环境

建设生态文明的目标就在于"基本形成节约能源资源和保护生态环境的产业结构、增长方式、消费方式。循环经济形成较大规模，可再生能源比重显著上升。主要污染物得到有效控制，生态环境质量明显改善，生态文明观念要在全社会牢固树立。"这既是现实的任务，也是较高的标准，同时也是人居环境科学发展与人居环境建设的基本方向。

自然界有它发展变化的内在秩序，人类社会进化也有着进化的过程，人类社会只有在适应自然、利用自然的条件下，才能生存。即自然与人类的互动，创造和谐的人居环境，人类社会才能适应生存，取得进步，这是人居环境的生态文明观。

大自然是人居环境的基础；人居环境是人类与自然之间发生联系和作用的中介；人创造人居环境，人居环境又对人的行为产生影响；理性的人居环境是人与自然的和谐统一。

（二）人居环境科学理论的探索与提升

发展模式的变化为人居环境学术发展带来新的要求，要探索一切符合时代要求的创新体系。并不是说要将人居环境科学本身建立一个庞大的体系，更不是对过去简单的因子叠加。而是从问题出发，在基本规律基础上，从人居环境科学的不同方面加以推进。

1. 多层次地认识人居环境

人居环境科学就是从科学的角度，用"人居环境"这样一个具有明确、具有所指广泛内涵和外延的概念，替代了"城市"等具有部分抽象的概念，表达更为准确。人居环境科学自然涵盖了从小尺度的建筑设计，到中尺度的城市设计和环境设计，到大尺度的城市群规划、区域规划，直到跨国空间规划的整个空间系列。

要加强各个层次的规划研究工作，如国土规划、区域规划、城市规划、乡镇规划等形成中国战略空间规划体系，同时，宜在各个层次规划中，融入人居环境的科学理念。从建筑观念到城市观念，从城市概念到区域观念，从区域观念到全球观念，以及城市和乡村的统筹。

2．以问题为导向的多学科关联

（1）整合建筑、城市、园林与科技，整体创造。整合以实体的人居环境为主要对象的建筑、城市、园林与科技等要素，整体创造，这是人居环境科学认识的第一步。建筑、地景（园林）城市规划这三者具有下列共同点：它们的目标是共同的，即以人为本，共同创造宜人的聚居环境；宜人除物质环境的舒适外，还有生态健全，回归自然；共同致力于土地利用，充分保护自然资源与文化资源；共同建立在科学与艺术的创造上；共同寄托在工程学的基础上，因此将这三者互相交叉，互为渗透，互为补充，综合创新，可构成人居环境科学的核心。

（2）以问题为导向融贯多学科研究。为人们提供适宜的生活环境，需要不断寻求新的对策。在整合建筑、城市、园林与科技、整体创造的基础上，还要把地理学、生态学、环境学和经济学等对人居环境的研究整合起来，共同探讨人类在空间发展方面面临的问题和挑战。

目前全世界由于资源的匮乏，经济增长必须与环境资源、社会发展相协调，宜取绿色发展道路，建筑节能减排战略；由于交通技术的发展，空间距离压缩，地下空间的利用，改变了人居环境的时空观念。为此步行交通重新得到重视，限制小汽车交通，公共交通优先，交通技术多样化等。我们需要建立合理的、地域的、城市的空间结构"紧凑"城市的理念与空间模型。空间信息系统新技术的发展在人居环境科学中的利用与普及，大大推进了人居环境科学的发展。

第二节　城市环境生态工程

城市是生物圈中的一个基本功能单位，是一种特殊的以人为主体的生态系统。城市是指非农业人口为居民主体，以空间与环境利用为基础，以聚集经济效益为特点，以人类社会进步为目的的一个人口、经济、科学技术和文化的空间地域综合体。高度密集的人口、建筑、财富和信息是城市的普遍特征。城市的产生和发展受到自然生态条件和经济技术发展水平的制约和影响。

一、城市环境与城市生态系统

城市存在于一定的自然环境中，并受到其影响。同时，城市作为一个以人为中心的自然、经济与社会的复合人工生态系统，也处于一定的社会经济环境的影响与制约中。

（一）城市环境

城市环境（Urban environment）是指影响城市人类活动的各种自然或人工的外部条件。狭义的城市环境主要是指包括地形、地质、土壤、水文、气候、植被、动物、微生物等在内的自然环境。广义的城市环境除了自然环境以外还包括房屋、道路、管线、基础设施、不同类型的土地利用、废气、废水、废渣、噪声等人工环境；人口分布及动态、服务设施、娱乐设施、社会生活等社会环境；资源、市场条件、就业、收入水平、经济基础、技术条件等经济环境以及风景、风貌、建筑特色、文物古迹等美学环境。

1. 城市自然环境

城市自然环境是构成城市环境的基础，它为城市这一物质实体提供了一定的空间区域，是城市赖以生存的地域条件。自然环境不仅为城市居民生存提供所必需的条件，同时影响城市的分布、布局形式、城市结构、景观、用地选择以及经济活动。城市的自然环境包括多个要素，其中地质、地貌、气候、水温、土壤、植被等，对城市的形成与发展和城市居民的生活影响较大。

（1）城市地质因素。地质环境（Geological environment）是指地球表面以下的坚硬地壳层，地质过程引起的变化是多方面的，既有地表结构的变化，又有岩石和其他矿物等物质成分的变化。地表结构的变化可以产生直观效果，而物质成分的变化则往往不易被察觉。

人类及其他生物与地质环境的关系主要表现在：①地质环境是人类和其他生物的栖息场所和活动空间，为人类和其他生物提供丰富的营养元素，故人类和生物体的物质组成及其含量同地壳的元素丰度之间有明显的相关性。②地质环境向人类提供矿产和能量。③人类对地质环境的影响随着现代技术水平的提高而愈来愈大。

（2）城市气候因素。气候通常是指多年观测所得的与太阳辐射有关的空气温度、湿度、降水和风速等气象要素的综合，其特征是由太阳辐射、大气环流和城市下垫面的性质所决定的。

① 城市气象特征。由于城市造成的大气下垫面层的改变，以及城市与外界的温差所形成的热力差异，将促使某些气象要素的变化，而出现人为活动影响烙印的"城市气候"的特征。

城市是由道路、广场、建筑物、构筑物等不同的几何形体组成的凹凸不平的粗糙的下垫面。这种建筑密集、纵横交错的下垫面使地面风速减小，使城区的空气湍流增加，并影响了风向。城市里下垫面的建筑材料是沥青、混凝土、石子、砖瓦和金属等，坚硬密实不透水，使城区的蒸发减少，径流过程加速，空气湿度减小。城市下垫面建筑材料的物理性质与郊区植被的物理性质明显不同，热传导率及热容量比较大，导致城区气温的变化。

城市工业、交通及居民生活使用能源释放出大量的余热，使城市的人为热量占有一定比例，尤其是高纬寒冷地区的城市尤为明显，这是形成城市热岛效应的原因之一。

城市生产、交通与民用消耗大量资源，向大气排放大量污染物质，改变了大气的成分，形成雾障，影响城市空气透明度和辐射热能的收支，并为城市的云、雾、降水提供大量的凝结核。

② 城市气温。城市热岛效应是城市气候最明显的特征。用城市平均温度等值图可描述"城市热岛"现象，这反映了城市气温的水平分布状况。由"城市热岛"产生的局地气流对大气污染的影响是显著的，不可忽视的。

城市气温的垂直分布——逆温。在大气圈的对流层内，气温垂直变化的总趋势是随着海拔高度的增加，气温逐渐降低。事实上，在近地面的底层大气中，气温的垂直变化情况要复杂得多。城市上空如果形成逆温层，会加剧城市的大气污染。

③ 城市湿度与降水。城市人工排水系统发达，降水容易排泄，铺装地面比较干燥，又由于缺乏植被、蒸发量小，城市热岛效应气温又高，所以城市年平均相对湿度比郊区低。

由于城市下垫面粗糙，有热岛效应气流容易扰动上升，而且城市尘粒多，水汽容易凝结，城市工厂区又有一定量的人为水汽排空，因此，城市云量比郊区多，降水也比郊区多。

④ 城市的风。城市的风非常复杂，由于城市热岛效应，可形成城市热岛环流。同时又因城市特殊的下垫面，空气经过城市要比经过开阔平坦的农村更易产生一些湍流，但一般情况下，城市风速比郊区农村的风速小，风向不定。

（3）地形（地貌）因素。地貌是指地球表面形态，即地形。地表形态多种多样，根据绝对高度和相对高度等形态特征，大体上可分为山地和平原。由于城市须占有较大地域，且为了便于城市的建设和联系，多数城市都选择在平原、河谷地带或低丘山冈等地。

（4）水文因素。江河湖泊等水体，不仅是城市生产、生活的重要水源，而且在城市水运交通、排除雨水和污水、改善城市气候以及美化环境等方面都有着重要作用。同时它们也可能给城市带来不利影响，如洪水侵患、河岸冲刷和河床淤积等。因此，河流是影响城市环境的又一重要因素。

此外，另一城市用水的重要来源——地下水，它的存在形式、流向、含水层厚度、矿化度、硬度、水温、地下埋深以及动态变化等水文地质特征在开发地下水资源和安排城市建设项目时必须了解。

（5）城市绿地。城市绿地是构成城市环境的一个重要因子。它本身就是空间、大气、水、植物、土地等因素的复合体。在这些因素的综合作用下，城市绿地在保护环境、抵御灾害、改善城市面貌、提供休息游览场所等方面都积极地影响着人类的生存环境。

2．城市社会环境

城市社会环境是在城市自然环境基础上建立起来的，它是构成人类生活条件的各种因素（组分）的总合。这些因素数不胜数，主要包括各类房屋建筑、交通设施、供水设施、排水设施、垃圾清运设施、供电供热供气设施、通信广播电视设施、仓储设施、文体设施、园林绿化设施和消防治安设施等。

影响城市环境的社会经济因素是人类活动产生的，反过来它又成为影响人类活动的制约因素，也是影响人类与其生存环境对立统一关系的决定性因素。社会经济因素包括很多方面，这里我们主要从城市的地理位置、城市人口、城市工业和城市基础设施等方面来讨论。

（1）城市地理位置。地理位置是地球上某一事物与其他事物的空间关系。由于地理位置的唯一对应性使得地理位置成为某一个地理事物的特殊性。正是由于任何事物具有各不相同、各有特点的地理位置，才使得各个事物具有不同的地理性或地域性。

地理位置是对城市建设和社会经济发展经常有影响的因素，它能加速或延缓城市的发展。城市与外界的经济联系是否密切，与外界是否有良好的经济协作和便利的交通联系，这些都直接关系着城市自身的建设。

优越的地理位置为城市各项建设提供许多有利条件，如位于交通便利地区的城市可以充分发挥对外联系便利的优势，尤其是位于河网发达或沿海的城市，可以利用廉价的水运条件，减少各种物质运输的支出，有效地促进了城市的各项建设。这类城市往往具有交通枢纽的功能，因而城市内各项建设的安排还应围绕使枢纽作用充分发挥和展开。

（2）城市人口。城市人口规模是指城市的人口总数，是衡量城市规模的重要方面。它是城市规划的基础指标，是编制城市各项建设计划不可缺少的资料。它影响着城市用地大小、建筑类型、层数高低及其比例，直接关系着服务设施的组成和数量、交通运输量、交通工具的选择、道路的标准、市政设施的组成和标准、郊区规模和城市布局等一系列问题。

城市人口结构是指在城市人口整体中，具有不同自然的、社会经济的、地域的特征（或标志）的人口之间的比例关系，即各特征的人口数在城市人口总数中的百分比，也称人口构成。城市人口的劳动结构、职业结构、文化教育结构反映了城市社会、经济、文化发展的水平。

（3）城市工业。工业是城市的主要物质要素之一，是城市发展的主要因素。工业生产本身是一个庞大的物质和能量的转换过程，在这个转换过程中，既有按人类要求转换的有价值的产品，也有人类不需要的废弃物，也就是说，人类通过工业生产活动，一方面不断地以资源的形式从环境中获得物质和能量，为人类改造和利用环境提供物质和能量，积极地影响着城市环境，为人类造福；另一方面又把转换过程中的废弃物以"三废"的形式排之于环境。废弃物在环境中部分或全部积累，则导致环境质量的下降，严重影响人类的生存和健康。因此，从某种意义上说，存在着生产规模越大，生产功能越高，环境质量越低的可能性。我国大多数城市的环境容量接近或处于饱和状态，主要是由于工业"三废"的累积所致。

城市工业的结构和布局与城市环境质量之间有直接联系。一定的城市工业结构与城市环境中排放的各种污染物的量将直接影响到城市环境质量。而城市工业的集聚有个适宜程度，城市工业区的大小有个合理规模。

（4）城市基础设施。城市基础设施是城市环境的重要组成部分，是城市生存和发展的重要基础条件。

① 城市工程性基础设施。包括道路交通设施、能源设施、供水和排水设施、环保设施等，为保证城市交通方便、能源充足、用水方便、信息流动、环境优美、安全舒适作出重要的贡献，是城市现代化水平和文明程度的重要标志，有明显的经济效益、社会效益和生态效益，在城市生态系统中发挥重要作用。

② 城市社会性基础设施。通常又称为城市公共设施，主要指商业、服务业、

教育、科研、文化、体育、卫生保健等设施。城市公共设施的内容和规模，在一定程度上反映出城市的文化生活和物质生活水平，它的分布与组织直接影响到城市的布局结构以及城市生活的质量。

3. 城市环境特征

城市环境与外界环境相比，具有以下特征：

（1）城市环境的高度人工化特征。由于城市是人口最集中、社会经济活动频繁的地方，所以也是人类对自然环境影响作用最强烈、自然环境变化最大的地方。除了大气环流、大的地貌类型基本保持原来的自然特征外，其余的自然因素，如地貌、土壤、气候、水文、植被、动物等都发生了不同程度的变化，而且这种变化通常是不可逆的。

（2）城市环境具有一定的空间形态。它呈现出一定的平面和立面特征，是城市环境各组成要素平面和立面的形式、风格和布局等有形的表现。

城市环境的空间形态，特别是城市的平面形态是城市的自然环境因素（如地面坡度、河湖水系、地质构造、小气候等）和社会经济环境因素（如人工建筑物的配置形式、道路网的形状、大型工厂和飞机场的位置等）综合作用的结果。

（3）城市环境具有一定的空间结构。主要是指城市中各物质要素的空间位置关系特点，或者说城市环境中各物质要素在地理空间分布中所呈现出的地域分异特点，即城市环境的地域结构。在城市发展过程中，在各种因素的综合作用下，城市环境必然产生地域分异而形成各自的社会经济特色，如呈现出城市环境的用地空间结构，城市环境的绿化空间结构和城市环境的社会空间结构等。

（4）城市环境的地域层次性。城市环境是一个地域综合体，根据其呈现出的以不同活动为中心事物的物质环境的地域分异，可划分出与一定活动相联系的地域与环境，如居住环境（区）、工业环境（区）和商业环境（区）等，其下还可以分出具体的用地，充分体现出城市环境的地域层次性。城市环境的这种地域与环境之间存在着复杂的有机联系，共同构成城市环境整体。

由于城市环境人工化程度的不同，使得城市环境中各物质要素在地理空间分布中呈现出一种典型的地域分异，即可区分出三个典型的特征空间；建筑空间、道路广场空间和绿地空地空间。

（5）城市环境极易出现污染状态。较之自然环境，城市环境在组成及结构和影响因素上发生了很大的变化，如城市"热岛"的产生、地形的变迁、人工地面改变了自然土壤的结构与性能，不透水地面的增加、绿色植物和分解者的大量减少，在不大的空间里建立了大量的人类技术物质（建筑物、桥梁和其他设施等），集中了大量的人口、物质和能源，并产生了大量的污染物质等等，所有这些使得城市环境的自我调节净化机能变差，极易出现环境污染，城市建成区变成了一个不完全的生态系统，给城市居民的生活和健康带来了极大的影响。

（二）城市生态系统

生态系统是生物与环境的综合体，是自然界一定空间的生物与环境之间相互作用、相互制约所构成的，具有一定结构和功能的统一整体。由此可见，城市生态系统是以人类为中心的自然因素和社会经济因素相结合的生态系统，是城市居民与城市环境之间相互作用、相互制约，具有一定结构和功能的统一整体。

1. 城市生态系统结构

构成生态系统的各组成部分，各种生物的种类、数量和空间配置，在一定时期均处于相对稳定的状态，使生态系统能够保持有一个相对稳定的结构。对生态系统的结构特征，一般可从营养关系、空间关系和能流、物流的角度来讨论。

（1）城市生态系统的营养结构。生态系统各组成部分由营养关系联系起来构成的整体，称为生态系统的营养结构。

城市生态系统是人工构建的模拟生态系统，这是在人类活动支配下，以人为核心的人类社会经济活动与自然生态系统的复合体，见图 5-2。由此可见，只有利用生态学的原则和系统论的方法，根据各自然因素和人为社会经济因素构成的社会生态复合体来研究城市，才能解决城市环境问题，创造出有利于人类的美好环境。

在城市生态系统中高营养级（如人类）的存在量远大于低营养级（如植物）的存在量，营养层次呈现倒金字塔结构。城市生态系统中，消费者生活所需要的大量能量和物质必须依靠其他生态系统（如农业生态系统、海洋生态系统等），人为地输入城市生态系统中，同时，城市中人类生活所排泄的大量废物，也不能完全在本系统内分解，还需要人为地输送到其他生态系统（如农田、海洋等），这也就构成了城市生态系统的营养结构，见图 5-3。

城市生态系统
- 生物系统
  - 城市居民（城市主体）
  - 家养生物（陪伴人类）
  - 野生生物（稀缺）
  - 微生物（活动受抑制）
- 非生物系统
  - 人工物质系统
    - 住宅和公共建筑物 ┐
    - 道路设施 ┘ 改变原有地形
    - 工厂 ┐
    - 交通运输 ┘ 消耗资源，排放"三废"
    - 通信设施——提供大量信息
    - 市政管理设施——运输污物，改善环境
  - 环境物质系统
    - 气 ┐
    - 水 ┤ 承纳污染物改变原有理化性状
    - 土地 ┘
    - 矿产——大量消耗，造成枯竭
  - 环境能源系统
    - 生物能——转化后大量排废
    - 自然能——清洁能源
    - 石化燃料——利用后大量排废

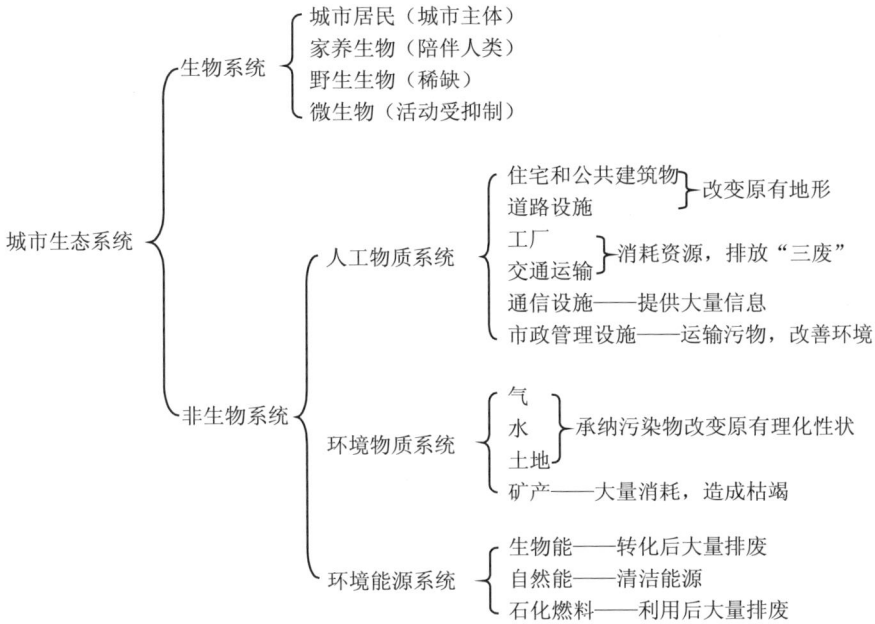

图 5-2　城市生态系统组成（引自《城市环境分析》，1999）

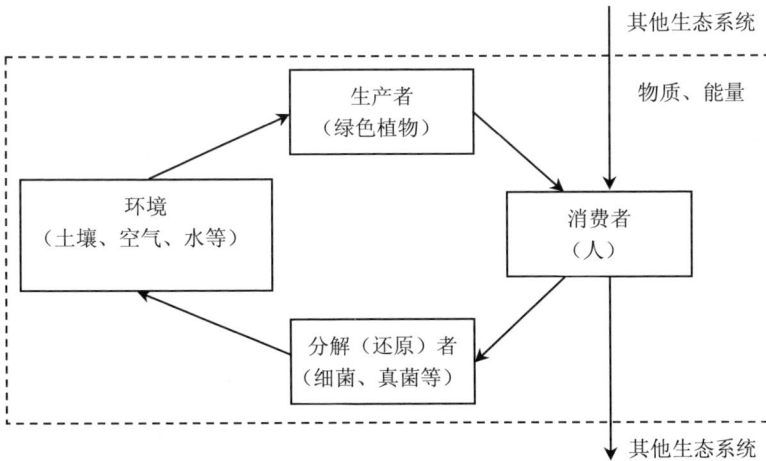

图 5-3　城市生态系统营养结构模式（引自《城市环境分析》，1999）

（2）城市生态系统的空间结构。对于自然生态系统来说，它的各组成部分、由空间关系（水平关系、垂直关系）构成的整体，称为自然生态系统的空间结构。如在空间分布上，生物自上而下明显的成层现象就是自然生态系统空间结构的主要特征之一，如地上有乔木、灌木、草本、青苔，地下有浅根系、深根系及其根际微生物，对应地许多鸟类在树上营巢，许多兽类在地面筑窝，许多鼠类在地下掘洞。

而对于城市生态系统来说，人、人类活动及相应的环境在空间上的地域分异等构成了城市生态系统的空间结构，如城市用地结构、城市绿化空间结构和城市社会空间结构等。

（3）城市生态系统的网络结构。生态系统的网络结构是指生态系统各组成部分被物质流、能量流、信息流等各种关系联系起来的整体。城市生态系统是一个十分复杂的、多层次的网络结构。根据人类活动及能流、物流等特征，城市生态系统又可分为 3 个层次的子系统：

① 生存——自然环境系统，只考虑人的生物性活动，人与其生存环境的气候、地貌、淡水、动物、植物、生活废物等构成的一个子系统。

② 生产——经济系统，只考虑人的经济（生产、消费）活动，人与能源、原材料、工业生产、交通运输、商品贸易、工业废物等构成的一个子系统。

③ 生活——社会系统，只考虑人的社会活动和文化生活，人与其生活的另一层环境，包括社会组织、政治活动、文化、教育、娱乐、服务等构成的另一子系统。

这 3 个子系统的内部都有自己的能流、物流和信息流等，各层次子系统间又相互联系、相互作用，构成了不可分割的整体。

2. 城市生态系统功能

城市生态系统的结构与功能是统一的。结构是功能的基础，功能是结构的表现。城市生态系统是一个复杂的多功能体系，它的最基本的功能是组织社会生产、方便居民生活。生产功能主要由经济系统承担。在经济系统中，物质从分散向集中的高密度运转，能量从低值向高值的高强度的集聚，信息从无序向有序的连续积累，为社会提供丰富的物质和信息产品。生活功能主要由社会系统承担。在社会系统中，主要特征是呈现高密度的人口流动、高密集的社会活动和高强度的生活消费，以确保不断改善和提高人民的生活质量。城市生态系统的功能集中体现在城市系统内部及其与城市系统外部的物质循环、能量流动、自我调节、商品交换、交通运输、金融流通、人口流动、信息传递等运动过程中。

二、城市环境生态工程

由于全球气候变化加剧，人类面临着前所未有的环境挑战。人们在解决各种环境污染和生态破坏问题时，最先尝试利用土木工程、环境工程的方法去解决，结果是投入高，产出低，工程系统运行可持续性差。利用生态系统原理建立的具有"近自然"特性的环境生态工程系统能显著弥补这一不足，提高系统运行效率。环境生态工程就是针对被污染和被破坏的城市生态系统，利用生态学及环境学、工程原理，设计和建造人与自然和谐，能控制环境污染和遏制生态退化的工程技术。

1. 环境生态学

环境生态学（Environmental Ecology）是研究人为干扰下，生态系统内在的变化机理、规律和对人类的反效应，寻求受损生态系统恢复、重建和保护对策的科学。即运用生态学理论，阐明人与环境间的相互作用以及解决环境问题的生态途径。所以，环境生态学不同于以研究生物与其生存环境之间相互关系为主的经典生态学；也不同于只研究污染物在生态系统的行为规律和危害的污染生态学或以研究社会生态系统结构、功能、演化机制以及人的个体和组织与周围自然、社会环境相互作用的社会生态学。

2. 城市环境生态学的概念

如果从生态学的角度去定义城市，城市是经过人类创造性劳动而产生的，拥有更高"价值"的人类物质、精神环境和财富的，是更符合人类自身需要的社会活动的载体场所和人类进步的合理的生活方式之一，是一类以人类占优势的新型生态系统。

城市环境生态学是以生态学的理论和方法研究城市人类活动与周围环境之间关系的一门学科，它是环境生态学的分支学科，又是城市科学的一个分支。城市环境生态学以整体的观点，把城市视作一个以人为中心的生态系统，在理论上着重研究其发生和发展的原因、组合和分布的规律、结构和功能的关系、调节和控制的机理；其应用的目的在于运用生态学原理规划、建设和管理城市，提高资源利用效率，改善系统关系，增强城市活力，使城市生态系统沿着有利于人类利益和可持续的方向发展。

3．城市环境生态工程的内容

（1）环境生态学的研究内容。城市环境生态工程是城市环境生态学研究的重要内容之一，在环境科学的庞大体系中，环境生态学属于自然科学范畴。根据其定义，除涉及经典生态学的基本理论外，学科的内容主要包括以下几个方面：

① 人为干扰下生态系统内在变化机理和规律。自然生态系统受到人为的外界干扰后，将会产生一系列的反应和变化。在这一过程中，有哪些内在规律？干扰效应在系统内不同组分间是如何相互作用的？出现了哪些生态效应以及如何影响到人类，包括各种污染物在各类生态系统中的行为变化规律和危害方式。

② 生态系统受损程度的判断。物理、化学和生态学方法是环境质量评价和预测所常用的 3 个最基本的手段，科学的评价应该是三者的结合，而生态学判断所需的大量信息就是来自生态监测。实际上，生态监测就是利用生态系统生物群落各组分对干扰效应的应答来分析环境变化的效应程度和范围，包括人为干扰下的种群动态和群落演替过程。

③ 各类生态系统的功能和保护措施的研究。各类生态系统在生物圈中执行着不同的功能，被破坏后产生的生态效应亦不相同。环境生态学要研究各类生态系统受损后的危害效应及方式，各类生态系统的保护对策。包括生物资源的保护和科学管理，受损生态系统的恢复、重建的措施等。

④ 解决环境问题的生态对策。采用生态学的方法治理环境污染和解决生态破坏问题，尤其在区域环境的综合整治上已初见成效，前景令人鼓舞。依据环境问题的特点采取适当的生态学对策，并辅之以其他方法来改善和恢复恶化的环境质量，是环境生态学的研究内容之一。包括各种废物的处理和资源化技术等。

综上可以看出，维护生物圈的正常功能，改善人类生存环境，并使两者得到协调发展，这是环境生态学的根本目的。运用生态学理论，保护和合理利用自然资源，治理污染和破坏的生态环境，恢复和重建生态系统，以满足人类生存发展需要，是环境生态学的主要任务。

（2）城市环境生态工程的研究内容。环境科学与生态学的基本理论是城市环境生态工程的理论基础，其研究对象是城市生态系统。城市环境生态工程的研究内容主要包括：

① 城市人口的变化速率和空间分布与城市环境间的相互关系。

② 城市物流与能流的特征、速率与环境的调控。

③ 城市生态系统与环境质量的关系。

④ 城市环境质量与居民健康的关系、社会环境对居民的影响。

⑤ 城市的景观与美学环境，生态工程的选择与作用。

⑥ 城市生态规划、环境规划、研究城市各环境质量指标与标准。

⑦ 解决城市环境问题的生态工程对策。

城市环境生态工程的研究实际上就是从环境生态学的角度去探索城市人类生存发展的最佳环境。

三、城市环境生态工程的基本原理

（一）城市环境生态学的基本原理

1. 城市生态位

城市生态位是一个城市给人们生存和活动所提供的生态位。具体讲，就是城市中的生态因子（如水、食物、能源、土地、气候、交通、建筑等）和生产关系（如生产力、生活质量、环境质量与外系统的关系等）的集合。它反映了一个城市的现状对于人类各种经济活动和生活活动的适宜程度，反映了一个城市的性质、功能、地位、作用及其人口、资源、环境的优劣势，从而决定了它对不同类型的经济以及不同职业、年龄人群的吸引力。

城市生态位大致可以分为生产生态位和生活生态位两类。前者指的就是资源、生产条件生态位，包括了城市的经济水平（物质和信息生产及流通水平）、资源丰盛度（如水、能源、原材料、资金、劳力、智力、土地、基础设施等）。后者指环境质量、生活水平生态位，包括社会环境（如物质生活和精神生活水平及社会服务水平等）及自然环境（物理环境质量、生物多样性、景观适宜度等）。

总之，城市生态位是城市满足人类生存发展所提供的各种条件的完备程度。一个城市既有整体意义上的生态位，如一个城市相对于外部地域的吸引力；也有城市空间各组成部分因质量层次不同所体现的生态位的差异。对城市居民个体而言，不断寻找良好的生态位是人们生理和心理的本能。人们向往生态位高的城市和地区的行为，从某种意义上说，是城市发展的动力与客观规律之一。

2. 食物链原理

在生态学里，食物链指以能量和营养物质形成的各种生物之间的联系，食物网则指由许多食物链彼此相互交错连接而形成的复杂营养关系。

广义的食物链原理应用于城市生态系统中，指以产品、下脚料、废料为能流，以利润为动力将城市生态系统中的企业联系在一起。各企业之间的产品和生产原料是相互提供的，一个企业的产品是另一个企业的生产原料，某些企业的下脚料或废料也可能是另一个企业的原料。人们可以根据增加利润和保护环境等目的，对城市食物网进行"加链"或"减链"。除掉那些效益低、污染大的链环，增加新的清洁生产链环，例如增加能充分利用物质资源、效益高、无污染的产品和企业。这样可使城市生态系统的物流和能流更加合理，更加完善。

城市生态学的食物链原理还表明：人类居于食物链的顶端，人类更需要依靠其他生产者及各营养级的"供养"而生存、生活；人类对生存环境污染的后果最终会通过食物链的这种富集作用而归结到人类自身。另外，人是城市各种产品的最终消费者，城市的生产、建设都应体现"以人为本"的原则。

3. 最小因子原理

19 世纪中叶，德国有机化学家 Liebig 在研究土壤与植物生长关系的时候发现：植物的生长常常并不是由需要量最大的营养物质所限制，而是取决于那些土壤中含量稀少且为植物生长所必需的元素。由此他认为：植物生长取决于那些处于最少量状态的营养成分。人们把此观点称为"Liebig 最小因子定律"。

这原理同样适用于城市生态系统。在城市生态系统中，影响其结构、功能行为的因素很多，但往往有某一个处于临界量（最小量）的生态因子对城市生态系统功能的发挥具有最大的影响力，只要改善其量值，就会大大增加系统功能。在城市发展的各个阶段，总存在着影响、制约城市发展的特定因素，当克服了该因素时，城市将进入一个全新的发展阶段。

4. 多样性导致稳定性原理

自然界的大量事实证明，生态系统的结构越多样、复杂，则其抗干扰能力也越强，系统也就越稳定。也就是说，生态系统的稳定性是与其结构的多样性、复杂性呈正相关的。这是因为在结构复杂的生态系统中，当食物链（网）上某一环节发生异常变化，造成能量、物质流动的障碍时，可以由不同生物种群间的代偿作用加以克服。多样、复杂的生态系统即便受到较严重的干扰，也会自发地通过群落演替，恢复原来的稳定状态，只是所需时间要比受轻度干扰要长。

多样性导致稳定性的原理在城市生态系统中同样有效。例如，多种不同类型的人力资源保证了城市发展对人力的需求；城市用地的多样性（自然或人工整地形成的）保证了城市各类活动的展开；多种交通方式的有效结合使城市交通效率高且稳定；城市产业结构的多样性和复杂性导致了城市经济的稳定性和高效性。

这些都是多样性导致稳定性原理在城市生态系统内的应用和体现。

5. 系统整体功能最优化原理

生态系统中各子系统和系统整体是相互影响的，各子系统功能的状态取决于系统整体功能的状态，而各子系统功能的发挥也会影响系统整体功能的发挥。城市各子系统都具有自身的发展目标和趋势，各子系统之间和系统整体之间的关系不一定总是一致的，有时会出现相互牵制、相互制约的关系状态，对此应该以提高系统整体功能和综合效益为目标，局部功能与效益应当服从整体功能与效益。

6. 环境承载力原理

环境承载力是指某一环境在不发生对人类生存发展有害变化的前提下，在规模、强度和速度上，所能承受的人类社会作用的能力。

城市环境承载力包括：资源承载力、技术承载力和污染承载力等。资源承载力，包括淡水、土地、矿藏、生物等自然资源条件和劳力、交通工具、道路系统、市场因子、经济实力等社会资源条件。技术承载力，主要是指劳动力素质、文化程度与技术水平等。污染承载力是反映城市环境容量与自净能力的指标。

环境承载力会因城市的外部环境条件的变化而变化。环境承载力的变化会引起城市生态系统结构和功能的变化。城市生态系统向结构复杂、能量最优利用、生产力最高的方向演化，称之为正向演替，反之则称为逆向演替。城市生态系统的演化方向是与城市生态系统中人类活动强度是否与城市环境承载力相协调密切相关的。当城市活动强度小于环境承载力时，城市生态系统就有条件有可能向结构复杂、能量最优利用、生产力最高的方向演化。

（二）城市环境生态工程设计的其他基本原理

1. 景观生态学原理

所谓景观，是指由相互作用的斑块或生态系统组成的，并以相似形式重复出现的，具有高度空间异质性的区域。景观生态学是近年来发展起来的一个新的生态学分支，它以整个景观为对象，着重研究某一景观内自然资源和环境的异质性。基本内容包括：景观结构与功能、景观异质性、生物多样性、物种流动、养分再分布、能量流动、景观变化与景观稳定性等。

景观生态学原理在城市环境生态工程设计中的意义在于考虑具体设计方案时，要有区域尺度的概念，尤其是环境保护生态工程、污染治理生态工程等。在设计时，必须从区域的尺度考虑其合理性，要有意识地把工程本身及其与整个区域布局的合理性结合起来。

此外，景观生态学中所说的边缘效应也是城市环境生态工程设计时值得重视的。生态学家们发现，在生物环境与非生物环境之间、自然环境与人工环境之间、非生物环境之间也会通过各种直接或间接地影响而产生"边缘效应"，从而改变全球的生态环境。

2. 生态经济学原理

（1）资源合理利用，物质循环与再生原理。城市环境的资源是有限的，如何在有限的资源的基础上，根据城市生态系统物质循环原理，多类型、多途径、多层次地通过初级生产、次级生产、加工、分解等完全代谢过程，完成物质在生态系统中的循环是城市环境生态工程设计时要考虑的又一个重点。

对于资源中可以更新的部分，要保护其自我更新的能力和创造条件加速其更新，并尽可能地使其再生或循环利用。而对于资源中不可以更新的部分，如自然资源中的土地资源和社会资源中的机械、燃油等生产资料，随着使用逐步被消耗，不能循环往复使用，因此，我们必须合理地加以利用，尽量减少对环境和自然循环过程的干扰。

（2）生态经济平衡原理。生态经济平衡是指生态系统及其物质、能量供给与经济系统对这些物质、能量需求之间的协调状态。

生态经济平衡的内涵为生态系统物质、能量对于经济系统的供求平衡。现代经济社会是一个生态经济有机体，就是说现代经济社会不只是由单一经济要素所构成，而是一个含人口、资金、物资等经济要素和包含资源环境等生态要素的多层次、多目标、多因素的网络系统。这诸多的经济要素和生态要素正是在社会生产和再生产过程中相互结合成为层次更高、结构和功能更加复杂的生态经济有机系统。

在生态经济平衡中，一方面生态平衡是第一性的，经济平衡是从属的第二性的，因为从发展时序上讲，生态系统先于经济系统存在，经济系统是从生态系统中孕育的；另一方面生态平衡是经济平衡的自然基础，在生态经济系统中，一定的经济平衡总是在一定的生态平衡基础上产生的。

人类城市经济越发展，其对城市生态系统的主体作用就越强大，相应要求承受经济主体的生态基础愈加稳固和愈加具有耐受能力，不仅要靠自身的调节，而其更重要的还要靠经济力量的促进。

3. 工程原理——清洁生产

清洁生产又称为无污染工艺，它是以管理和技术为手段，通过产品的开发设计、原料的使用、企业管理、工艺改进、物料循环综合利用等途径，实施工业生产包括生产产品消费的全过程控制，使污染物的产生、排放最少化的一种综合工艺过程。该工艺既实现了对自然资源的合理利用，把对人类和环境的危害减至最小，又能充分满足人类需要，使社会经济效益最大化。

四、城市环境生态工程的技术类型及功能

（一）城市环境的主要问题

城市是工业化和经济社会发展的产物，人类社会进步的标志。然而城市又是环境问题最突出集中的地方。当今世界上的城市，普遍地出现了包括环境污染在内的"城市综合症"。我国的环境问题也首先在城市突出地表现出来。城市环境污染问题正在成为制约城市发展的一个重要障碍，许多城市的环境污染已相当严重。为此，如何更有效地控制我国城市环境污染，改善城市环境质量，使城市社会经济得以持续、稳定、协调的发展，已成为一个迫在眉睫的问题。

1. 城市大气环境污染

我国城市大气污染是以总悬浮颗粒物和二氧化硫为主要污染物的煤烟型污染。少数特大城市属煤烟与汽车尾气污染并重类型。几乎所有的城市都存在着烟尘污染问题，全国二氧化硫排放量的不断增加，已形成了南方大面积的酸雨区。大气污染源主要划分为工业污染源、生活污染源和交通污染源三类。全国城市大气污染主要有以下特点：

① 北方城市的污染程度重于南方城市，尤以冬季最为明显。

② 大城市大气污染发展趋势有所减缓，中小城市污染恶化趋势甚于大城市。

③ 在大气污染中，总悬浮颗粒物是中国城市空气中的主要污染物，60% 的城市，其浓度年平均值超过国家二级标准；二氧化硫浓度年平均值超过国家二级标准的城市占统计城市的 28.4%，南北城市差异不大；氮氧化物在南北方城市都呈上升趋势，尤其是广州、上海、北京等城市，氮氧化物在冬季已成为首要污染物，表明我国一些特大城市大气污染开始转型。

2. 城市水环境污染

我国城市水环境质量从城市主要江河水系的监测结果看，一级支流污染普遍，二、三级支流污染较为严重。主要污染问题仍表现在江河沿岸大、中城市排污口附近，岸边污染带和城市附近的地表水普遍受到污染的问题没有得到缓解。城市地下水污染逐年加重。

我国城市水环境污染主要有以下特点：

① 城市地表水污染变化总趋势是污染加剧程度得到抑制，但仍有日趋严重的可能。城市河流的污染程度是北方重于南方。

② 城市饮用水水源地监测结果表明，一半以上的水源地受到不同程度的污染，主要污染物是细菌、化学耗氧量、氨氮等。

③ 城市地下水污染中，"三氮"和硬度指标呈加重趋势。多数城市地下水受到污染、水井水质超过饮用水水质标准的逐渐增加。

④ 各主要水系干流水质虽基本良好，但各自都有一些严重污染的江段。各水系的环境条件不同，污染程度差异较大。

3. 城市固体废弃物污染

我国虽然对固体废弃物（固废）控制作出了一定的努力，但由于历年积累量很大，且不断有新的固废产生，目前处理量和综合利用率依然很低，致使固废对环境的影响越来越大。固废污染会进一步引发大气污染、水体污染等，需要引起社会关注。

城市固体废弃物，如工业废渣，人类生活垃圾和粪便对环境影响甚大。据有关部门统计，工业废渣量约为城市固废排放量的 3/4，另有数量巨大的生活垃圾，许多城市的生活垃圾增长速度甚至高于工业废渣的增长。同时，城市垃圾无害化处理甚少。多数城市固废目前都是露天堆放，占用着大量土地。

4. 城市其他环境污染

（1）噪声污染。通常情况下，噪声是指一切不需要并被人类所讨厌的声音。40 dB 是正常的环境声音，在此以上便是有害的噪声，它影响人的睡眠和休息，干扰工作，妨碍谈话，使听力受损害，甚至引起心血管系统、神经系统、消化系统等方面的疾病。

（2）光污染。广义的光污染包括一些可能对人的视觉环境和身体健康产生不良影响的事物，包括生活中常见的书本纸张、墙面涂料的反光甚至是路边彩色广告的"光芒"亦可算在此列。光污染所包含的范围之广由此可见一斑。

在城市日常生活中，人们常见的光污染的状况多为由镜面建筑反光所导致的行人和司机的眩晕感，以及夜晚不合理灯光给人体造成的不适。因此，我们应该提倡在城市建筑物建造时，尽量少用镜面墙体，避免对人的视觉干扰。

5. 城市人口问题

持续的经济增长和经济发展是在一定的人口、资源和环境条件下实现的。人类人口发展的历史表明，人口数量在按指数增长，人口倍增的时间在缩短。尤其是发展中国家，人口增长率偏高，经济增长速度慢。城市化，是较突出的城市人口问题之一。

城市化是一个地区的人口在城镇和城市相对集中的过程。城市化也意味着城镇用地扩展，城市文化、城市生活方式和价值观在农村地域的扩散过程。具体包括城市人口职业结构、文化结构、服务结构的转变，城市产业结构的转变，城市土地及地域空间的变化等。城市化造成了城市资源的紧缺，也在一定程度上加剧了城市环境污染，所以也是城市环境问题之一。

（二）城市环境生态工程的技术类型及功能

运用生态学、环境学、经济学原理和系统论的方法，对城市这个复合生态系统进行人工调控和改造，解决长期困扰城市生态系统的一系列生态环境问题，是城市环境生态工程的主要目的。

城市环境生态工程所涉及的对象或产业范围相当广泛，几乎遍及城市人工环境有关的各个领域和产业部门，为了便于在不同的领域和部门结合各自的特殊性进行城市环境生态工程的应用，我们根据城市主要的环境问题类型，将城市环境生态工程技术进行相应的分类。

1. 城市大气环境生态工程技术

城市大气是城市生物的首要环境。我们认为城市的特殊大气环境是由城市本身造成的。城市的工厂、居民的分散燃烧、汽车的尾气排放、建筑材料的化合与分解、人类排泄物（包括呼吸）的蒸发与扩散都是城市大气污染的源头。因此，控制城市的污染源是城市大气环境工程的关键。运用生态学、环境学和工程学原理，针对城市大气环境问题所展开的生态工程项目和技术称为城市大气环境生态工程。

（1）城市结构设计。新建城市的选址、合理布局设计、旧城市的改造，必须充分考虑以下方面：充分利用阳光，有合理的绿地面积（城市的每个住宅小区必须留下足够的供居民活动的绿地），必须充分利用山冈、森林、河流、湖泊、海洋等天然环境资源，因地制宜地建设有利于保护和改善城市大气环境的生态工程项目。如城市的工业区与居住区应该有一定的距离，并合理确定其空间布局关系，居民区和工业区间要有一定宽度的林木防护绿带隔开。在河流丰富的城市，应将工矿区集中于下游，居民区布置在河流上游，防止工矿区排放的污水污染居民的生活环境。在季风和主导风向明显的地区，宜把工厂布置于城市最小风频、风向的下风向，居民区位于上风向等。

（2）污染源头的控制与治理。城市的能源结构在很大程度上影响着城市大气环境质量。提高水电在一次性能源中的比重，大力开发石油、天然气和其他可再生清洁能源（如太阳能、风能），改善工矿企业的工艺流程，提高能源的利用效率，关闭一些能源消耗高、经济效益差、环境污染严重的工厂是控制大气污染的一条有效途径。

（3）城市大气的人工调控。在控制城市大气污染源的前提下，通过增加绿色植物组分、调整建筑结构布局、控制城市人口、城市郊区绿化达到改善城市大气环境的目的。从生态工程方面看，城市的绿化、美化、香化是一个重要步骤。绿色植物具有十分重要的净化空气的功能。根据有关部门的专业测定，当二氧化硫随气流通过高 15 m、宽 15 m 的悬铃木林带时，浓度降低了 47.7%；含氟化氢的空气通过宽 20 m 的阔叶林后，氟化氢的浓度比空旷地降低 10% 以上；对广州某化工厂受氯污染严重的农药车间附近的绿地测定，经过丛林后空气中氯浓度降低了 59.1%。

2. 城市水环境生态工程技术

水是生命活动的主要因素，我们常说"没有水就没有生命"。因此，水也是生态系统的主要环境因子之一。城市生态系统和其他生态系统一样离不开水。城市的水环境包括空气中的水、土壤水和生活用水 3 个主要组分。我们认为，对于城市人类来说，生活用水和空气中的水分比土壤中的水分含量更加重要，而且认识到，空气中的水分和生活用水的一部分是要靠城市的地下水来补充的。因此，城市的水分调控是生态工程相当重要的任务之一。

（1）城市生态系统空气中的水分调控。根据我们目前的科学技术水平和经济条件，人类还不可能直接改变城市大范围空气中的水分含量。因此，只能通过以下两方面来间接改变城市空气中的水分含量：一是增加城市绿地面积，通过绿色植物的蒸腾作用来增加城市空气中的水分。有研究表明，在气温约 30℃时，郁闭度较好的白兰树林和细叶榕树，每平方米绿化覆盖面积可使周围 10 m²、厚 100 m 的大气相对湿度约分别增加 3.3%和 2.4%；二是增加城市中人工水体来调节城市空气的水分含量。对于一些空气中水分含量过多的城市，我们只能运用生态规划和设计的方法，通过改善城市的街道设计、房屋布局来改变空气的流动来进行适当的调控。因为，这些地区城市里的空气湿度一般比郊外高，因此不断使城市与郊外的空气进行自然交换，就可以适当地降低城市空气中的水分。

（2）城市生态系统的土壤水分调控。城市生态系统中的土壤水分对城市生态系统是十分重要的。因为，它不仅可以保证城市生态系统中的绿色植物的生长发育，保证良好的景观效应和改善空气质量。同时，又是绿色植物不断进行蒸腾，增加城市空气水分含量的重要保证。从另一方面讲，适当的土壤水分含量又是保证城市土体稳定的重要物质。城市土壤水分控制的主要措施是：减少城市地下水的过度开采；适当地增加水分的回灌补充，从而保证城市土壤水分的相对平衡。城市工矿企业按行业对水质的不同要求，采取循环分级水，推行一水多用的方式，或通过建立中水工程，将废水回收利用以及改革用水工艺、降低单位产品的用水量等措施都有十分重要的意义。

3. 城市废弃物处理的生态工程技术

城市废弃物是影响城市生态系统环境质量、增加运行成本的一种不可避免的城市产出物。近年来，很多城市都被垃圾所困扰。从生态学角度来看，"城市废弃物实际是一种放错了位置的珍贵资源"。它们富含人类所急需的物质和能量。因此，城市废弃物处理和利用是一项具有生态、经济双重意义的工作。废弃物控制生态工程技术主要包括以下方面：

（1）生活废弃物控制工程技术。生活废弃物是城市废弃物最复杂、种类最广、处理起来最难的一种，包括以蔬菜、果皮、煤灰为主的厨房垃圾，以废旧塑料、报纸、电池、铁制品和废家用电器及家具为主的家庭生活垃圾等。许多城市的可回收物与不可回收物的分类回收处理实则形同虚设。生活废弃物不分类、直接投放到生活垃圾回收站，便无法大量回收其中的可回收物。如干电池等未经过分类就直接进入垃圾，造成了严重污染。可回收物难以回收，造成了巨大的资源浪费。

我国目前常见的生活废弃物处理方式有露天堆放和自然填沟、卫生填埋、堆肥以及焚烧 4 种方法。这些方法或危害人体健康、污染空气和水源，或破坏农田、浪费了可回收资源，不是城市生活垃圾处理的有效方式。城市管理者必须积极倡导、组织各住户对垃圾分类包装，坚持垃圾站分类存放，统一回收。然后由专门的工厂进行加工增值。纸品、塑料、橡胶、纤维、金属、玻璃、陶瓷、灰砖等废弃物与工业废弃物中同类物质的再利用方式相同，可送到相应部门统一处理；废旧电池、家用电器等电子产品应送到专门处置电子产品的部门统一处理；生活废弃物中独有的厨余（厨房内同吃有关的剩余垃圾）则应送到专门的回收地点，通过微生物作用分解成水蒸气、二氧化碳和少量的氨气等无害气体和热量，不产生任何污染，分解后的剩余物是宝贵的农业矿物肥料。也可以在郊区建立一定规模的蚯蚓养殖场，利用这些有机垃圾来养殖蚯蚓，并利用蚯蚓粪（是一种优质肥）培肥城市花园绿地。生产的蚯蚓成品可以直接供给当地的养殖场作为动物蛋白饲料，形成"有机垃圾—蚯蚓—肥料—饲料"的良性生态循环工程。

（2）工业废弃物控制工程技术。工厂生产过程中的加工废弃物是城市废弃物中比例很大的一种，常见的工业废弃物包括废钢铁、废有色金属、废橡胶、废塑料、废纸、废玻璃、废化纤、冶金渣、尾矿、燃料灰渣、铸造废砂、化工渣等。目前，国外关于这方面的研究已有相当大的进展，已经从 20 世纪 60 年代的末端技术、70 年代的无废工艺、80 年代的废物最少化（零排放）发展到 90 年代的清洁技术和污染预防技术。各类废弃物再利用的具体方法，见表 5-1。

表 5-1　常见工业废弃物再利用方法（引自孙可伟，2000）

废弃物种类	废弃物再利用方法
废钢铁	重熔，按需要铸造使用
废有色金属	重熔，按需要铸造使用
废橡胶	脱硫，制造再生胶；粉碎，作为橡胶业或建材业的填充剂
废塑料	造粒，制造再生品；制造各种建筑材料；热解回收燃料或单体
废纸	制浆，制造再生纸；制造人造合成木材
废玻璃	重熔，代替部分玻璃原料使用；制造建筑材料
废化纤	开松，制造再生品
冶金渣	制造微晶玻璃；制造人造花岗岩；代替部分砂石作为建筑材料；回填
燃料灰渣	制造墙体材料；提取有用物质；分选出玻璃珠；做水吸附过滤
尾矿	制造墙体材料；制造人造花岗岩；代替部分沙石人选为建筑材料；回填
铸造废砂	再生，代替砂使用；做铸造背砂回用；铺路；堆放
化工渣	制造各种化工副产品；焚烧，回收热量；填埋

（3）建筑废弃物控制工程技术。建筑废弃物在城市废弃物中属清洁的废弃物，无机物占 90%以上，其物理、化学性质相对稳定，经过处理可作为再生资源利用。

建筑废弃物资源化再利用模式主要分为以下 3 个过程：

① 施工现场初步回收利用。对施工现场产生的易分离而且可直接利用的建筑废弃物进行初步回收利用。其初步回收物资主要为：钢筋、木材、石膏板、矿棉板、保温材料和各种材料包装件等，主要可采用以下几种形式进行回收利用：a. 下料后剩下的短钢筋制作楼板钢筋的铁支撑（矮马凳），地锚拉环等；b. 木枋、木胶合板可用作铺设施工现场的办公室、临时道路、防护棚的防护板，后浇带防护板等；c. 充分利用每次大体积浇筑剩余的混凝土浇筑女儿墙、构造柱、后浇带、预制板盖等小型构件及硬化场区道路等，减少建筑废弃物的产生。

② 回收中心深度回收利用。经过施工现场初步回收后的建筑废弃物主要为：碎砖石、渣土及各种包装件，还夹杂着一些短木料、废橡胶、废塑料和废金属件等，将其运往回收中心后需要经过分选系统进行分离处理和分类收集，然后按照各自的用途送往专业加工车间进行再加工，制成新的建筑材料和建筑原料，如碎砖石和渣土经过处理厂加工成骨料，再制成各种建筑砌块，这些再生骨料孔隙率大，质量轻，导热系数小，可用作非承重填充墙材料。由于深度回收过程的目标明确，加上专业化的生产和管理，可使建筑废弃物的回收利用率大幅提高，一般可达到 60%以上。

③ 无害填埋。对经过多次筛选后剩余的建筑废料在确保无害后运往填埋场填埋，亦可用作深基坑回填、填海造地等，以减少对环境的影响。

例如，1990 年 7 月，上海市第二建筑公司在两项工程中，将结构施工中产生的废渣碎块粉碎后，与标准砂按 1∶1 的比例拌和作为细骨料，用于抹灰砂浆和砌筑砂浆，砂浆强度可达到 5 MPa，共计回收建筑废渣 480 t，净收益 1.24 万元。科技验收通过的"地震灾区建筑垃圾资源化与抗震节能房屋建设科技示范"项目，针对地震灾区实际情况，开发和示范了 4 种不同体系的抗震节能示范房屋，形成了建筑废弃物资源化产品生产工艺和成套技术等，形成了都江堰和绵竹年产100 万 t 建筑垃圾资源化示范生产线等示范工程，对建筑废弃物再生利用起到引领和示范作用。

4. 城市噪声控制工程技术

噪声也是城市的环境污染之一。城市中过大的噪声不但影响人类的正常工作和休息，同时，也会严重影响城市人民的身心健康。据调查，在高噪声车间里，噪声性耳聋的发病率有时可达 50%～60%，甚至达 90%。控制城市噪声一般有以下三条基本途径：

① 噪声源控制。也就是把一些噪声严重的工厂企业与人类的生活工作场所分开；对于汽车鸣笛要严格控制；严格控制城市建筑噪声；民航航线一定要避开

城市；军用飞机除特殊情况外不能在城市上空做训练飞行等。

②　利用绿色植物（如林木、攀缘植物）建立隔离区或削减噪声的隔离带。绿色隔离带应保持一定的宽度和高度，另外，保持良好的乔灌草三层立体结构将更有利于发挥起吸收噪声的功能。

③　用人工建筑物隔断或减弱噪声。其中，利用绿色植物不但可以有效地降低噪声，同时，还具有多种生态环境功能。当然，降低工程造价也是其中原因之一。

5．城市环境生物控制工程技术

城市生态系统的生物控制是城市环境生态工程的另一个重要侧面。优化的城市生态系统的生物群落结构是保证城市生态系统稳定、高效、和谐的重要内涵。城市生态系统的生物控制包括人类控制和伴生生物控制两大部分。

（1）人类的控制。人类是城市生态系统的决定性生物种群。同时，我们必须充分认识到，人类本身就是一个很大的污染源。放下人类活动不计，仅从人类个体来看，很多的人类分泌物，都是对人类本身和其他生物的生存发展有害的物质。比如，人类的呼吸就要不断排出对人类和其他生物有害的一些物质。根据前苏联环境研究部门的实验研究，人肺能够通过呼吸排出 25 种有毒物质（二甲基胺、二氧化硫、丙酮、酚类）。美国科学家利用个体采样分析，发现人类排出的呼吸气体中有 16 种挥发性有毒物质，其中主要有苯、四氯乙烯、二氯乙烯、氯仿等。因此，城市人口的高密度是当前城市生态系统面临的重要问题。有效地调控城市人口密度，必然是生态工程的一个关键问题。尤其是一些经济发展比较落后的国家则应当从头做起，注意更有效地控制城市人口的超常规增长，加强人口素质的提高工作。

①　人口总量的调控。从生态学角度看，城市生态系统基本是一个纯消费系统。其稳定与发展主要是依靠其他生态系统生产的物质能量输入来维持的。离开外系统的物质能量维持，城市生态系统一天也不可能正常运转。城市人口数量与输入物质能量的多少、环境质量水平高低、就业难易程度、住房条件好坏、社会秩序优劣成正相关关系。因此，过多的城市人口必然是一个物质能量巨大的消费系统，是环境污染源和社会矛盾集中点，其持续运转和稳定平衡难度更大。因此，适当地控制城市人口总量是十分必要的。尤其重要的是发展中国家。

②　人口密度的调控。城市是一个人口高密度地区。过密的人口必然会影响城市的生态环境质量和社会稳定。因此，适当地调整城市人口密度，是改善城市生态环境的一个方面。

③ 人口质量（素质）的调控。人口素质是保证城市生态系统稳定和高效益的根本。也可以说：没有高质量的城市人口素质就没有现代化的城市。城市生态系统人口质量提高，一方面要从眼前入手，用及时的持续的宣传教育和严格的法律手段；另一方面要有长远打算安排，从儿童和青少年抓起。

（2）伴生生物的调控。

① 有益生物的增加与扩展。城市有益生物种群的增加与扩展的重要部分是绿色植物的增加与扩展。因此，也可以称之为"城市环境生态化工程"。城市环境生态化工程根据生态学原理以人、自然、社会和谐为核心，因地制宜，充分利用城市土壤、阳光、建筑物、降水与人工灌溉等资源，以多种绿色植物的合理匹配建成一个优美、和谐、稳定、高效的城市绿色植物系统。目前，我国很多城市的绿色植物一般是以"斑块"结构为主，缺乏相互联系的"廊道"。动植物生存所必需的生境日益破碎，隔离度增加，物种灭绝率上升，生物多样性下降。通过建立簇状散生的小型自然斑块或建立廊道，对于提高城市景观中的自然异质性，减少有害干扰（如污染病害在城市景观中的传播）以及提高城市中物种运动的连通性，从而保护城市景观中的生物多样性，具有十分重要的意义。

② 有害生物的抑制与清除。对人类有害生物的调控应当从几方面入手：第一，减少有害生物的生存环境，防止有害生物滋生；第二，应用无公害药物控制；第三，保护有害生物的天敌，利用捕食性食物链来抑制有害生物。

第三节　农村环境生态工程

农村环境是城市及工矿区以外的广大范围的区域环境，它是由自然环境，特定的经济及社会环境共同组成，占有特定的地域空间，在农村环境中，人类活动以农业经营为主，主要从事农、林、牧、副、渔等生产活动。因此农村环境是有别于城市环境的，具有特定区域、特定产业、特定景观特征的一种区域生态环境。

一、农村与农业生态环境

农村是与城市相对应的一种地域概念，它包括自然、社会、经济等各个方面，是进行农业生产，发展乡镇工业的基地。在这样一个广阔地域范围内，合理利用与配置资源，发展农业生产，进行工业建设，保护和改善该区域的环境，是实现农村可持续发展，保证人类生存环境可持续性的重要组成部分。

（一）农村环境与农村生态系统

1. 农村环境的发展及其特点

（1）农村环境的发展和变化。农村环境随着农村的发展，其边界及构成成分也在发生改变。在原始农业阶段，农业是农村唯一的社会生产部门。原始农村生产力落后，生产资料公有，人口数量少，活动范围小，呈据点状开发利用，自然环境基本没有变化，未受到大的影响。

随着金属工具的出现，农业生产水平的提高，手工业从农业中分离出来，出现了商业，手工业的"集聚"，城乡开始分离，进入古代农村阶段。此时农村人口有较大增长，主要集中在农业生产条件较好的平原丘陵农业区域，城镇人口少，生产力发展缓慢，农村长期处于自给自足的自然经济阶段，但因人类活动加剧，农业经营规模不断扩大，其自然景观、生态环境逐渐受到影响，加之兴修水利、平整土地、建设道路和村庄，使其自然景观人工化。

产业革命后，随着现代工业和现代科学技术的迅猛发展，陆续进入工业化和城市化的同步发展时期，农村劳力、资金大量流入城市，土地也被城市扩占，农村经济趋于停滞或衰落，进入城乡对立阶段。这一阶段农村人口比重大幅度下降，农村经济结构趋于单一；手工工具与机械化农具并存；传统经验与现代技术并存；自给自足与商品生产并存；农村经济关系复杂多样，农业景观趋于人工化、多样化。

（2）农村环境的特点。农村环境的构成复杂，其系统内部组成要素和外部因子之间相互联系，相互影响，系统的边界十分模糊。往往根据要解决的问题、分析和研究的目的、内容来界定农村环境的边界。但无论如何划分农村环境的边界，它们都有如下的共同特点：

① 农村环境具有显著的农业特征，农村以农业，即第一产业为主体，农业生产与自然环境、自然再生产相联系，形成自然与人工相结合的农业生产系统。

② 农村环境包含了主要的自然环境要素，这些要素包括大气、水、土壤、岩石、阳光等，也是农业环境的基本组成。

③ 农村地域辽阔，人口居住分散，村镇分布、社会结构、经营形式等表现有多样性、自立性、灵活性等明显的社会属性。

④ 农村环境受自然条件和经济条件的影响，存在明显的地域性和不平衡性。不同地域的农村景观有很大差异，经济发展水平极不平衡，产业机构也相差很大。

⑤ 根据农村产业结构的发展趋势，第一产业虽然是农村的基础产业，但因

农业产品的属性、农业受自然条件与生物生产力的约束，其发展速度普遍低于第二产业。农村工业化和农村城市化趋势加快，同时给农村环境带来新的问题，即乡镇工业的环境污染迅速、复杂，污染多而分散，对农村环境产生较大影响。

2. 农村环境（生态）系统

农村环境生态系统基本由农业环境、村镇生产环境、乡镇工业环境及自然环境共同组成。因此，农村环境也可以定义为"城市建成区外，人类集居并以农业（包括农、林、牧、副、渔业）或乡镇工业生产为主体的地域内的生产环境和居住环境的总体"，它也是一个复合生态系统，由自然、社会、经济 3 个子系统组成。该系统依赖于自然资源的供给，但又受自然生态条件的约束，社会、经济与自然三者既相互依存又相互制约与补偿，构成农村环境的有机整体。

农村环境（生态）系统是一种经过人为干预，但仍保持了一定自然状态的生态系统，属半自然的人工生态系统。农村生态系统同样具有普通生态系统的结构、功能，符合生态系统的一般演替规律，要保护好农村生态系统，也应遵循生态学原理，充分发挥农村各部门的作用，密切配合与协作，保护好农村生态环境。

（二）农业环境与农业生态系统

农业环境的概念和特点

（1）农业环境的概念。农业环境是围绕以农业生物（包括各种栽培作物、林木植物、牲畜、家禽和鱼类等）为主体的其他一切客观物质条件（如水、空气、阳光、土壤以及与农业生物并存的生物和微生物等）以及社会条件（如生产关系、生产力水平、经营管理方式、农业政策、社会安定程度等）的总和。农业客观物质条件叫农业自然环境，社会条件叫农业社会环境，通常所说的农业环境主要指农业的自然环境。

（2）农业环境的特点：

① 多样性。农、林、牧、副、渔业生产活动的领域非常广阔，除了人迹罕至的原始森林、荒漠、冻原和城市、工矿区以外，都属于农业环境的范围。由于各地自然条件不同，形成了各种各样的局部地区农业环境，其差异性也较突出，由此决定了农业环境的复杂性。

② 不稳定性。农业环境是在一定程度上受人类控制和影响的半自然环境，人们为了追求高产而单一种植和养殖少数理想的品种，改变了原先丰富多样的自然生物种群的面貌，使农业环境的"缓冲力"下降，加之工业副产品及人工合成

化学物质进入农业环境，恶化了农业生产环境，直接威胁到人类健康，甚至生存。

③ 农业环境质量恶化不易察觉和恢复。农业环境质量的恶化是积累性的，一般不会在宏观上立刻出现明显的变化，只有通过科学的、长期的观察、分析，才能捕捉其变化踪迹。农业环境因素复杂，各因素间的影响、相互关系都不容易了解，具有不确定性，更加不易察觉其变化。同样，农业环境一旦恶化，要恢复和改善它的生产能力又是很不容易的。

（三）农业生态系统主要环境问题

1. 农业自然资源短缺

由于人类对土地、森林、矿产、水源等自然资源的掠夺性开采，远远超过了农村自然生态系统的负荷，自然生态系统遭到严重破坏，导致了水土严重流失，耕地资源减少，水资源短缺等一系列问题。

（1）耕地资源少。目前，我国耕地资源形势严峻。首先，耕地相对数量少，后备资源不足，区域分布不均，耕地数量减少趋势加大。其次，我国耕地总体质量不高，高产田仅占 28%，中产田为 40%，低产田为 32%，且优质耕地占用过快，耕地污染退化严重，耕地面临着严重的酸化、盐渍化、养分非均衡化、沙漠化和污染化等耕地质量的退化，耕地保护内在基础薄弱。再次，我国部分地区土壤污染严重，在重污染企业或工业密集区、工矿开采区及周边地区、城市和城郊地区出现了土壤重污染区和高风险区；土壤污染类型多样，呈现出新老污染物并存、无机有机复合污染的局面。由土壤污染引发的农产品质量安全问题和群体性事件逐年增多，成为影响群众身体健康和社会稳定的重要因素。

（2）水资源短缺。我国水资源短缺且分布极端不均，长江以南土地面积占全国总量的 34%，水资源量占全国总量的 81%；而长江以北土地面积占全国总量的 66%，水资源总量只占全国总量的 19%。

水污染是我国面临的最严峻的环境污染问题之一。近 20 年来，水污染从局部河段到区域和流域、从单一污染到复合型污染、从地表水到地下水，扩展速度较快。目前我国江河水污染迅速加重，污染范围持续扩大；湖泊和水库水质恶化，普遍出现富营养化和生态系统退化；近岸海域大面积污染，近海水质恶化，海洋生态环境破坏严重。这在很大程度上是与农业生产中过量施用化肥和农药、秸秆任意堆放、畜禽养殖废弃物没有得到有效处理相关。

2．生态平衡破坏

在农村，生态环境的破坏突出表现在森林锐减，草场退化，以及由于植被破坏引起的水土流失和土地沙漠化。我国国土面积中至少有 1/4 存在着严重的水土流失现象，每年流失的地表土超过 50 亿 t。这不仅使得农业用地大量养分流失，同时，流失的地表土进入江河湖泊，造成严重的淤塞，也导致泄洪蓄洪能力下降，从而导致自然灾害发生越来越频繁。不少贫困地区由于粮食与燃料的压力，受环境条件的限制，商品经济难以发展，为了生存，不得不以原始落后的生产方式"靠山吃山"，对土地实行掠夺式经营，盲目开发利用自然资源，对农村的生态环境造成了严重的威胁。

3．农业活动造成的环境污染

（1）化肥使用造成的环境污染。改革开放以来，我国农业得到了迅速发展，但这种发展主要是依靠化肥、农药等化学物品投入量的大幅度增长。有调查表明，我国化肥施用量从 1978 年的 884 万 t 增加到 2005 年的 4 766 万 t，增量达 4.4 倍。化肥施用量达 367 kg/hm^2，平均施用量是发达国家化肥安全使用上限的 2 倍，是美国的 4 倍，部分地区化肥施用量还远远大于这个强度，如甘肃省白银市 2005 年化肥平均施用量高达 1 875 kg/hm^2。此外，化肥肥料养分结构比例极不合理。世界化肥消费量中，N：P$_2$O$_5$：K$_2$O 约为 1：0.59：0.49，而我国是 1：0.4：0.16，磷肥和钾肥施用量明显偏低。

由于多数农民不掌握科学施肥技术，化肥有效利用率仅为 30%～40%（发达国家为 60%～70%），其余 60%～70%进入环境，导致土壤有机质降低、理化性状变劣、肥力下降、加剧了湖泊和海洋的富营养化等。另外，化肥的不合理施用，还对大气造成污染，氮素化肥浅施、撒施后往往造成氨的逸失，硝态氮在通气不良的情况下进行反硝化作用，生成气态氮（NO、N$_2$O、N$_2$）而逸入大气，对大气造成污染。

（2）农药使用造成的环境污染。现代农业使用农药的量很大，品种复杂，而且地域分布范围广。经济越发达，使用农药越多。目前，世界农药的年总产量已超过 200 万 t，品种达 1 000 种以上，每年农药使用量已超过 180 万 t。

农药大多以喷雾剂的形式喷洒于作物上，其中只有 10%～20%附着在植物体上，80%～90%散落在土壤和水里，漂浮在大气中。部分地区农药低效率或不合理的使用不仅污染生态环境，而且通过多种途径危害人体健康。我国每年因农药中毒的人数占世界同类事故中毒人数的 50%。农药的大量使用还造成生态平衡失调，生物多样性减少，使农村本来就较脆弱的农业生态系统变得更加脆弱。

（3）农膜使用造成的环境污染。随着农业科学技术的推广，人们广泛使用农膜来改善当地的农业气象条件，以达到增温、增湿、节水及防止病虫害入侵的目的。近 20 年来，我国的地膜用量和覆盖面积已居世界首位，塑料大棚及地膜覆盖面积已超过 1 333 万 hm^2，而且绝大部分为不可降解塑料。

随着地膜使用年限的延长，残留地膜得不到及时回收，农膜、碎片不断积累于土壤，土壤的结构和可耕性遭到破坏，土壤的保水、保肥能力下降，妨碍作物根系生长，土壤中水分、空气和营养元素的正常分布运行也被破坏，对作物生长产生直接影响。残膜碎片进入水体，不仅影响景观，还可能带来排灌设施运行困难；残膜随作物秸秆和饲草被牛、羊等牲畜误食后，会导致肠胃功能失调，严重时厌食，进食困难，甚至死亡；若对残膜进行焚烧，则产生有害气体污染大气环境，尤其释放出毒性很强的二噁英类物质。

（4）畜禽养殖造成的环境污染。近年来，各地畜禽养殖业蓬勃发展，由此造成的环境污染也日趋严重。据统计，目前我国每年养殖畜禽排放的粪便粪水总量超过 17 亿 t，再加上冲洗水，实际上排放量远不止这个数字。而此类污染点多面广，治理难度相当大。有调查发现，我国畜禽养殖污染物处理率很低，粪便和污水处理工程处理率仅为 5.0% 和 2.8%。我国水环境中，来自农田和畜禽养殖粪便中的总磷、总氮比重已分别达到 43% 和 53%，接近和超过了来自工业和城市生活的点源污染，成为我国水环境污染的主要因素之一，对我国水安全构成了严重威胁。

（5）秸秆造成的环境污染。我国每年农作物秸秆产生量约 6.5 亿 t，其中约 40% 未被有效利用，在一些经济较发达地区和大城市郊区甚至高达 70%～80%，如上海郊区年产秸秆量 300 万 t，其中仅有 10% 直接还田，大多数秸秆经露地燃烧和丢弃河道，严重影响郊区大气环境和水环境质量，而且大量氮素损失，造成了资源严重浪费。每年的夏、秋季节是农村空气污染最严重的时期。部分地区由于潮湿导致秸秆不能燃烧充分，产生大量的烟雾弥散于空气中，使空气中的 CO_2、CO 浓度急剧升高，造成了严重的空气污染。每年都有许多高速公路会因此封闭，严重影响了交通安全。另外，烟雾还严重刺激人们的眼睛和喉咙，使人流泪、喉痛、呼吸困难，甚至呕吐，严重时还会导致呼吸道疾病，极大地危害人类的身心健康。

4. 其他因素导致的农村环境污染

（1）农村生活污染。随着我国城市化进程的加快，小城镇和乡村聚居点人口迅速增加，城市化倾向日益明显。但小城镇和乡村聚居点在建设方面缺乏规范的规划，基础设施不完善，脏、乱、差现象突出，对卫生和健康构成了巨大的威胁。据统计，目前我国农村每年产生 2 500 万 t 的生活污水，大部分直接排放；每年有 1.2 亿 t 生活垃圾在露天随意堆放。现在农村该类污染物的公共处理设施实际运行的少之又少，仍有 1.9 亿农民饮用水的水质不合格。

（2）乡镇企业造成的污染。乡镇企业在中国 20 年的改革开放中对中国经济增长的推动力是显而易见的，这在县域经济发达的东部地区的某些地方尤其明显。但受乡村自然经济的深刻影响，乡镇企业数目多、规模小，资金和技术力量有限，治污措施不得力。乡村企业污染占整个工业污染的比例已由 20 世纪 80 年代的 11%增加到目前的 45%，一些主要污染物的排放量已接近或超过工业企业污染物排放量的一半以上。以废水为例，1991 年乡镇工业废水排放总量为 18.3亿 t，而到 1999 年为 36.5 亿 t，9 年间增加了 1 倍多。

（3）城市污染向农村转嫁加速农村环境的污染。城市污染向农村转移主要包括 3 类：一是工业污染向农村转移；二是城市生活污染向农村转移；三是旅游污染向农村转移。近年来，由于城市普遍加强了环保监管，许多污染企业无法在城市立足，便从中心城区搬到郊区和农村，造成工业污染的转移，一些城郊地区已成为城市生活垃圾及工业废渣的堆放地。初步统计，全国因固体废弃物堆存而被占用、毁损的农田面积已超过 13 万 hm^2。此外，乡村旅游的兴起，旅游相关产业的飞速发展所带来的生活污染和交通污染，人文景观和娱乐设施开发所造成的生态破坏，也给农村环境带来了伤害。

二、农业环境生态工程模式

如上所述，农业和农村环境污染的严峻形势及其对人类生命健康的威胁将成为广大民众的严重负担，成为对政府执政能力的重大挑战。如果不能从源头上遏制环境污染的进一步加剧，在"发展"和"环境"问题上取得合理的平衡，农业环境安全和环境危机将对我国经济发展和社会稳定产生愈来愈大的影响，并可能成为社会危机的根源之一。为此，我们需积极探寻农业环境问题的防治对策。农业环境生态工程就是在这样的环境大背景下逐渐发展起来的。

针对各种农业活动所造成的不同的农业和农村环境问题，形成了多种类型的农业环境生态工程循环模式。

（一）减量型模式

这类模式主要表现为农业投入物，如土地、水分、肥料、农药等投入量的绝对或者相对减少，实现资源的高效利用。

1. 土地集约利用型模式

根据生态位原理，不同的生物在环境中占据不同的位置，利用不同的环境条件，发挥不同的作用。利用作物生态位的差异，合理的实施间套种和轮作技术，是实现土地集约利用的重要途径。常见的间套种和轮作技术有豆科-禾本科作物间套种，果粮间作，茶树与其他林木间作，豆-稻轮作，蔬果-水稻轮作等。

2. 节水型模式

我国是一个水资源十分短缺的国家，农业生产用水成本逐年增加，是限制农业增效、农民增收的主要因素。因此，如何通过合理的途径实现对水资源的节约利用和多重利用显得尤为重要。农业中对水资源的利用主要是灌溉用水，所以，一方面，利用喷灌和"微蓄微灌"节水技术，有助于实现农业灌溉用水的减量利用；另一方面，地膜覆盖栽培模式也具有明显的保墒、节水和增产、增收效果。浙江省义乌市从 2003 年起在全市范围内的茶园、果园、苗木、蔬菜大棚等多方面推行"喷滴灌"技术，取得了良好的成效。

3. 肥药减量模式

由于农民期望从土地中获得尽可能高的产出，在过去很长一段时间里，农业肥药的投入量远远超过了土地栽种作物的需要，有些甚至超出了土壤自身的负荷能力，造成了严重的农业面源污染。开发和推广新型的施肥、施药技术，才能更好地促进循环农业的发展。实现农业肥药减施的技术和方法有测土配方施肥技术，增积增施有机肥，推广配方肥、专用肥、掺混肥等。

（二）资源化模式

这类模式主要是将原本会被废弃的物质通过科学的、合理的方式利用起来，加入循环链，实现废弃物品的资源化。主要是生物质能方面的利用，如畜禽粪便、作物秸秆等的能源化。

1. 畜禽粪便利用模式

养殖业产生的畜禽粪便一直是人们很头痛的问题，它不仅造成了农业环境的严重污染，而且造成了生物质能的极大浪费。选择合适的技术，建立起合理的循环，实现畜禽粪便的资源化，是循环农业发展的重要途径。

最早实现对畜禽粪便的利用的农业环境生态工程模式就是大家都很熟悉的"猪—沼—果"生态农业模式。该模式是我国南方循环农业发展的基本雏形，是最基础的循环农业模式。它以沼气为纽带，把沼气池和果园、猪舍相结合，通过沼液喂猪、果树喷施沼液和沼肥施用等技术，实现原本要废弃的禽畜粪便的资源化，促进了农村养殖业和种植业的发展，增加了农民的收入。

该模式中通过沼气池将畜禽粪便转换成沼气能源，目前这种新能源的运用已经越来越广泛，利用价值也越来越大。沼气可发电或供农民作为生活燃料；沼气孵化禽苗，能克服传统的炭孵、炕孵工艺造成的温度不稳定和 CO 中毒现象；沼气贮存粮食，可全部杀死玉米象、长角盗谷等害虫，保持粮食品质；沼气还可用于水果保鲜；沼渣、沼液通过管道自动输送到无公害蔬菜基地作肥料，或送至鱼塘养鱼；沼渣经过加工可成为饲料等。这些技术的推广应用对改变农村环境面貌、保护当地生态环境、促进农村文明建设起到了重要作用。

实现对畜禽粪便利用的另一个模式，就是将这些粪便通过一定的加工技术转化成农业用肥。浙江嘉善天创沃元实业有限公司下属的嘉善有机肥厂的循环经济示范工程利用养殖场的畜禽粪资源，生产有机—无机复混肥。该模式利用猪粪+蘑菇泥为原料调节水分并进行高温堆肥发酵，利用固液分离，改进的高效翻堆机，提高翻堆效率和翻堆质量，缩短有机物料的发酵周期，按照生产系列的产品养分要求，添加 N、P、K 及微量元素生产功能性的有机肥料，通过挤压式平模造粒形成商品有机肥料。该模式不仅解决了畜禽粪便对环境的污染问题，实现了肥料的科学施用，还使企业获得了不错的经济效益。

2. 秸秆综合利用模式

农业生产过程中产生的各种作物秸秆是除畜禽粪便之外又一类重要的生物质，它作为农业生产中最主要的副产品之一，年产出量大，但整体利用率低，浪费严重，并且成为目前农业和农村生态环境主要污染源之一。

早期大量作物秸秆的直接废弃造成了环境的污染和资源的浪费。之后慢慢有了秸秆直接还田技术，即以全秆作包心肥，或旋耕打碎翻犁压青作基肥，以粗纤维自然腐烂分解提高土肥有机质含量，改善土壤理化性状，优化土壤微生物群落，逐年培肥地力，保障作物高产稳产；还有秸秆过腹还田技术，即以花生和甘薯藤蔓作为食草动物的粗蛋白饲料，畜粪便堆制厩肥后还田作农作物的有机质肥料。而现在，我们正在通过各种新的技术实现秸秆的综合利用。

浙江绍兴杨汛桥镇展望村的秸秆气化集中供气工程，利用秸秆在缺氧状态下经高温裂解，其中的碳水化合物裂解生成 CO、少量 CH_4 和 H_2，再经脱焦脱硫脱水供农户生活用气。还有通过秸秆饲草机械加工技术将秸秆挤丝揉搓机，变传统秸秆饲草加工横向铡切为纵向拉丝揉搓，使其成为质地柔软的丝状饲草，再通过添加微生物菌剂，压缩打捆，塑料袋密封包装，对秸秆进行发酵处理，使秸秆中大量存在的木质素类物质降解为单糖，并转化为挥发性脂肪酸等，提高秸秆的饲喂价值。秸秆转换成畜禽饲料后，进入了农业循环链，与畜禽饲料的资源化结合，形成了像"秸秆—家畜—食用菌—蚯蚓—家禽—稻田"这样的农业环境生态工程模式。

（三）循环型模式

再循环原则要求生产出来的物品在完成其使用功能后重新变成可以利用的资源而不是无用的垃圾，减少最终废弃物处理处置量。通过延长食物链等方式，实现物质的再利用。

1. 依托稻田优势生态资源的循环农业模式

我国作为农业大国，有着丰富的稻田资源，这是我国发展循环农业可以利用的优势生态资源。目前，与稻田相关的模式主要有稻田养鱼模式，稻鸭无公害共育模式等。将鱼、鸭等原本与水稻无密切关系的生物加进稻田生态系统，让稻田为鱼、鸭提供较好的生长环境，而鱼、鸭通过捕食的方式去除稻田里的杂草、害虫，又排出粪便肥田，减少了水稻化肥和农药的使用量，控制了农业面源污染，真正实现了良性循环，可持续发展。

2. 增加蚯蚓环节的循环农业模式

蚯蚓既可以作为一些家禽和鱼类的饲料，又可以用来处理作物秸秆、动物粪便、污水处理厂污泥等，使废物资源化后再重新利用，因此，蚯蚓已经越来越广泛地成为某些农业环境生态工程模式中的新增环节。浙江蓝天生态农业开发有限公司围绕猪场废弃物的资源化利用，摸索创建了"猪、蚓、鳖、草/稻、梨/茶、羊"多元结合的新型农业循环经济模式。利用干湿分离后的猪粪饲养蚯蚓，实现对猪粪的资源化；蚯蚓活体又用作生态鳖基地的饵料，体现了良好的多层次利用价值。

三、农村庭院环境生态工程

庭院生态工程是我国农业生态工程体系中的一个重要组成部分。建设好村镇庭院，是当前乃至未来农村建设与发展的重要课题，是我国农村市场经济发展和净化农村生态环境的需要。庭院生态工程把生态学、生态经济学、生态工程学等基本原理应用在农村庭院的种植、养殖、加工、住宅建筑、园林绿化等多方面的有机结合上，形成了不同循环类型的农村庭院生态系统。

（一）农村庭院生态工程的意义

以家庭为单位，以庭院为基地，以提高商品率为目的的庭院生态工程展现了较高的经济效益、社会效益和生态效益，在农村经济发展中起着重要的作用。

庭院生态工程的意义主要体现在可以充分利用农村的剩余劳动力，庭院内的闲散土地，群众手中的闲散资金，本地资源优势和技术优势；有利于丰富市场、改善市场产品供应，建立农村的食物保障体系；可美化农村环境，提高农民生活水平。

在非洲，肯尼亚的内罗毕就推行"农户田园"，成功地进行了房前屋后玉米间作大豆、豌豆或瓜果，既改造了环境，净化了空气，又补充了城镇粮食、蔬菜和水果供应。在亚洲，印度尼西亚目前正在发展"村落园地"，其全部收入几乎相当于印尼大米产值的80%。

（二）农村庭院生态工程的特点

在庭院这个很小的范围内，人类和生物高密度地共生，有限的土地上集中了动物、植物、微生物，集中了生产与生活所需的空间。生产者、消费者和分解者之间形成了复杂的食物链关系。存在着生产、加工、贮存等经济活动中的多种功能。因此，农村庭院生态工程较之其他生态系统更加复杂多样。其特点归纳起来主要有以下几个方面。

1. 生态条件的特殊性

庭院是一个独特的生态系统和小气候环境，主要表现在：①农房大都坐北朝南、庭院背风向阳，水、肥、热条件较好，CO_2浓度相对较高，有利于植物光合作用，促进植物生长；②庭院是天然屏障，抵御自然灾害的能力较强，遇旱能浇，遇涝能排，尤其是周围有房屋、树木、围墙做屏障，受不利自然气候的影响小，能形成良好的生态环境，旱涝保收；③庭院可以充分利用残渣、秸秆、废料，实行种、养、加结合，与发展沼气能源结合，形成物质能量良性循环，是农业生态系统物质能量的良好通道。

2．与人类关系的密切性

人本身是农业生态系统中的重要种群，建立一个高效的庭院生态系统，创造一个良好的生活环境，有利于人类的生产和生活。庭院生态系统与人类的密切关系主要表现在：①农村庭院是离人类最近的环境，也是人类活动最频繁的场所，它是一个"社会—环境—生物"组成的复合生态系统，人类在这个系统中处主导地位，是起决定性作用的生物种群；②庭院生态系统是人类的生活场所。人类这一生物种群必须占据一定的空间，它的突出特点是生长周期长，而不存在休眠，这个种群的兴衰与农业生态系统关系密切；③在庭院生态系统中除了自然环境外，更多的是由人类建造和调控的人工环境。由于人类的强烈干预，使得庭院生态系统中原来就复杂的环境因子变得更加复杂多样；④农业生态系统与人类生态系统并存。庭院生态系统既是农业生态系统的重要组成部分，又是人类生态系统的一个基本单元。在调控和建造农村庭院生态系统的过程中，不但要使其促进农业生态系统的稳定和发展，又要充分考虑人类生态系统的稳定与发展，二者不可有所偏废。

3．经营的灵活性

开发庭院生态工程可充分利用土地和剩余劳动时间，从自己的特点、生产条件和专长出发，来选择经营项目，并根据资源条件和市场需求的变化及价格高低等，来调整自己的经营方向，在庭院的前后、屋顶、走廊等地方从事相应的商品生产。

4．技术生产的集约性

庭院生态工程以追求高效益商品生产为目的，对技术要求高而精细，人财物的投入也较多，凭庭院就近易管理优势，一家男女老少都可以利用各种时间进行各种经营管理活动，密集投入，集约生产。

5．经济区位的差异性

庭院生态经济以农户庭院为依托，是一种家庭商品经济形式。它与其他农业经济形式，如大田经济、乡镇企业经济在区位上差异很大，有其自身的特点。庭院经济绝大部分是私营经济，是当代乃至今后相当长的时期集体经济必要的补充；庭院经济又是专业型经济，随着其深入发展，必将各自发挥特有优势，向深度、精度、高度发展，形成"专业"型经济；庭院经济还是集约经济，可融技术密集、劳动密集于一体，实现低投入、高产出、低能耗、高积累的目标；庭院经济还是商品经济，是为了交换而发展的农业经济形式，依靠市场调节，承担市场竞争和变化的风险。庭院生态经济将成为市场经济在我国农村经济领域里的重要成分。

（三）农村庭院生态工程主要模式

农村庭院生态工程在开发、发展中，由于地域、项目、条件与技术上的要求不同，形成了多种模式类型，主要的模式有以下 3 种。

1. 种养结合型模式

（1）蔬菜—畜禽—鱼。其特点是在房前屋后及自留地的菜园中采用间套作的方法种植多种蔬菜，为畜禽和养鱼提供青饲料，畜禽的粪便、废水喂鱼、作有机肥料，生产出的产品为加工业提供原料或直接进入市场。

（2）畜禽—果树—食用菌。其在自留地栽种果树，树间套种蔬菜或露天栽培食用菌；畜禽的粪便+培养料栽培食用菌后，为果树提供优质的有机肥料，促进加工业的发展，多层次增值。

2. 立体栽培加工型模式

合理地利用地下、地上和空中的有效空间，最大限度地提高庭院的利用率，如利用地下挖池养鱼，池上搭棚种葡萄或瓜类，可以为鱼遮阴，根叶可供部分饵料。

（1）畜禽—沼气—果树—食用菌。其模式以庭院畜牧业为主，构成一种"四位一体"的立体生产加工模式。把畜禽的粪便作为沼气的原料，沼气作为照明加工的能源，沼渣用作果树的优质有机肥，还可以作为果树下套栽食用菌的培养基原料。

（2）栽桑—养蚕—养猪—种果。其模式利用庭院土地种植桑树养蚕，蚕屎喂鱼肥田，养猪种果提供肥料与商品。

（3）葡萄—中药材—养鱼—经济作物。其模式利用空间实行高矮作物间作，在庭院空隙地和坡坎地种葡萄、中药材等经济作物增加收入。

3. 综合生产经营模式

把种植、养殖、加工、经营、服务等综合考虑形成完善的生产—加工—销售的完整系统，充分利用庭院生态系统的集约性、交互性的特点。

（1）种果—黄豆—加工（制食品、豆制品）—销售（小店）—养猪。其利用庭院生产果品，可以贮藏增值，可以进行加工配制果汁与饮料。间作黄豆，利用黄豆制各类豆制品，销售赢利，豆渣可以喂猪。

（2）种植—养殖—加工—经营销售一体化。

4. 农村住宅建筑生态工程

生态住宅是农村住宅建筑生态工程的一个组成部分，是根据现阶段我国社会、经济、科技的发展状况而设计建造的一种新型村镇住宅。其按能流、物流以及水资源利用和经济循环4个循环系统的设计原则为：①太阳能—屋面植物生物能—沼气化学能的能源利用系统；②人畜食物—粪便、生活垃圾—沼液—屋面栽培施肥—农作物收获利用的物质循环系统；③人畜饮用水—沼液—屋面浇灌的水资源再生利用系统；④投资建房—房屋上下和内外的农副业主体生产收益—建造屋面温室、扩大副业生产能力的经济循环系统，以此复合组成生态住宅的良性循环系统工程。

生态住宅以沼气开发为纽带，把建筑物与种植业、养殖业、能源、环保、生态等紧密结合起来，综合建筑、农学、能源、生态、环保为一体，重视资源的多层利用和生态效益，实现了住宅的多功能化，为我国农村住宅建筑建立了一种庭院生态工程模式。

四、农村区域环境污染与乡镇企业

我国乡镇企业发展迅速，现总产值已占到国内生产总值的 1/3 以上。但同时由于乡镇企业基础设施较落后，技术条件较差，资源、能源浪费严重，企业和群众的环境意识不强等诸多原因，乡镇企业的发展给农村环境和农村生态带来了严重的破坏。如何协调乡镇企业发展与农村区域环境保护之间的关系，已成为农村环境生态工程的重要内容之一。

（一）乡镇企业污染的特点

乡镇企业是指农村集体经济组织或者以农民投资为主，在乡镇（包括所辖村）开办的承担支援农业义务的各类企业。乡镇企业包含农民兴办的各种不同的经济成分，多种经济层次和以第二、第三产业为主体的多种经济实体。从行业看，有工业、农业、建筑业、饮食服务业、商业等。它的特点是独立所有、自主经营、布局分散、灵活性强等。

乡镇企业污染的特点是：

（1）分布广、数量大、行业复杂。乡镇企业中绝大多数生产规模小，设备简陋，根本不具备治理工业"三废"的条件。企业自身以经济效益为核心，各自为政，独立发展，往往朝夕难保，因而导致管理困难，也难以对其进行监督。

（2）资金缺乏，技术水平低。在当前农村部分群众环境意识还不够强的形势下，要拿出相当数量的资金用来治理工业"三废"，无论在思想上还是在实践上难度都是相当大的；另外乡镇企业也缺乏这方面的技术和管理人员。有的企业在项目建设时上了一些必要的环保设施，并且通过了环保部门的验收，但因为管理不善，操作不规范等原因，许多环保设施的实际处理效果不能达到设计的要求，处理效果并不理想；有的设施运转一段时间后，就不能再工作了，"三废"则直接排入农业大环境中。

（3）污染行业占的比重大，污染类型复杂。污染行业在城市中由于受到各种环境因素的制约，矛盾突出，发展困难，故难以在城市中立足。而在乡镇企业发展潮中，却以联营、下放产品、转让设备等方式大量向农村转移。如电镀、造纸、化工、印染，甚至土焦、土硫黄等重污染企业的建设。目前对环境有污染的乡镇企业占总数的40%，其中重污染企业约占10%。

乡镇企业污染物主要可分为重金属污染物和有机污染物两大类。前者有 Hg、Cu、Zn、Cr、Pb、Ni、As 等，主要来自化工、电镀、印染、冶炼、电子等行业；后者有 N、P 化合物、酚类化合物、多氯联苯、合成洗涤剂以及重金属的各种络合物等，主要来自化工、轻纺、造纸等工业的废料。

乡镇企业对农村环境的污染，形成了我国特有的农村环境问题。

（二）乡镇企业环境污染控制模式

乡镇企业环境污染控制模式主要是指以"3R"原则为指导，实现废弃物减量化、资源化和再循环的环境生态工程模式。它可以分为初级模式、中级模式和高级模式 3 个类别。

1. 初级模式

初级模式是最原始的生产方式，在一些土法炼汞、炼铅、炼焦等乡镇企业中至今仍然存在，企业内部有限的经济效益足以牺牲资源、生态环境质量及消费者利益为代价的。其废物量等于全部投料量减去进入产品量。这种模式可能有一定的企业内部经济效益，因为它不支付废物处置费用，不补偿环境污染、生态破坏、资源损失、环境质量下降费用，也不承担废物的成本价值而将其转由消费者承担。

初级模式开始只增加了废物简易处置措施，如废物存放地点的改变；某些乡镇小化工的废物从工厂移至垃圾堆放处，从而将垃圾转移，对某些局部环境有改善，但没有对废物进行无害化处理或利用，而仅仅只是污染转嫁，虽然在短期内，对局部环境的改善有所贡献，好像垃圾已除，污染没有了，但是被转嫁垃圾的地方却蒙受污染的危害和遭受生态破坏，有毒有害废物继续污染着周围环境。特别是将废物转嫁到乡镇外围，将会带来大气、水及土壤的污染，对粮食、蔬菜等农作物带来危害，影响水、陆生动植物生长，危害人们健康。有些垃圾占用大量农田，给农民带来经济损失。这就要求进行无害化处理，于是又增加了无害化处理设施。

为了达到污染物排放标准，增加了无害化处理设施，降低了污染的毒害性，一定程度上改善了环境质量。在城镇所在地、水源地、农田、水产养殖区等环境质量要求较高的地区，要求乡镇企业对电镀废水、印染废水、造纸废水等进行无害化处理。由于"三废"无害化处理会增加产品成本，而且还需要投入相应技术、人力和运转费用，所以只有当乡镇企业厂长、经理有了环境保护意识、企业上了一定规模、有较好效益时，无害化处理才是可行的，否则即使上了处理设施也难以坚持运转，乡镇企业处理设施运转率一般都很低。

2．中级模式

在初级处理模式的基础上，增加了循环利用、综合利用、重复利用等设施，在无害化的基础上，为实现废物资源化，增加了多种利用设施，从而大大降低了废物的种类、数量和危害。循环利用、综合利用、重复利用可节约成本，一般均有较好的经济效益；更为重要的是它不仅仅从"废物"本身找"最小"途径，还深入产品的生产过程中。通过原料选用、工艺改革、设备更新、加强生产技术等途径，来达到废物最小化的目标。它有利于生产效益的大幅度提高，同时实现废物最小化，能取得环境、社会、经济3个效益同步。乡镇小食品、小造纸、小水泥、小土焦厂等通过这些措施取得了很好效果。这一模式减少了原材料和废物排放量，减轻了环境污染和破坏，改善了环境质量。当然，这一模式要求乡镇企业要有一定的规模和档次，在进行必要的可行性论证后，大中型纺织、电子等乡镇企业也可以实施。

3．高级模式

高级模式目前从资源开采、运输、储存，到生产全过程中寻求总废物量最小化，从资源合理开发利用到生产的全过程寻求废物最小化，还通过产品生命周期分析，即从减少产品、商品及其包装物转化为环境废弃物的速率、数量，提高产品、商品及其包装物可回收利用、综合利用及可生化性，寻求总废物量最小化。这要求从资源的勘探、开采、堆存、运输、生产、综合利用以及产品、商品及其包装物在使用之后的转化等各个环节入手。

首先，从企业生产范畴来说，这是最先进的模式，在世界面临"资源危机"的当代，意义就更加重大，它是决策、计划、管理部门的优选模式，也是乡镇企业的方向。

其次，从更大的范畴来看，这一模式着眼于全社会物料系统（包括资源、投料、产品、商品、生产废弃物、社会废弃物）的最小化，寻求全社会的"节约型"模式，以改变传统的"生产浪费型"（如发展中国家）及"生活浪费型"（如美国等发达国家）的"浪费型"模式。

将来高级模式应该实现全社会废物最小化与区域环境总量控制相结合，这可以说是最理想的控制模式。它将进一步考虑废物的产生、来源、负荷等方面，而且涉及区域环境质量、环境标准、环境容量等方面，将两方面结合起来考虑，从而确保环境质量。这一模式要求全人类的生产、生活及其社会行为，都要以确保区域环境质量为前提，为此制定相应的发展战略、方针、政策、法规、制度、办法，改变传统的以牺牲资源及生态环境质量为代价的"生态浪费型"及"生活浪费型"模式。另外，所有企业及社会即使都实现了废物最小化，还是要受到环境允许容量的控制，这是因为，社会经济的发展是无止境的，即使所有生产及生活废弃物达到最小，其负荷总量总是在不断增加的，如果不按环境允许容量进行控制及管理，环境污染、生态破坏的结果将不可避免。

第四节　景观生态工程

以"生态系统"这一重要科学概念的提出和林德曼等人对生态系统能流的研究为标志，生态学进入了以生态系统为研究对象的新阶段，研究内容更多关注于相对同质的生态系统内部的能量流、物质流等。但是，从根本上讲，环境问题的产生主要是由于人类对生物圈自然景观的改变，这不仅仅是人类对自然生态系统的开发和利用，而更重要的是农田、村庄、城市等人工生态系统的建立，形成了"社会—经济—自然"复合生态系统的景观，使自然生态系统破碎化。因此，大多数环境问题的解决不仅要靠生态学、环境科学等多学科的配合，更需要以区域复合生态系统为研究尺度的景观生态学的理论、技术和方法。

一、景观生态工程的相关概念

（一）景观及景观生态学

对于景观这一术语，非专业的人们会感到比较陌生，但当你站在高处鸟瞰时，在你所看到的一个区域，可能是农田、村庄、城市，以及森林、草地或水塘等，它们有些是自然的，有些是人文的，但它们都是构成景观的要素，这些要素的聚合体就是景观。从生态学角度理解，景观是空间上不同生态系统的镶嵌聚合。一个景观包括空间上彼此相邻、功能上相互联系、发生上有一定特点的若干个生态系统，是具有明显视觉特征的地理实体，兼具经济、生态和美学价值。

"景观生态学"一词由德国区域地理学家 Troll 于 1939 年首次提出，他将景观生态学定义为：研究某一景观中生物群落之间错综复杂的因果反馈关系的科学。我国景观生态学家邬建国将景观生态学定义为：研究景观单元的类型组成、空间配置及其与生态学过程相互作用的综合性学科。景观生态学主要集中于以下三方面的研究：景观单元或生态系统间空间关系的研究；景观单元间的能量流、物质流和物种流；景观镶嵌体随时间而变化的生态动态。

（二）景观要素的基础知识

景观是一个由不同生态系统组成的镶嵌体，而其组成单元（各生态系统或亚系统）称为景观要素。

景观和景观要素的关系是相对的。我们将包括农田、村庄、牧场、森林、道路和城市的异质性地域称之为景观，而将它们每一类称之为景观要素。但也可以将整片森林称为景观，而将不同的森林类型称为景观要素。一样也可以把城市视为景观，各个功能区视为景观要素。

景观和景观要素的概念，既是本质区别的，也是相对的。景观这个概念强调的是异质镶嵌体，而景观要素强调的是均质同一的单元。

（三）景观类型的划分

对景观类型的划分尚未有统一的原则，有多种景观类型的划分方式。最为常见的是按人类对自然景观的干扰程度的分类，Forman 和 Goldron（1986）将其分为 5 种类型：

（1）自然景观。其没有受到人类任何干扰的景观，如赤道地区的原始热带雨林景观、北极圈内的泰加林景观、高山苔原带景观……这种自然景观只具有相对的意义，因为地球上完全不受人类干扰的景观已寥寥无几，只是人类的干扰并没有改变自然景观的性质。

（2）管理景观。其指人类可以收获的林地与草地。如我国的大兴安岭原始林区，人类的活动已使大片的原始林受到扰动，通过采伐、林木更新、植被演替，在原始林内形成人类管理的、新的次生林基地，林木的生产完全受到人类的控制。分散的由廊道连接的人工建筑景观穿插于林地内，形成了与周围环境不同的新的斑块。这时的森林已不具有原始林地的景观特征，人类的管理活动超越了自然力的作用，占有主导意义。

（3）耕作景观。其指种植的农田以及相伴的村庄、树篱、道路、水塘等形成的景观。该景观在人类的发展史中具有最为重要的意义。与管理景观明显的区别在于景观格局的几何化，大量的直线形的边界取代了天然的曲线形边界，斑块的密度大幅度增加，优势度降低。种植的作物多为人工培育的品种，因而大幅度提高了景观的生产能力。

（4）城郊景观。其为人工建筑的城市景观与耕作景观（或管理景观）过渡的一种类型，因而具有两者的双重特征。城郊景观异质性最高，线状廊道增加、基质面积减少、景观要素的丰富度和镶嵌度提高。由于城市的不断扩大，土地利用类型变化迅速，景观具有明显的动态变化特征。在城郊，残存的物种与人工引入的物种同时存在，增加了当地物种的多样性。

（5）城市景观。其完全按人的意志建立起来的景观类型。主要的景观要素类型为街道和市区房屋建筑，并零星分布有公园、绿地、树木、河流、空旷的运动场等。城市的存在需要大量负熵的输入，并排出废气、废水、废渣等污染物，其平均净生产力为负值。

（四）景观生态工程

景观尺度的生态工程（环境生态工程）是生态工程技术的一个新的研究领域。它以景观生态学原理为指导，结合工程学、环境学、经济学和园林设计等多方面的知识，针对农田、村庄、牧场、森林、道路和城市等各个对象中存在的环境生态问题类型，兼顾景观的生态学、经济学和美学价值而设计的生态工程项目。

二、景观要素的基本类型及构型

前面已经谈到，景观要素是景观的基本单元。按照各种景观要素在景观中的地位和形状，我们将景观要素划分成 3 种类型：①斑块（Patch），在性质或外貌上不同于周围单元的块状区域；②廊道（Corridor），指与其两侧相邻区域有差异的相对呈狭长形的一种特殊景观类型；③基质（Matrix），在景观中的本底覆盖类型，通常具有高覆盖率和高连接度，并且在景观功能上起着优势作用的景观要素类型。

（一）斑块

按照起源，可以将斑块划分为四类：干扰斑块（Disturbance patch）、残余斑块（Remnant patch）、环境资源斑块（Environmental patch）和引入斑块（Introduced patch）。

干扰斑块可由基质内的各种局部干扰造成，泥石流、雪崩、风暴、草食动物爆发以及人类活动等都可以产生干扰斑块。

残余斑块的成因与干扰斑块刚好相反，它是动物群落在受干扰基质内的残留部分，分为动物残余斑块和植物残余斑块两种。

环境资源斑块是由环境异质性导致的。它的特点是相当稳定，周转速率相当低。

引入斑块是随着人们把生物引进某一地区而产生。引入的物种，不管是动物、植物或是人，对周围环境都有很大的影响。如果引入的是植物，则称为种植斑块；如果引入的是人类，则形成另一种类型的引入斑块——聚居地。

斑块的大小和形状对斑块内的能量、营养分配以及生物组成都有重要影响。斑块边缘部分由于受外围影响而表现出与斑块中心部分不同的生态学特征的现象，即边缘效应，也有着重要的生态学意义，值得关注。

（二）廊道

廊道按其起源进行分类，可分为 5 种：干扰型、残留型、环境资源型、再生型（如受干扰区内的再生带状植被）和人为引入型（或种植型）。

邬建国（2000）将廊道的主要功能归纳为以下四类：①生境（如河边生态系统、植被条带）；②传输通道（如植物传播体、动物以及其他物质随植被或河流廊道在景观中的运动）；③过滤和阻抑作用（如道路、防风林道及其他植物廊道对能流、物质流和信息流在穿越时的阻截作用）；④作为能量、物质和生物的源或汇（如农田中的森林廊道，一方面具有较高的生物量和若干野生动植物种群，为景观中其他组分起到源的作用；另一方面也可阻截和吸收来自周围农田水土流失的养分和其他物质，从而起到汇的作用）。

廊道最重要的特征之一是它的弯曲度或通直度，其生态意义与生物沿廊道的移动有关。一般来说，廊道越直，距离越短，生物在景观中两点间的移动速度就越快，反之，就需要更长的时间。廊道的另一个重要特征是其连通性——廊道有无断开是确定通道和屏障功能效率的重要因素。廊道的宽度变化对物种沿廊道或穿越廊道的迁移具有重要意义。

（三）基质

景观由若干个类型的景观要素组成，其中基质的面积最大、连通性最好，因此在景观功能上起着重要作用，影响景观的能流、物流和信息流。

相对面积的大小、连通性的好坏和对景观动态控制作用的程度是判定基质的3个基本标准。

（四）景观要素的构型

景观要素在空间上的分布经常是有规律的，形成各种各样的排列形式，称为景观要素构型（Configuration of landscape elements）。最为明显的构型有 5 种（Forman，1990）：

（1）规则型或均匀分布构型。其指某一特定类型的景观要素间的距离相对一致。例如在我国北方农村的各乡（镇），由于同一乡（镇）人均占有土地相对平均，形成的村落格局多是均匀地分布于农田间，各村的距离基本相等。这是人为干扰活动形成的斑块最为典型的规则型分布格局。其他如森林采伐迹地、喀斯特景观内的湿地也经常见到自然斑块成规则形分布。

（2）团聚式分布构型。其指同一类型的斑块聚集在一起，形成大面积分布。如辽宁省的盘锦地区稻田的大面积聚集，吉林省玉米地的大面积聚集，均属于上述类型。

（3）线状分布构型。其指同一类型斑块呈线性分布。在山区的沟谷内，村落多沿河流分布；新的高速公路、铁路沿线会逐渐形成零散分布的新兴城镇，冰川侵蚀形成的串珠形凹地等代表了线状分布构型。

（4）平行分布构型。其指相同类型斑块平行分布。在沈阳与大连之间存在两条近平行的廊道，一条是新建的高速公路，另一条是原来的公路。两条公路沿线零星分布着人工建筑物形成的村落、集镇，这些人工建筑斑块分布形成典型的平行格局。在我国的青藏高原，冰川对土地的凿蚀往往明显可见的平行湿地也属于此列。

（5）特定的组合或空间连接。其是一种特殊的分布类型，大多出现在不同的景观要素之间。意指不同的景观要素类型由于某种原因经常相连接分布。比较常见的是城镇对交通的需要，总是与道路相连接，呈正相关空间连接。另一种是负相关连接，如平原的稻田区很少有大片林地出现，林地分布的山坡不会出现水田。

景观要素的构型对野生动物颇为重要。特定的构型是由特定的作用力所产生的，并能产生特定的景观功能。如多种景观要素聚集一处，常能成为野生动物的聚集点。因为这里资源类型多，又利于隐蔽。为此在自然保护区内对这些点应分外注意，严格加以保护。

三、景观生态工程的应用

景观生态工程有着广泛的应用前景，对国民经济建设和环境保护的作用也愈来愈明显。下面将从景观生态工程与农业、城市、自然保护区建设之间的关系 3 个方面介绍景观尺度生态工程的类型及其功能。

（一）景观生态工程在农业中的应用

1. 景观农业的概念和特征

（1）有俄罗斯学者认为，景观农业是在农业景观中调节物质与能量的一种系统，它可以保证农业景观中资源的再生产能力，首先是提高土壤肥力和农作物产量。按此观点，景观农业的本质是农业生态系统与自然生态系统在一定自然景观上的有机结合，它是按照景观生态学原理规划的具有自我调节能力、高稳定性、实现能量与物质平衡的一种新型农业。景观生态学原理可以用来指导农业与土地质量的关系、农业用地的生物分布、农业生态系统中景观过程以及农业生态系统与整个景观的相互作用。

（2）景观农业具有以下特征：

① 保证人类合理地、生态上无危险地开发农业生态系统，最终实现农业高产、稳产和持续发展的目标；

② 在以农业生态系统为基质的景观中充分发挥自然生态系统斑块、廊道的高稳定性、自我调节能力，以维持和加强整个农业生态系统的稳定性和正常运作功能；

③ 正确估计地貌类型和其他要素对农业生产的影响，种植的作物品种、采取的土壤改良措施、耕作方法、土地利用强度、作物布局等要与地貌类型、要素相适宜；

④ 在确定农业景观中能流、物流动态基础上，尽量扩大利用可再生的生物能源，减少化石能源的投入，能流、物流的有效转化将为农业生产降低成本、增加收入创出一条新途径；

⑤ 为人类展现良好的生态系统和优美的景观视野，可作为旅游资源进行开发，从而大大提高农业生产的经济效益；

⑥ 农业景观中的自然生态系统可建成微型自然保护区，保护农业生态系统中存留的生物基因、物种、生态系统和景观多样性，为建立人工与自然生态系统和谐统一的环境创立一种新的模式。

2. 农田景观生态工程建设

农田景观（farmland landscape）是耕地、林地、草地、水域、树篱、道路等的镶嵌体集合，表现为有机物种生存于其中的各类碎化栖息地的空间网格。或者说农田景观通常情况下是以林地、草地、水域、居民点和工矿企业等为镶嵌体，以农田防护林、道路、沟渠、田坎等为廊道，以耕地为基质的网格化景观体系。

农田景观生态工程可归纳为 5 种类型，即农田防护生态工程、生物栖息地保护工程、自然景观生态工程、污染隔离带工程和景观美化生态工程。

（1）农田防护生态工程。建设内容包括农田防护林工程、农田防洪排涝工程、农田护坡工程（沟渠、路护坡、田坎硬化或树篱建设）等，主要分布在农田边界、农田道路两侧、田坎等位置。

（2）生物栖息地保护工程。生物栖息地保护工程包括生物廊道（农田道路、田坎、沟渠等的覆被）建设工程、农田斑块建设工程（如人工林地、草地等）湿地保护工程（如坑塘水面）等，主要分布在农田道路两侧、田块内、田块之间等位置，如在田间地头建设生物休憩林、建设生物廊道将隔离的斑块与其他斑块或廊道连接，增强各景观单元的可达度。

（3）自然景观生态工程。自然景观生态工程包括具有明显地域特点和重要生态功能的天然林地、草地、水体、裸岩等主要分布在田块内部或边界，这些自然景观往往具有其独特的观赏价值和生态价值，在土地整理过程中应加以重点保护，维护其原有的天然景观。建设内容包括：①简述典型自然景观的分布情况、特点及保护的必要性；②确定保护的范围、面积；③确定自然景观的保护措施。

（4）污染隔离带工程。污染隔离带工程包括防止工业"三废"、垃圾处理、汽车尾气、噪声等污染源污染的农田边界以外绿色隔离带（缓冲区）建设工程等，主要位于主要交通干线两侧、点源污染源周围，如工厂、垃圾处理场周边等。建设内容包括：①简述项目区主要污染源的分布情况及潜在危害；②确定隔离带建设的位置和布局方案；③选定建设标准和建设规模；④防护效果预测。

（5）景观美化工程。景观美化生态工程主要是从生态审美角度考虑增强景观美感度而兴建的人工景观，充分考虑绿美结合。包括观赏植物的种植、农田建筑物的设计、农业主题公园建设、名胜古迹的保护等。主要位于农田内部、农田道路两侧、田坎等位置。建设内容包括：①简述景观美化工程建设的必要性；②选定景观美化工程的位置、建设内容；③基本选定景观美化工程的设计方案；④选定建设标准和建设规模；⑤确定景观美化工程的保护措施。

3．乡村景观的生态工程设计

生态工程最直接的成果就是资源的合理利用和保护，因而可以广泛应用于乡村景观规划建设的方方面面。生态多样性能形成一种综合的"栖息环境"，这种栖息环境具有丰富的层次结构，能自行生长、成熟、演化，并抵御一定程度的外来影响力，即使遭到破坏，也有能力自我更新、复生。建立在这种栖息环境上的景观就是自我设计的景观，它意味着人工的低度管理和景观资源的永续利用。

乡村景观规划设计过程中，必须充分了解景观的生态特征。在景观整体优化的基础上，进行景观分类，对不同的景观单元按照景观功能进行规划，最后配置出理想的景观格局，最终建立可持续发展的乡村景观生态格局。

乡村景观的规划设计要借鉴国外的理论研究和实践经验，并结合中国乡村景观的发展现状和特点，可采取以下措施：①建立高效的人工生态系统，实行土地集约经营，保护集中的农田；②控制建筑盲目扩张，建设具有宜人景观的人居环境；③重建植被斑块，因地制宜地增加绿色廊道和分散的自然斑块，补偿恢复景观的生态功能；④工程项目建设要节约用地，重塑环境优美、与自然生态系统相协调的景观；⑤充分利用原有资源和本地材料，以较低的成本建造高质量的乡村景观；⑥生态保护必须结合经济开发来进行，通过人类生产活动有目的地进行生态建设，如土壤培肥工程、防护林营造、农业生产结构调整等。

通过对乡村景观进行生态规划，可以保护乡村景观的完整性和地方文化特色，挖掘乡村景观资源的经济价值，改善和恢复乡村良好的生态环境，营造美好的乡村生活环境、生产环境和生态环境，促进乡村的社会、经济和生态持续协调发展，既维护乡村景观风貌又提升乡村的生活品质。

（二）景观生态工程在城市建设中的应用

1. 城市居住环境景观生态设计

居住环境景观生态设计所遵循的生态思想是包括社会、文化和经济在内的复合生态，强调的是人与自然的结合，是在自然生态的基础上，注重围绕人的体验、活动及对环境的影响来探讨居住环境的景观设计。景观生态设计并非是传统景观设计的突变和割裂，而是进化、延续和丰富，它强调人与自然的和谐，体现景观中的社会公平，强调景观中对人的精神愉悦的诉求，满足居住区的功能要求，创造风景优美的人居环境，以最小的代价实现居住区景观的可持续发展。

针对目前居住环境景观的自然观、生态观淡漠的情况，提出以下几点景观生态设计思路。

（1）保留原生态土质。自然界是具有生物多样性、物种多样性、基因多样性的生态系统，是由食物链构成的生态金字塔，塔底是孕育万物的土壤、水分等，其上为微生物、昆虫等分解者，位于分解者之上的是将太阳光、水转化为有机物并产生氧气的植物，塔顶是作为消费者的动物和人类。原有的地球生态系统是亿万年演化而成的，在自身系统内可以完成物质的循环和能量的转换，所以属地原生态表土的保持相当重要，而在现代城市居住区开发建设中，忽略了原生态表土的重要性，随意弃土、回填土、整土，破坏了大地的平衡和生物多样性的原生态环境。因此尽可能保留居住区的原生态土质是居住环境景观生态设计的基础。设计中应就地取材，通过借景、障景、引景等手法巧妙地利用原有生态景观，保护原生态土壤和地形地貌，防止原生态水土流失。

（2）构建复层植物群落，提高绿地生态效益。构建丰富的复层植物群落结构有助于生物多样性的实现。居住区绿地的植物配置是构成居住区绿化景观的主题，它不仅起到保持、改善环境，满足居住功能等要求，而且还起到美化环境，满足人们游憩的要求。其作用是通过园林植物的植物循环和数量流动所产生的生态效益来实现的。生态效益的大小取决于绿量，绿量的大小取决于园林植物总叶面积的大小。单一的草坪与乔木、灌木、复层群落结构不仅植物种类有差异，而且在生态效益上也有着显著的差异。同时居住区内应该注意一年四季的季相变化，使之产生"春则繁花似锦，夏则绿荫暗香，秋则霜叶似火，冬则翠绿常延"的景色。四季以不同季节开花的植物来表现四季植物景观，既满足了景观要求，又紧扣了四季主题。所以居住区环境建设中，应避免盲目使用大面积的单一草坪，而建设综合生态效益更佳的复合林地绿化。

（3）水景的合理利用。在居住环境设计中从生态因素方面对水的处理一般集中在水质的清洁、地表水循环、雨水收集、人工湿地系统处理污水、水的动态流动以及水资源的节约利用等方面。水景的合理利用可以从其使用的材料硬质改造、软质改造和动物及微生物改造方面入手。

水环境是居住区环境中重要的环境因子，水景与绿化的结合造就了居住区优良的自然环境，良好的水环境能对居住区生态环境的形成发挥重要的作用。使用透水性铺装兼有良好的渗水性及保湿性，透水性铺装地面以下的动植物及微生物的生存空间得到有效的保护，因而很好地体现了"与环境共生"的可持续发展理念。湿生植物能够净化水体，保护生态环境，因此应该重视湿生植物的开发和推广应用。

由此可见，居住区环境中的水景利用不仅从景观视觉的角度出发，更应当贯彻生态设计的思想，如果人们能够善待水，居住区水景必将会带来更加令人愉悦的身心享受和更加长远而巨大的公众利益。

（4）重视立体绿化的设计。所谓立体绿化是指包括阳台、平台、屋顶、墙面、室内的绿化，是"土地空间化"设计观念影响下形成的绿化形态，它能真正将绿化由室外引入室内。它可有效增加绿化面积，充分发挥绿化的生态效益，改善微气候环境。基于生态原则的绿化设计应充分考虑物种的生态位特征，合理选配植物种类和空间布局，建立综合立体的绿化体系，形成结构合理、功能健全、种群稳定的复合绿化体系。但是立体绿化对建筑物顶层防漏和承重提出了新的要求，因此在居住区建筑规划设计之初，就要充分考虑立体绿化对屋顶产生的承重、防漏等问题。

（5）统筹考虑景观道路、雕塑、健身设施等户外空间。景观道路、雕塑、健身设施等户外空间穿插渗透于整个居住区的景观生态系统中，是居住区环境景观的重要因素。在景观道路、雕塑、健身设施的设计安排时，必须将建筑的尺度、景观小品的尺度、树木的尺度进行综合的考虑、合理的量化。景观生态设计不是单纯的绿色植物生态设计，所有人的参与园林的因素都应加以考虑。因为在居住区环境中，人是主体，也是生态系统里的一部分，是一个赏景的动体，又是一个景观造景的动静态元素，"景"与"观"是互动的。景观道路、健身设施等户外空间为"人"提供了活动场所，让"人"充分参与到生态系统中来。因此，在居住区环境景观生态设计中，应统筹考虑景观道路、雕塑、健身设施等户外空间的设计，才能保证居住区环境的社会活力，实现生态、视觉景观和大众行为的三位一体。

2. 受污染城市湖泊景观化人工湿地工程

目前国内多数城市水体的生态系统结构和功能均发生了不同程度的退化，中心城区内湖泊富营养化问题日趋严重，主要表现在湖泊萎缩、水量锐减、水质恶化（多为 V 类，甚至劣 V 类）景观效果严重削弱等。下面以武汉月湖地区为例，探讨受污染城市湖泊的景观化生态工程。

作为中心城区内相对封闭的景观湖泊，月湖周边建筑密集、人口密度较大、工程用地极少、湖内淤积严重，因此只能采取以湖内水生植被恢复与重建为核心、以湖滨生态工程为主的工程措施来有效改善水质。

其中，作为月湖生态系统重建与景观改善示范工程中的子项目的月湖 3 号人工湿地示范工程构建了新型复合垂直流人工湿地，并结合小流域内市政管道改造和园林景观技术，有效截污和削减排入湖泊的污水，恢复湖滨带的自然条件、植物类型和生态功能，改善月湖现有水质条件，从而为实施月湖生态重建与景观改善工程创造必要条件。人工湿地作为一种新兴的兼具园林绿化和景观效果的水处理技术，具有较高的实用价值，被广泛应用于动物栖息地保护、城市生活污水处理、酸性矿废水处理与农业面源污染控制等多个方面。

结合受污染城市湖泊水体的修复特点，设计和构建了新型景观化人工湿地系统，在注重水处理效果的同时，充分考虑到景观需求，实现了水质净化功能与景观美化功能的和谐统一。目前该湿地系统运行良好，其功能与形式已得到社会各方的认可，为城市受污染水体修复技术的推广提供了较好的示范。

（三）绿色通道景观生态工程

绿色通道建设工程是国土绿化的重要组成部分，是一项具有战略意义的国土绿化工程。实施绿色通道工程，不仅能够保护公路、铁路、河渠、堤坝，改善沿线生态环境，全面推进城乡绿化美化向纵深发展，而且能够促进沿线地区的农业结构调整，改善和优化沿线地区社会经济环境，加强社会主义物质文明和精神文明建设。绿色通道工程建成后，将与沿线周边大地环境绿化，城镇村庄绿化连成一体。构成重要的绿色生态屏障，对经济、社会发展和人民生活水平的提高起到积极的推动作用。

绿色通道景观生态工程的规划和建设原则是：①从区域性国际化的高度出发，本着统一规划、整体协调、区域分异、突出重点的原则；②遵循自然界客观规律，科学选择具有地带性和象征性的乡土树种为主加以营造与体现，因路制宜、适地造树；③坚持乔、灌、草相结合，速生树种与慢生树种结合，近中远及季相景观效果结合等优化配置，兼顾交通大道、生态工程、景观走廊等多项功能，形成生物多样性丰富的大地景观生态廊道；④坚持节约土地、效益优化的原则，社会、生态、经济三大效益相统一。

以广西南宁—友谊关高速公路（以下简称南友高速公路）为例。根据南友高速公路沿线当地的自然生态条件、社会经济状况和现有森林植被分布特点，结合高速公路建设和城乡绿化美化、公益林营造等对生态景观功能的要求并围绕设计主题，南友高速公路绿色通道的景观空间布局构成区划为"一廊、六带、两园"。

"一廊"是指南友高速公路绿色通道全线结合公路工程护坡整治和地形特点，在保留现有植被基础上，利用沿途不同路段丰富多彩的特色植物景观和边关人文景观，与周边的自然山体、村落、农田作物、水体等景观要素共同打造成为特色鲜明的交通环境空间走廊，构建中国与东盟陆路交通对接的绿色生态高速通道。"六带"则分别为国门迎宾景观带、广西特色植物景观带、喀斯特植物景观带、壶城木棉景观带、亚热带观光农业景观带和绿城郊野景观带。此外，还有"边关植物主题园"和"左江植物主题园"两园。

这个绿色通道的建设不仅维护了当地自然生态环境的良性循环，为人们营造了气候宜人、环境优美、空气清新的道路交通绿色环境，提高了人们生活环境质量；还成为展示中国南疆边关新形象和广西壮乡新风貌的重要窗口，提高高速公路品位，吸引更多国内外游客前来观光旅游和度假。从而提高知名度和影响力，为吸收、引进外资引线搭桥，为沿线各县对外开放，社会经济发展创造了新的机会。

思考与练习

1. 什么是人居环境，其主要种类和特征是什么？

2. 什么是城市生态系统，其结构特征是什么？

3. 什么是城市环境生态工程，试列举它所依据的基本原理，以及针对不同城市环境问题所采取的主要技术。

4. 什么是农村环境和农业生态系统，农村环境中的主要环境问题有哪些，针对这些环境问题主要的生态工程模式和技术有哪些？

5. 乡镇企业环境污染控制模式是如何分类的？

6. 景观要素的基本类型有哪些，其构型有哪些种类？

7. 什么是景观生态工程，它在农业和城市建设中的具体应用分别有哪些？

参考文献

[1]　吴良镛. 建筑、城市、人居环境[M]. 石家庄：河北教育出版社，2003.

[2]　刘耀林. 城市环境分析[M]. 武汉：武汉测绘科技大学出版社，1999.

[3]　戴天兴. 城市环境生态学[M]. 北京：中国建材工业出版社，2002.

[4]　金岚. 环境生态学[M]. 北京：高等教育出版社，1992.

[5]　刘云国，李小明，等. 环境生态学导论[M]. 长沙：湖南大学出版社，2000.

[6]　刘义杰. 环境生态学概论[M]. 哈尔滨：黑龙江人民出版社，2001.

[7]　沈清基. 城市人居环境的特点与城市生态规划的要义[J]. 规划师，2001，6（17）：14-17.

[8]　成文利. 城市人居环境可持续发展理论与评价研究[D]. 武汉：武汉理工大学，2003.

[9]　吴良镛. 发展模式转型与人居环境科学探索（第一部分）[J]. 中国建设教育，2008（9）：4-5.

[10]　吴良镛. 发展模式转型与人居环境科学探索（第二部分）[J]. 中国建设教育，2008（10）：3-6.

[11]　吴良镛. 发展模式转型与人居环境科学探索（第三部分）[J]. 中国建设教育，2008（11）：8-9.

[12]　李伯华，刘沛林. 乡村人居环境：人居环境科学研究的新领域[J]. 资源开发与市场，2010，26（6）：524-527.

[13]　傅伯杰. 黄土丘陵区土地利用结构对土壤养分分布的影响[J]. 科学通报，1998，43（22）：2444-2447.

[14]　赵桂慎，贾文涛，柳晓蕾. 土地整理过程中农田景观生态工程建设[J]. 农业工程学报，2007，23（11）：114-118.

[15]　任景明，喻元秀，王如松. 我国农业环境问题及其防治对策[J]. 生态学杂志，2009，28（7）：1399-1405.

[16]　温瑀，王颖. 乡村景观的生态规划[J]. 安徽农业科学，2009，37（16）：7766-7767.

[17]　殷乾亮. 城市居住环境景观生态设计探析[J]. 林业经济问题，2010，30（1）：79-83.

[18]　徐栋. 受污染城市湖泊景观化人工湿地处理系统的设计[J]. 中国给水排水，2006，22（12）：40-44.

[19]　邓智联，唐嘉. 浅谈绿色通道景观生态工程规划设计[J]. 西部交通科技，2007，1：71-74.

[20]　赵羿，李月辉. 实用景观生态学[M]. 北京：科学出版社，2001.

[21]　阎伍玖. 环境地理学[M]. 北京：中国环境科学出版社，2003.

[22]　左红英，杨忠直. 城市废弃物的分类与回收再利用[J]. 生产力研究，2006，8：115-116.

第六章　流域环境生态工程

由于人类对全球生态环境的破坏和对资源的过度开发和利用，使得全球气候异常、生物多样性锐减，水土流失、荒漠化、人口危机、能源危机以及粮食危机等成为国际社会关注的焦点。为解决人类赖以生存的地球可持续发展（Sustainable development）这个重大课题，需要更多的生态学、工程学的理论和方法，来解决与人类生存最相关的环境问题。流域环境生态工程即为综合运用生态学中种群、群落、生理生态、生态系统乃至景观生态、区域生态及全球生态的理论与技术，同时紧密结合环境科学、环境工程、水土保持等多学科的相关知识解决流域的环境保护、治理及修复等问题。

第一节　流域生态系统概况

一、流域生态系统的组成与特征

流域（Watershed）是指一条河流（或水系）的集水区域，河流（或水系）由这个集水区域上获得水量补给。流域内的生物及其生存环境构成了流域生态系统，流域内高地、沿岸带、水体等各子系统间存在着物质、能量、信息流动。它是一个社会—经济—自然复合生态系统，可分为流域生态、经济和社会子系统三大部分，其中包含着人口、环境、资源、物资、资金、科技、政策和决策等基本要素，各要素在时间和空间上，以社会需求为动力，以流域可持续发展为目标，通过投入产出链渠道，运用科学技术手段有机组合在一起，构成了一个开放的系统。自然子系统是基础，经济子系统是命脉，社会子系统是主导。仅考虑流域生态系统（Watershed Ecosystem）的自然部分，可以将其划分为水体（Waters）河岸带（Riparian Zone）及高地（Upland）三类，进一步可分为各种生态系统类型。

流域生态系统中各要素通过社会、经济和自然再生产相互制约、交织而组成了流域的结构，有序性和复杂性是其特点。流域生态系统的生产和再生产过程是物流、能流、信息流、资金流的交换和融合过程。因此，流域生态系统具有物质循环、能量流动、信息传递、价值增值四大特征。具体到每一个自然生态系统，其结构和功能与一般生态系统相同，而把流域作为一个复合的自然生态系统时，在其发展过程中表现出如下主要特征：

（1）流域生态系统的整体性。流域生态系统是水资源、植被、地貌、矿产、土地等资源和条件，以及水资源开发利用、治理、保护，乃至水资源开发利用的工业生产、农业生产等组成的有机整体。在众多因素中，水资源是连接整个流域生态系统的纽带。水资源的流动性使流域内不同地区间的社会、经济相互制约，相互影响，从而把范围广泛、因素众多的流域连接成为一个整体。因此，对流域的整治和开发利用，须从整个流域生态系统范围内的所有要素整体考虑布局，实现整个流域的可持续发展。

（2）流域生态系统的多样性。流域由于其特殊的生态环境，生物多样性非常高，自然环境的差异导致流域上下游间的社会经济活动类型及水平上的复杂多样。流域生态系统的组成要素的纷繁多样以及自然环境的差异性体现了流域生态系统的多样性。水资源开发利用过程中的经济、社会、技术情况也表现出了流域生态系统的多样性。为此，在可持续开发利用水资源的过程中须从各地域的实际出发，合理开发利用。

（3）流域生态系统的开放性。流域生态系统是一种开放的生命系统，系统组成要素之间有大量、迅速和丰富的物质生产和能量交换。流域的植被系统特别是森林，是流域生态系统的生产者，对流域生命运转和生存起着关键作用。流域的人工生态系统，如工业、农业、畜牧业和其他生产系统，是与河流关系密切的生态系统，它们与河流进行物质和能量交换，也应该看做是流域生命系统的组成部分，所有这些因素的动态过程对整个流域生态系统有着重大的影响和作用。

（4）流域生态系统的动态性。流域生态系统的动态性主要表现为水资源的数量在时间与空间上总是在不停地变化中，流域的生态环境、气候等都处在不停地变化中，人们对流域生态系统的开发、治理、保护的过程也处于不断地变化中。包括全球气候变化（CO_2 浓度的上升，温度升高，降水的变化等），土地利用和覆盖的变化，大气成分的变化，生物地球化学循环的变化，全球人口的增长，生物多样性的丧失等。全球变化必然会引起流域生态系统内环境的相应变化，如降水的变化，蒸发的变化，土地利用的变化，从而影响到流域的结构与功能的变化。因此，在流域水资源的可持续开发利用中，必须随时掌握流域生态系统的动态变化情况，采取相应的对策，保证系统的正常运行。

二、河道生态系统

（一）河道生态系统的内涵

河道作为河流的主体，是汇集和接纳地表和地下径流的场所及连通内陆和大海的通道，是河流生态系统横向结构的重要组成部分。河道生态系统由河道水体和河岸带两部分组成，河道水体生态系统主要是由河床内的水生生物及其生境组成；河岸带生态系统主要由岸边的植物、迁徙的鸟群及其环境组成，是陆地生态系统和河流生态系统进行物质、能量、信息交换的过渡地带。河岸带作为河道水体运动的外边界条件，是河道保持稳定的关键地带。

（二）河道生态系统的结构

河道生态系统的结构参照河岸带四维结构的特征，可定义为系统内各组成要素在时空上的配置和联系，可概括为，由河道水体及河岸边高地组成的河道横向结构、由河道上游至下游组成的纵向结构、由河道内地表水至地下水进行物质交换和能量流动的垂直结构及时间尺度上的变化，河道生态系统的结构和功能呈现不同变化的时间结构组成的四维结构。

（三）河道生态系统的服务功能

河流生态系统服务功能是指河流能够为人类提供生活消费的产品和保证人类生活质量的功能，主要可归纳划分为调节支持功能、环境净化功能、提供产品功能及文化娱乐功能。

（1）调节支持功能。河流能够为沿岸地区供水和输水，调控洪水和暴雨的影响，促进流域内的水分循环，为人类生活用水、农业灌溉用水、工业生产用水以及城市生态环境用水等提供了保障。另外，河道生态系统为河道及河岸的各种动植物提供了生存所必需的淡水和栖息环境。

（2）环境净化功能。其主要是指河道内及两岸的植被及水生生物通过自然稀释、扩散、氧化等一系列的物理和生物化学反应来截留和净化由径流带入河道的污染物，从而使各种物质良好的循环利用，达到净化水体的作用。河流的自净功能保证了物质在河流生态系统中的循环利用，有效地防止了物质过分积累所形成的污染，使河流水环境得到了净化和改良。

（3）提供产品功能。其主要是指河道生态系统河流具有生物生产力，能够为人类提供各种动植物产品（如鱼、虾、贝、藻等）；还能够提供许多轻工业原料（如芦苇、蒲草等）。

（4）文化娱乐功能。其主要指河流生态系统具有景观美学与精神文化功能。人类在长期自然历史演化过程中形成了与生俱来的欣赏自然、享受生命的能力和对自然的情感依赖，河道及河岸自然景观为人类提供了休闲娱乐的场所及美学、艺术、文化等方面的精神与科学价值。

三、湿地生态系统

湿地是水陆相互作用形成的独特生态系统，它具有季节或常年积水、生长或栖息喜湿动植物和土壤发生潜育化 3 个基本特征，因此它也是大流域系统中的一个重要组成部分。湿地因具有巨大的环境功能和环境效益，被誉为"地球之肾"，是自然界最富生物多样性的生态景观和人类最重要的生存环境之一，尤其在抵御洪水、调节径流、蓄洪防旱、控制污染等方面有其他系统所不能替代的作用。因而湿地与森林、海洋一起并列为全球三大生态系统，淡水湿地被当做濒危野生生物的最后集结地。

据统计，全世界湿地面积约为 85 580 万 hm^2，占陆地总面积的 6.4%，我国有湿地的面积约 2 500 万 hm^2，仅次于加拿大和俄罗斯，居世界第三位，占全世界总面积的 13%，是一个湿地面积较多的国家。中国虽然湿地面积较大，但人均占有量极低，地区分布很不均匀，可利用的资源量并不多。如我国的湖泊率为0.95%，湖泊集中分布于长江中下游平原和青藏高原，形成东西两大稠密湖群，其中具有独特生态功能的青藏高原湿地，通过涵养水源，孕育了长江、黄河等主要江河；我国沼泽率为 1.24%，沼泽主要分布于东北三江平原、大小兴安岭和西部若尔盖高原。

湿地生物多样性最为丰富，是自然资源的"天然物种库"。以我国湿地为例，湿地哺乳动物有 65 种，约占全国总数的 13%；鸟类有 300 种，占全国总数 26%；爬行类 50 种，占全国总数 13%；两栖类 45 种，占全国总数 16%；鱼类 1 040 种，占全国总数 37%和世界淡水鱼总类 8%以上。中国湿地有高等植物 1 548 种，其中有被子植物 1 322 种、裸子植物 10 种、蕨类植物 39 种、苔藓植物 167 种。40余种国家一类保护的珍稀鸟类约有一半生活在湿地。东北扎龙和江苏盐城的丹顶鹤、江西鄱阳湖和东北三江的白鹤和天鹅、湖南洞庭湖地区的白鹳、青海湖周围沼泽中的斑头雁和棕头鸥等都是世界闻名的。

（一）湿地定义

湿地具有独特的水文、土壤和植被，但是由于积水湿地和水域的界线及无水湿地与陆地的界线难以确定，湿地的确切定义至今仍有争议。1971 年由前苏联、加拿大、澳大利亚、英国等 36 国在伊朗拉姆萨尔签署的国际重要湿地条约《拉姆萨尔（Ramsar）公约》即《湿地公约》，把湿地定义为："湿地系指天然或人工、永久或暂时的沼泽地、泥炭地以及水域地带、静止或流动的淡水、半咸水、咸水体，包括低潮时水深小于 6m 的海域"。

（二）湿地的类型

目前湿地的分类没有统一的标准。较为系统的分类方法是 1990 年 6 月在第四届缔约国大会上发布的新分类系统，将湿地划分为三大类（海滨和海岸湿地、内陆湿地、人工湿地）35 种（海滨和海岸湿地分为 11 种类型、内陆湿地 16 种类型、人工湿地 8 种类型）。由于湿地类型分布的地区差异及不均，各国的湿地分类还没有采用统一的标准。例如，R.W.Tiner 和 W.J.Mitsch 采用系、亚系、类、亚类、主体型、特殊体六级体系将美国湿地分为 5 个系统（滨海湿地、河口湿地、河流湿地、湖泊湿地、沼泽湿地）10 个亚系统和 55 个类；而我国湿地分类是按系—亚系—类—亚类—型—优势型六级划分的。因此不能机械地套用国际上或其他国家的分类方法，而应该根据本国湿地在地域上的生态特征、分布与发育特点建立一套适应本国湿地特点的、与国际湿地分类方法相接轨的分类方法。

（三）湿地生态系统的功能

湿地具有的特殊性质——地表积水或土壤饱和、淹水土壤、厌氧条件以及适应湿生环境的动植物——是湿地系统既不同于陆地系统也不同于水体系统的本质特征。由于湿地具有的巨大食物链及其所支撑的丰富的生物多样性，为众多的野生动植物提供独特的生境，具有丰富的遗传物质，湿地也被称为"生物超市"。湿地能够稳定水分供应，因而可以改善洪涝和干旱状况。湿地具有物质"源"、"汇"及"转换器"的功能，可以净化污水、保护海岸、补给地下水。一般认为湿地是二氧化碳的"汇"和全球尺度上的气候"稳定器"，在全球环境变化中扮演着重要的作用。

保护生物多样性，提供多样生境。湿地的独特生境使其具有丰富的陆生与水生动植物资源，湿地是世界上生物多样性最丰富的地区之一，蕴藏极其丰富的生物资源。依赖湿地生存、繁衍的野生动植物极为丰富，其中有许多是珍稀特有的物种，是生物多样性丰富的重要地区和濒危鸟类、迁徙候鸟以及其他野生动物的栖息繁殖地。

涵养水源，防洪抗旱。湿地以低地条件和特殊的介质结构而有巨大的持水能力，天然条件下，湿地在汛期滞蓄大量洪水资源，在干旱季节通过蒸散和地下水转化等作用调节和维持局部气候及局部生态系统水平衡。连片的湿地对地表径流具有重要的调节功能，特别是通过维持河流的基流而维系河道生态，并对地下含水层的补给起到重要的调节作用，使水资源在一定尺度上具有可持续性。

降解污染，改善水质。湿地水空间不仅对水资源量起到调节作用，还能通过水—土壤—生物复合系统截留过滤污染物质、净化水质，起到消解污染物，减轻水体污染和富营养化状况的作用。湿地生态系统的生物产量仅次于热带雨林，高于其他生态系统类型，这种高生产力使湿地中复杂的物理、化学、生物过程相互结合，形成一个强大的可吸收、转化并固定污染物质的环境。当水体进入湿地时，水生植物的阻挡作用有利于污染物质的沉积、转化。一些湿地植物如挺水、浮水和沉水植物，能够在组织中富集重金属，吸收大肠杆菌、酚、氯化物、有机氯、磷酸盐、高分子物质。

调节区域小气候。湿地由于其特殊的生态特性，积累了大量的无机碳和有机碳，研究表明，湿地固定了陆地生物圈 35% 的碳素，总量为 770 亿 t，是温带森林的 5 倍，单位面积的红树林沼泽湿地固定的碳是热带雨林的 10 倍。另外湿地的水分蒸发和植被的水分蒸腾，使得湿地和大气之间不断进行能量和物质交换，对周边地区的气候调节具有明显的作用。

湿地生态系统除了能为动植物提供栖息地、防洪抗旱、调节气候、美化环境，还能提供水资源、生物资源、土地资源、矿产资源以及旅游资源等。

四、湖泊生态系统

在流域生态系统中存在着大大小小的湖泊，湖泊（含水库）及其流域中的地质、地貌、水文、化学、生物等各种自然现象，彼此相互依存、相互制约，统一于湖泊及其流域这一综合体中，从而形成了一个完整的湖泊生态系统。

湖泊生态系统服务功能是指由湖泊生态系统的生态环境、物种、生态学状态、性质与湖泊生态过程所产生的物质及其所维持的人类赖以生存的生活环境的服务性能及效用。湖泊生态系统不仅是人类社会经济的基础资源，还维持了人类赖以生存与发展的生活环境条件。关于生态系统服务功能的分类问题，至今仍没有全面、系统、科学的分类理论。根据湖泊生态系统提供服务的类型和效用，湖泊生态系统服务功能大致可划分为供给功能、支撑功能、调节功能和美学功能四大类。

（1）供给功能。湖泊生态系统蓄积的大量淡水资源，可补充和调节河川径流及地下水水量，对维持流域生态系统的结构、功能和生态过程具有至关重要的意义。利用太阳能，将无机化合物（如 CO_2、H_2O 等）合成有机物质是湖泊生态系统一个十分重要的功能，它支撑着整个湖泊生态系统，是所有消费者（包括人）及还原者的食物基础。湖泊生态系统通过初级生产和次级生产，生产了丰富的水生植物、水生动物产品及其他产品，为人类的生产、生活提供原材料和食品，为动物提供饲料。

（2）调节净化功能。其主要包括水量调节、水质调节净化、气候调节和生态调节等。湖泊生态系统中的堤防、沿岸植被、洪泛区、湿地、沼泽地等都具有调节作用，可以滞后蓄积洪水，提高了区域水的稳定性，同时又是地下水的补给源泉。湖泊生态系统通过水生生物的新陈代谢使水环境得到净化，对水环境污染具有很强的净化能力。由于水体具有较大的热容量，通过吸收和放热调节气温的变化。湖泊生态系统中的绿色植物、藻类等通过光合作用，固定大气中的二氧化碳，释放氧气，实现大气组分调节，从而达到生态调节作用。

（3）支撑功能。其指湖泊生态系统生产和支撑其他服务功能的基础功能，主要指对生物多样性的产生和维护作用。湖泊生态系统中的生物体内存储着各种营养元素，生物通过养分存储、内循环、转化和获取等一系列循环过程，促使生物与非生物环境之间的元素交换，维持生态系统，并成为全球生物地球化学循环不可或缺的环节。湖泊生态系统的陆地湖岸子系统、湿地及沼泽子系统和水生生态子系统等沉积了部分降雨或入流携带的泥沙，从而起到截流泥沙、避免土壤流失、淤积造陆等功能。湖泊生态系统为生物进化及生物多样性的产生提供了条件，为天然优良物种的种质保护提供及改良了基因库。湖泊生态系统的陆地湖岸子系统、湿地及沼泽子系统和水生生物子系统等提供多种多样的生境，为鸟类、哺乳动物、鱼类、无脊椎动物、两栖动物、水生植物、浮游生物等提供了重要的栖息、繁衍、迁徙和越冬地。

（4）美学功能。湖泊生态系统的自然美带给了人们多姿多彩的科学与艺术创造灵感，不同的湖泊生态系统深刻地影响着人们的美学倾向、艺术创造、感性认识和理性智慧。水本身就是人类重要的文化精神源泉和科学技术及宗教艺术发展的永恒动力。湖泊生态系统景观独特，水体与湖岸、鱼鸟与林草等的动与静对照呼应，构成了湖泊景观的和谐与统一。

因此，在流域生态系统中，有关的环境生态工程建设要结合相应的流域地形、地貌及生物——环境形成的生态系统结构及功能单元进行相应的系统保护、修复及治理工程，以便在生产开发的同时同步做好生态系统的保护与修复、环境系统的治理与维护。

第二节 水土流失治理工程

水土流失的治理与防护是流域生态系统及环境工程中的重要内容，它涉及流域的生态安全及可持续发展的重要过程。大力实施水土保持工程建设，合理开发和利用水土资源，有利于实现水土资源的可持续利用、生态环境的可持续维护和区域经济社会的可持续发展。

丘陵山区山高坡陡，坡地及沟道易发生水土流失，是河流泥沙主要来源。在水土流失治理中应坚持以小流域为单元，工程措施、林草措施和农业耕作措施合理配置，修建坡面水系工程，建设沟道治理工程，保护和增加林草植被，山水田林路综合治理，综合开发。

一、坡地水土流失治理

坡地水土流失一方面导致表土流失，使土壤质量退化、土地生产力水平降低；另一方面径流所携带的泥沙淤积河道与水库，随径流流失的养分加速了地表水体的富营养化。我国丘陵山区占国土面积的 2/3，坡耕地占总耕地面积的 34.3%。由于土地过度开垦与不合理利用，导致严重的水土流失，使大量泥沙和养分注入各干、支流，汇入江河，淤积河床并造成水体富营养化。同时，土壤中养分源外流，使农田生态系统物质循环遭到破坏。

（一）影响坡地水土流失的因素

土壤养分随地表径流迁移是一个复杂的物理化学过程，受众多因素的影响。主要有降雨特征、化学物质特征、下垫面条件以及坡度与坡长、耕作与施肥方式等因素。

降雨既是坡地土壤水分的主要来源，同时又是养分迁移的动力所在。由于降雨特征直接影响到坡地的侵蚀产沙特征，因而也对养分流失具有不同程度的影响。雨强对坡地颗粒态磷流失的影响较大，养分流失强度随雨强的增大而增大。雨量对养分流失量也有较大的影响，在坡面产生径流的情况下，雨量越大，养分累积流失量越大。

　　土壤物理性状与地形条件对坡地养分迁移有较大影响。土壤结构性发育较好的土壤，由于其大团聚体含量高，土壤大孔隙也较为发育，因而入渗性能较好，地表产流量与产沙量会相对减少，从而相对减少了坡面养分的流失量。当坡度小于 12°时，养分流失量与坡度的关系为线性，而当大于 12°时则为幂函数关系，坡度增大养分流失量增加，但土壤肥力的衰减速度减慢。

　　从土地利用方式来看，农田养分流失量显著高于其他利用方式，说明农业耕作是土壤养分流失的主要来源；植被覆盖和采用水土保持耕作法，可以有效减少坡地农田养分流失，因此退耕还林（草）工程，可有效改善目前土壤养分流失严重的局面。

　　在坡面管理措施方面，与传统耕作方法相比，深松、犁耕种植、免耕、肥料深施、秸秆覆盖、水平沟、等高土埂、等高耕作等水土保持耕作法可显著减少土壤养分流失。

（二）坡地水土流失的治理模式

　　针对坡地自身存在的不利因素，可采用综合治理的模式："穿鞋"、"戴帽"、"修身"。

　　"穿鞋"即恢复坡面被破坏的植被，是防治坡地土壤侵蚀的根本措施。恢复坡面植被或改造已退化的植被，按照植被自然演替规律，植树种草，并以草先行，乔、灌随后，营造乔、灌、草、地被多层次植被群落，以提高坡面的抗蚀能力。

　　"戴帽"是指在地表覆盖率较差的山地各部位，通过人工种植草木，提高其滞留雨水能力，截留部分雨水，减弱地表径流冲刷表土，可设计播种一些耐瘠瘠的豆科和禾本科草本植物。

　　"修身"即治理沟坡和沟谷水土流失，宜采用植被工程措施与土石工程措施相结合的治理方案。在沟底和沟头可种灌木，固持风化土层，增强边坡的稳定性，且对水、肥的需求少，适应性强，在边坡防护过程中，植物种的选择以草本植物与灌木配合为宜，二者结合，可起到快速持久的护坡效果，有利于生态系统的正向演替。也可实施植被带状护坡，在水土流失的坡面采用水平带状造林法，从上而下可设计带状护坡植被工程，以拦截、分散、阻滞地表径流，治理水土流失。

1. 2°～6°坡地以耕作措施为主

　　2°～6°坡地主要采用聚土垄作、植物绿篱拦挡和地面覆盖防护模式、等高耕作和等高沟垄耕作等措施。

　　聚土垄作，采用顺延地表等坡度起垄方法，坡地采用 0.8 m 为沟、1.5 m 为垄。垄沟翻土，可视土层紧实度而定，坡边灌木固坡。垄沟相间合理配置作物，垄上宜种矮生作物，如红薯、土豆等，沟内种植半高秆作物。

植物绿篱拦挡即在坡地上沿等高线方向间隔一定距离种植一行长久性绿色篱障，在篱障间隔内种植果树或其他经济作物。待灌草生长 1～2 年之后，即可形成一道道植物绿篱屏障，起到拦蓄坡面流失土壤、减缓坡面径流和汇流时间、消能减蚀的作用。

地面覆盖防护模式主要利用秸秆覆盖：一方面，降低雨滴击溅和径流的直接冲刷，保护表层土壤，提高降水入渗；另一方面，隔断蒸发表面与下层土壤毛细管的联系，减弱土壤空气与大气之间的交换强度，有效控制土壤无效蒸发。

等高耕作和等高沟垄耕作，改变地面微地形，增加地面粗糙度，有效地拦蓄地表径流，增加土壤入渗率，减少土壤养分流失。

2. 6°～15°坡地以耕作措施与工程措施相结合为主

随着坡度增加，简单的耕作措施治理效益逐渐减小，单纯的耕作措施受土壤结构、气候变化、耕作方式的影响，治理作用不明显，只能作为一种辅助性的治理手段。因此，宜采用垄作免耕法、坡面工程水土保持法、坡地集流梯田法等，重在强调工程措施在大坡度级别治理上的优越性。

垄作免耕法。依照聚土起垄的办法，形成合理的沟垄配置，垄上直播，残留秸秆和植物根系，加强地表粗糙度，减轻雨水对土壤的冲刷，紧实土壤松散颗粒。同时，根系可起到生物耕松土壤的作用，补给土壤有机质和养分，土壤水稳性团粒增加，减少径流对土壤的侵蚀。

坡面工程水土保持法，即沿等高线开挖水平带，带内侧挖蓄水沟，能拦沙蓄水，减少表土和养分流失，提高土壤水分，改善土壤理化性状。

坡地集流梯田法依照地形自上而下在两级梯田之间设立一定宽度的坡地，即坡地和梯田间隔分布，坡地为梯田内作物提供水源和部分肥料；梯田可调控坡地径流的集聚和再分配，平整的梯田可种植适合区域发展的粮食作物，坡面可套种植矮秆经济作物、经济林木和牧草等，既可增加经济效益，也对下一级梯田具有聚肥改良作用。

3. 15°～25°坡地以工程措施为主

15°～25°坡地主要治理方法为隔坡水平沟、水平阶带状防护模式、坡面蓄排沟道系统防护模式、修建反坡梯田等。

隔坡水平沟是适度坡面和与坡面相反的侧翼修建水平沟的配合模式，做到坡面径流不下坡而进入反坡水平沟。依照地形地貌倾向，根据降水地面径流状况、坡面坡度、土地利用类型、坡面最大侵蚀度等多种因素而合理确定隔坡水平沟。

水平阶带状防护模式，适应于 15°～25°较陡坡地。沿等高线水平方向开挖水平阶，阶面外高内低，呈反坡状，内侧开挖排水沟。水平阶缩短了坡面长度，降低了地面坡度，增加了有效土层厚度，坡面径流被层层拦阻，对地面的冲刷力降低。

坡面蓄排沟道系统防护模式，适应于河源区平梁型、斜梁型地貌类型的土地利用防护。修建水平排水沟和纵向主排水沟将坡面径流分层拦截在截（排）水沟内。在整个坡地上，形成横纵交叉的沟道连接系统，降雨小时，水平沟拦截利用，降雨强度较大时，纵向排水沟导流进入沟谷蓄水，层层拦截，有序排泄，削减产生坡面水土流失的外营力，防止水土流失。顺坡主排水沟一般布设于坡面沟谷处，阶梯状设置，或与坡面耕作道路系统相结合，采用"之"字形布设。

修建反坡梯田是黄土丘陵沟壑区最常见的一种治理模式，但花费人力、物力、财力较大，且应该考虑投入、产出、使用年限等问题。一方面，将 15°～25°的坡地改造为梯田，增加田面本身蓄积雨水的能力，加大降水入渗率，提高土壤含水量；另一方面，将 25°以上的坡地进行退耕还林还草，改善生态环境质量，促进土地利用的生态效益、社会效益、经济效益的平衡。

二、沟道水土流失治理与拦沙防洪工程

沟道水土流失治理与拦沙防洪工程的作用在于防止沟头前进、沟床下切、沟岸扩张，可以减缓沟床纵坡、调节山洪洪峰流量，减少山洪和泥石流的固体物质含量，使山洪安全排泄。沟道水土流失治理与拦沙防洪工程体系主要包括：沟头防护工程、谷坊工程、小流域拦沙坝、淤地坝工程、大型拦泥库工程和引洪漫地工程等。

（1）沟头防护工程。其为固定沟床，拦蓄泥沙，防止或减少泥石流危害而在山区沟道中修筑的各种工程措施，如谷坊、拦沙坝、淤地坝、小型水库、护岸工程等，称为沟头防护工程。沟床的固定对于沟坡及山坡的稳定有重要作用。沟床固定工程包括谷坊、防冲槛、沟床铺砌、种草皮、沟底防冲林等措施。

（2）谷坊工程。其是山区沟道内为防止沟床冲刷及泥沙灾害而修筑的横向拦挡建筑物，又名冲坝、沙土坝、闸山沟等。谷坊高度一般为 3 m 左右，是水土流失地区沟道治理的一种主要工程措施。谷坊的主要作用是防止沟床下切冲刷。因此，在考虑沟道是否应该修建谷坊时首先要研究沟道是否会发生下切冲刷作用。

（3）小流域拦沙坝。其是以拦挡山洪及泥石流中固体物质为主要目的，防治

泥沙灾害的拦挡建筑物。它是荒沟治理的主要工程措施，坝高一般为 3～15 m。在水土流失地区沟道内修筑拦沙坝，具有以下几方面的功能：①消除泥沙对下游的危害，便于对下游河道的整治。②提高坝址处的侵蚀基准，减缓了坝上游淤积段河床比降，加宽了河床，并使流速和径流减小，从而大大减小了水流的侵蚀能力。③淤积物淤埋上游两岸坡脚，由于坡面比降低，坡长减小，使坡面冲刷作用和岸坡崩塌减弱，最终趋于稳定。因沟道流水侵蚀作用而引起的沟岸滑坡，其剪出口往往位于坡脚附近。拦沙坝的淤积物掩埋了滑坡体剪出口，对滑坡运动产生阻力，促使滑坡稳定。④拦沙坝在减少泥沙来源和拦蓄泥沙方面能起重大作用。

（4）淤地坝工程。其是指在水土流失地区的沟道中兴建的滞洪、拦泥、淤地的坝工建筑物。淤地坝按其作用和库容规模分为骨干坝、中型坝和小型坝。骨干坝的单坝工程规模为 50 万～500 万 m³，中型坝为 10 万～50 万 m³，小型坝为 1 万～10 万 m³。淤地坝的主要作用在于拦泥淤地，一般不长期蓄水，其下游也无灌溉需求。随着坝内淤积面的不断提高，坝体与坝地能较快地连成一个整体，实际上可看做一个重力式挡泥（土）墙。一般淤地坝由坝体、溢洪道、放水建筑物 3 部分组成，当淤地坝洪水位超过设计高度时，就由溢洪道排出，以保证坝体的安全和坝地的正常生产。放水建筑物多采用竖管式和卧管式，沟道常流水，沟道清水通过排水设施排泄到下游。淤地坝在设计、施工、管理技术上与小型水库有相同的方面，也有不同的方面。淤地坝在构成上也要求大坝、溢洪道、放水建筑物齐全，但由于它主要用于拦泥而非长期蓄水，因此，淤地坝比水库大坝设计洪水标准低，坝坡比较陡，对地质条件要求低。淤地坝在设计和运用上一般可不考虑坝基渗水和放水骤降等问题。

我国黄土高原地区打坝淤地有悠久的历史，山西的康和沟流域至今仍保留着四百多年前明朝万历年间修建的淤地坝。新中国成立以后，淤地坝工程建设曾作为一项最主要的水土保持措施受到高度重视。半个世纪以来，黄河流域累计建成治沟骨干工程 1 480 余座，建成淤地坝 11.35 万座。沟道坝工程是黄土高原地区特殊的地理环境、气候条件的产物，淤地坝被誉为水土保持措施中最重要的项目，综合治理系统中的最后一道防线。

设计、建设淤地坝（系）的一个基本原则是坝系的布局、坝的高度、所控制流域的面积等因素必须满足相对稳定的要求。坝系相对稳定的提法始于 20 世纪 60 年代，当时称作"淤地坝的相对平衡"。人们从天然障碍对洪水泥沙的全拦全蓄、不满不溢现象得到了启发，认为当淤地坝达到一定的高度、坝地面积与坝控制流域面积的比例达到一定的数值之后，淤地坝将对洪水泥沙长期控制而不致影响坝地作物生长，即洪水泥沙在坝内被消化利用，达到产水产沙与用水用沙的相对平衡。坝系相对稳定的含义包括：①坝体的防洪安全，即在特定暴雨洪水频率下，能保证坝系工程的安全；②坝地作物的保收，即在另一特定暴雨洪水频率下，能保证坝地作物不受损失或少受损失；③控制洪水泥沙，绝大部分的洪水泥沙拦截在坝内，沟道流域的水沙资源能得到充分利用；④后期坝体的加高维修工程量小，群众可以负担。要达到坝系的相对稳定，设计淤地坝时必须考虑当地的水文条件（如设计洪量及历时、设计暴雨量及历时等）所控制的小流域的地理条件、地质条件、坝地的面积、所栽培的农作物种类等。

淤地坝建成以后，由于坝内淤积，覆盖了原侵蚀沟面，从而有效地控制了沟道侵蚀，其减蚀机理主要表现在：①局部抬高侵蚀标准，减弱重力侵蚀，控制沟蚀发展。坝地淤积结果一般可使近坝段的沟壁坡长从 40～60 m 缩短为 20～40 m，从而使沟谷侵蚀和重力侵蚀的发展概率大大降低；另外，原来侵蚀最严重的沟谷和沟床，泥沙淤埋后也不再发生侵蚀。②拦蓄洪水泥沙，减轻沟道侵蚀。淤地坝运用初期能够利用其库容拦蓄洪水泥沙；同时还可以削减洪峰，减少下游冲刷。③减缓地表径流，增加坝地淤积。淤地坝运用后期，坝地已经形成，由于地势变平，比降减小，且汇流面积增大，在同等降雨条件下，形成的汇流流速减小，水流挟沙力减小，从而使洪水泥沙在坝地落淤。

（5）大型拦泥库工程。其是指在多沙粗沙区重点支流或干沟上修建的以滞洪、拦泥为主要目的的大型坝工建筑物。大型拦泥库的单坝工程规模并没有明确的规定，通常借用水利工程的等级标准划分，其库容规模相当于中型水库。2005 年，黄河上中游管理局在开展黄河粗泥沙集中来源区大型拦泥库可行性调查中，将大型拦泥库的库容规模确定为 500 万～10 000 万 m³，这个标准比较符合当前大型拦泥库建设的经济社会基础条件。

（6）引洪漫地工程。其是指在水土流失地区的沟道中应用导流设施把洪水漫淤在耕地、低洼地或河滩地上。引洪漫地工程有引坡洪、村洪、路洪、沟洪、河洪五种。其中前三种简便易行，暴雨中使用一般农具即可引水入田；后两种需经正式规划设计，修建永久性的引洪漫地工程。引沟洪工程包括拦河坝、引洪渠等，主要漫灌沟口附近小面积川台地。拦河坝的作用是拦截洪水并抬高洪水水位，并通过设在拦河坝上的溢洪道或泄水涵洞，将大坝内的洪水安全地泄入引洪渠。引洪渠位于大坝下游，紧接溢洪道或泄水涵洞，其作用是将下泄的洪水引入农地或待开发的荒滩地。引河洪工程包括引水口、引水渠、输水渠、退水渠、田间工程等，主要漫灌河岸大面积川台地。

第三节　流域水、湿地环境生态工程

水是一切生命体的组成物质，是自然环境中最主要元素之一，没有水就没有生命，人们生活需要水，各种生产活动也需要水，水是万物之本。水是人类生命之源，水对人类社会发展起着十分重要的支柱作用。本节主要讲述水体的自净作用与湿地生态工程在解决水体环境污染问题中的应用。

一、水体自然净化生态工程

（一）水体自然净化的内涵

水体生态系统结构的一个重要特征是具有自我修复和自我净化功能。在长期的进化过程中，形成了同种生物种群间、异种生物种群间在数量上的自我调控，保持着一种协调关系。水体的修复能力，也是水体生态系统自我调控能力的一种。在外界干扰条件下，通过自我修复，保持水体的洁净。由于具有这种自我修复功能和自我净化功能，才使水体生态系统具有相对的稳定性。

污染物投入水体后，使水环境受到污染。污水排入水体后，一方面对水体产生污染，另一方面水体本身有一定的净化污水的能力，即经过水体的物理、化学与生物的作用，使污水中污染物的浓度得以降低，经过一段时间后，水体往往能恢复到受污染前的状态，并在微生物的作用下进行分解，从而使水体由不洁恢复为清洁，这一过程称为水体的自净过程（Self-purification of water body）。

水体的自净过程，一般分为 3 个阶段。第一阶段是易被氧化的有机物所进行的化学氧化分解。该阶段在污染物进入水体以后数小时之内即可完成。第二阶段是有机物在水中微生物作用下的生物化学氧化分解。该阶段持续时间的长短随水温、有机物浓度、微生物种类与数量等而不同。一般要延续数天，但被生物化学氧化的物质一般在 5 天内可全部完成。第三阶段是含氮有机物的硝化过程。这个过程最慢，一般要延续一个月左右。

（二）水体自净的实现方式

水体自净是水体受到污染后，由于物理、化学、生物等因素的作用，使污染物的浓度和毒性逐渐降低，经过一段时间，恢复到受污染以前状态的自然过程。水体自净过程复杂，受到多种因素的影响，根据净化机理，可分为物理自净过程、化学自净过程和生物化学自净过程。

物理自净过程是指通过污染物在水体中进行混合、稀释、扩散、挥发、沉淀等作用，使水体得到一定程度净化的过程。物理自净能力的强弱取决于污染物自身的物理性质，如密度、形态、粒度等；水体的水文条件，如温度、流速、流量、河道的深度、河床的形式等；和其他因素，如废水排放口的位置、排放的方式等。

化学自净过程是指水体中的污染物质通过氧化、还原、中和、吸附、凝聚等反应，使其浓度降低的过程。影响这种自净能力的因素有污染物质的形态和化学性质、水体的温度、氧化还原电位、酸碱度等。水中的化学自净能力的强弱，主要反应在 3 个方面：一是在溶解氧（DO）的含量水平上；二是在有机污染物的氧化分解能力上，其中化学需氧量（COD）是反映水体有机污染程度的一个重要指标，其含量的高低能体现水体质量的好坏；三是在营养盐的形态转化和削减程度上，三态无机氮的含量变化能够反映水体自净能力的强弱。

生物化学自净过程是指进入水体的污染物，经过水生生物吸收、降解作用，使其浓度降低或转变为无害物质的过程。生物化学净化过程快慢和程度主要是与污染物的性质和数量、微生物的种类、水体的温度及供氧状况等条件有关。

在水体自净过程中，物理自净过程、化学自净过程和生物化学自净过程相互交织相互影响，但任何一个生态系统的自净能力都是有限的，当排入的污染物超过了环境容量，生态系统就会被破坏，污染也会日益加重。水体的自净能力主要体现在水体中有机污染物的降解、N 和 P 等营养元素的转化、颗粒态污染物的沉积以及沉积物中污染物的吸附和释放效应等方面，可以使用水体的复氧系数、化学需氧量（COD_{Cr}）降解系数、五日生化需氧量（BOD_5）降解系数、氨化系数、硝化系数、反硝化系数、颗粒物的沉降速率、沉积物中磷释放速率和吸附速率等水质参数来定量表征水体的自净过程。

（三）水体自净的特征

废水或污染物一旦进入水体后，就开始了自净过程。该过程由弱到强，直到趋于恒定，使水质逐渐恢复到正常水平。全过程的特征是：

（1）进入水体中的污染物，在连续的自净过程中，总的趋势是浓度逐渐下降。

（2）大多数有毒污染物经各种物理、化学和生物作用，转变为低毒或无毒化合物。

（3）重金属一类污染物，从溶解状态被吸附或转变为不溶性化合物，沉淀后进入底泥。

（4）复杂的有机物，如碳水化合物，脂肪和蛋白质等，不论在溶解氧富裕或缺氧条件下，都能被微生物利用和分解。先降解为较简单的有机物，再进一步分解为二氧化碳和水。

（5）不稳定的污染物在自净过程中转变为稳定的化合物。如氨转变为亚硝酸盐，再氧化为硝酸盐。

（6）在自净过程的初期，水中溶解氧数量急剧下降，到达最低点后又缓慢上升，逐渐恢复到正常水平。

（7）进入水体的大量污染物，如果是有毒的，则生物不能栖息，如不逃避就会死亡，水中生物种类和个体数量就要随之大量减少。随着自净过程的进行，有毒物质浓度或数量下降，生物种类和个体数量也逐渐随之回升，最终趋于正常的生物分布。进入水体的大量污染物中，如果含有机物过高，那么微生物就可以利用丰富的有机物为食料而迅速地繁殖，溶解氧随之减少。随着自净过程的进行，使纤毛虫之类的原生动物有条件取食于细菌，则细菌数量又随之减少；而纤毛虫又被轮虫、甲壳虫吞食，使后者成为优势种群。有机物分解所生成的大量无机营养成分，如氮、磷等，使藻类生长旺盛，藻类旺盛又使鱼、贝类动物随之繁殖起来。

（四）水体自净的影响因素

水体的自净能力是有限的，如果排入水体的污染物数量超过某一界限时，将造成水体的永久性污染，这一界限称为水体的自净容量或水环境容量。影响水体自净的因素很多，其中主要因素有：受纳水体的地理、水文条件、微生物的种类与数量、水温、复氧能力以及水体和污染物的组成、污染物浓度等。

（1）水文因素。水的流速、流量直接影响到移流强度和紊动扩散强度。流速和流量大，不仅水体中污染物浓度稀释扩散能力随之加强，而且水汽界面上的气体交换速度也随之增大。河流中流速和流量有明显的季节变化，洪水季节，流速和流量大，有利于自净；枯水季节，流速和流量小，给自净带来不利。

河流中含沙量的多少与水中某些污染物质浓度有一定关系。例如，研究发现中国黄河含沙量与含砷量呈正相关关系。这是因为泥沙颗粒对砷有强烈的吸附作用。一旦河水澄清，含砷量就大为减少。

水温不仅直接影响到水体中污染物质的化学转化的速度，而且能通过影响水体中微生物的活动对生物化学降解速度产生影响，随着水温的增加，BOD（生物耗氧量）的降低速度明显加快。

（2）太阳辐射。太阳辐射对水体自净作用有直接影响和间接影响两个方面。直接影响指太阳辐射能使水中污染物质产生光转化；间接影响指可以引起水温变化和促进浮游植物及水生植物进行光合作用。太阳辐射对水深小的河流的自净作用的影响比对水深大的河流大。

（3）底质。底质能富集某些污染物质，河水与河床基岩和沉积物也有一定物质交换过程，这两方面都可能对河流的自净作用产生影响。例如汞易被吸附在泥沙上，随之沉淀而在底泥中累积，虽较稳定，但在水与底泥界面上存在十分缓慢的释放过程，使汞重新回到河水中，形成二次污染。此外，底质不同，底栖生物的种类和数量不同，对水体自净作用的影响也不同。

（4）水生物和水中微生物。水中微生物对污染物有生物降解作用和富集作用，这两方面都能减低水中污染物的浓度。因此，若水体中能分解污染物质的微生物和能富集污染物质的水生物品种多、数量大，对水体自净过程较为有利。

（5）污染物的性质和浓度。其易于化学降解、光转化和生物降解的污染物显然最容易得以自净。例如酚和氰，由于它们易挥发和氧化分解，而又能为泥沙和底泥吸附，因此在水体中较易净化。难以化学降解、光转化和生物降解的污染物也难在水体中得以自净。例如合成洗涤剂、有机农药等化学稳定性极高的合成有机化合物，在自然状态下需十年以上的时间才能完全分解，它们以水流作为载体，逐渐蔓延，不断积累成为全球性污染的代表性物质。水体中某些重金属类污染物可能对微生物有害，从而降低了生物降解能力。

二、湿地系统对污染物的降解

湿地系统作为宝贵的自然资源，很早就已为人们所重视。近年来，对其在污水处理方面的研究不断深入，自然湿地系统和人工湿地系统的应用范围也在不断拓宽。国内外许多研究工作已经涉及河流湖泊治理、工业废水处理、城市暴雨径流污染、农业面源污染控制等众多领域，特别是在河湖治理方面，由于物理、化学方法的有限性以及工厂化生物处理的局限性，对湿地的研究就具有更加突出的现实意义。湿地土壤（基质）、水生植物和微生物是湿地的主要组成部分。多年的研究表明，湿地能够利用土壤—微生物—植物这个复合生态系统的物理、化学和生物三重协调作用来实现对废水的高效净化。

（一）湿地植物在污水净化中的作用

湿地植物能够担当过滤器角色，吸收和过滤污水所载营养物质。有根的植物通过根部摄取营养物质，某些浸没在水中的茎叶也从周围的水中摄取营养物质。水生植物产量高，大量的营养物被固定在其生物体内。有研究表明：挺水植物的吸收能力磷为 30～150 kg/（hm²·a），氮为 2 000～2 500 kg/（hm²·a）。当水生植物被运移出水生生态系统时，被吸收的营养物质随之从水体中输出，从而达到净化水体的作用。除营养元素外，大型水生植物还可吸收铅、镉、砷、汞和铬等重金属，以金属螯合物的形式蓄积于植物体内的某些部位，达到对污水和受污染土壤的生物修复。如凤眼莲可以富集铜、铅、镉、铬、汞、锌和银；香蒲对铅、锌、铜、镉吸收能力强；湿地植物可以将重金属积累在植物组织内，在一般植物中的积累量为 0.1～100 µg/g，也有一些特殊植物能超量积累重金属。

湿地中水生植物群落的存在，为微生物和微型生物提供了附着基质和栖息场所。其浸没在水中的茎叶为形成生物膜提供了广大的表面空间，埋在湿地土壤中的根系为微生物提供了基质。植物机体上寄居着稠密的光合自养藻类、细菌和原生动物，这些生物的新陈代谢能大大加速截留在根系周围的有机胶体或悬浮物的分解矿化。如芽孢杆菌能将有机磷、不溶解磷降解为无机的、可溶的磷酸盐，从而使植物能直接吸收利用。此外，水生植物的根系还能分泌促进嗜磷、氮细菌生长的物质，从而间接提高净化率。湿地微生物本身也具有吸附作用，在微生物生长过程中，常常要吸收一些营养元素和重金属元素以保证微生物的生长和代谢，它们能分泌高分子聚合物，对重金属有较强的络合力。如曲霉属生物体可有效地吸附 Au，枯草杆菌可有效地吸附 Au、Ag 和 As 等。

（二）湿地土壤对污水的净化作用

湿地土壤是湿地化学物质转化的介质，也是湿地植物营养物质的储存库。湿地土壤的有机质含量很高，有较高的离子交换能力。因此，土壤可通过离子交换转化一些污染物，并且可以通过提供能源和适宜的厌氧条件加强氮的转化。对于磷而言，土壤颗粒对磷酸盐的吸收是一个重要的转化过程，吸收能力依赖于黏土矿物中铁、铝、钙的形态或对土壤有机质的束缚。除了吸收过程外，磷酸盐也可以同铁、铝和土壤组分一起沉降，这些过程包括磷酸盐在黏土矿物中的固定以及磷酸盐同金属的复合。湿地土壤对有毒物质的"净化"机理，主要是通过沉淀作用、吸附与吸收作用、离子交换作用、氧化还原作用和代谢分解作用等途径实现的。

三、人工湿地污染物处理工程

在 20 世纪 70 年代以前，国际上采用天然湿地进行废水处理，鉴于其有淤积、负荷低、效果不太理想等缺点，20 世纪 70 年代以来，科研工作者于是对天然湿地进行改造或人工建造湿地，从而形成了快速有效的人工湿地废水处理新技术。基于此，用于污水净化的人工湿地可以解释为一种由人工将石、砂、土壤、煤渣等介质按一定比例构成且底部封闭，并有选择性植入水生植被的废水处理生态系统。介质、水生植物和微生物是其基本构成，净化废水是其主要功能，水资源保护与持续利用是其主要目的。

人工湿地的类型。人工湿地最初按植物形式进行分类，包括浮生植物系统、挺水植物系统和沉水植物系统，后来由于系统多采用挺水植物，故在挺水植物的前提下，根据水流方式分为以下四类：

表面流人工湿地（Surface flow wetlands）。又叫水面湿地，它与自然湿地最接近。废水在填料表面漫流，水位较浅；绝大部分有机物的去除是由生长在水中的植物茎、秆上的生物膜来完成。尽管表面流湿地具有建造工程量少、操作简单等优点，但处理效率低，在中国北方一些地区，由于冬季气流寒冷易发生表面结冰，影响处理效果，故采用较少。

潜流人工湿地（Subsurface flow constructed wetlands）。水在填料表面下渗流，因而可充分利用填料表面及植物根系上的生物膜及其他各种作用处理废水，而且卫生条件较好，处理效果受气候影响小，是目前采用较多的一种湿地处理系统。

垂直流人工湿地（Vertical flow constructed wetlands）。垂直流人工湿地综合了表面流人工湿地和潜流人工湿地的特点，水流在基质床中呈由上向下的垂直流。氧可通过大气扩散和植物传输进入人工湿地系统，其硝化能力高于水平流湿地，可用于处理氨氮含量较高的污水。但其建造要求高，易滋生蚊蝇。

波形流人工湿地（Wavy subsurface flow constructed wetlands）。波形流人工湿地增加水流的曲折性，使污水以波形的流态多次经过湿地内部基质，在传统潜流湿地内部增设导流板，将布水方式设计成波形流动。相对于传统湿地，波形流湿地在垂直方向上的处理更加优越。

人工湿地水质净化机理。人工湿地对污水的作用机理十分复杂。一般认为，人工湿地生态系统是通过物理、化学及生物三重协同作用净化污水。物理作用主要是过滤、截留污水中的悬浮物，并沉积在基质中；化学反应包括化学沉淀、吸附、离子交换、拮抗和氧化还原反应等；生物作用则是指微生物和水生动物在好氧、兼氧及厌氧状态下，通过生物酶将复杂大分子分解成简单分子、小分子等，实现对污染物的降解和去除。

（一）基质净化

传统的人工湿地基质主要由土壤、细砂、粗砂、砾石、碎瓦片、粉煤灰、泥炭、页岩、铝矾土、膨润土、沸石等介质中的一种或几种所构成。在人工湿地污水净化过程中，基质起着极其重要的作用。去除机理就是依赖着其巨大的表面积，在土壤颗粒表面形成一层生物膜，污水流经颗粒表面时，大量的固体悬浮物和不溶性的有机物被填料阻挡截留起到沉淀、过滤和吸附的作用。

不同基质通过其物理化学特性影响基质的吸附性能，湿地基质对磷的吸附沉淀影响比较大，植物只能吸收少量无机磷，磷吸附速率和吸附量通常受到基质种类很大的影响，当湿地基质对磷的吸附趋于饱和后，其磷的去除率明显下降。朱夕珍（2003）等以石英砂、煤灰渣和高炉渣为基质构建的人工湿地进行研究的结果表明：煤灰渣基质的人工湿地对有机物处理效果最好；高炉渣的除磷效果最好；石英砂综合较差。

除以上常用的基质外，近年来，专家们还发现了许多新型基质。如浮石层土壤，即火山爆发后形成的多孔性火山岩，富含 Fe、Al、Ca 和 Mg，作为人工湿地基质具有很好的潜力。国外有研究发现，钙化海藻作为人工湿地基质对磷的去除率高达 98%，去除效率明显高于砾石基质。

（二）植物净化

人工湿地中，植物对氮磷的去除包括 3 方面：一是植物本身直接吸收同化含氮、磷化合物；二是其根系分泌物可促进某些嗜磷、氮细菌的生长，提高整个湿地生态系统微生物数量，促进氮、磷释放、转化，从而间接提高净化率；三是植物呼吸过程释放的 CO_2 与土壤及介质中钙离子结合形成碳酸钙，与磷形成共沉淀去除。植物对有机物的去除主要通过 3 种途径：①植物直接吸收有机污染物；②植物根系释放分泌物和酶；③植物和根际微生物的联合作用。

植物在生长过程中能吸收污水中的无机氮、磷等，供其生长发育。湿地植物对氮的去除作用主要是：氨的挥发作用、NH_4^+ 的阳离子交换作用、吸收、硝化和反硝化作用等。科学家研究认为，通过植物根部根毛周围充满氧气的液体薄膜中的好氧微生物的硝化作用，可将 NH_4^+ 转化成气体，释放到大气中。除此之外，植物本身也可以吸收一部分 NH_4^+，NH_4^+ 进入植物后通过氨化反应将其去除，合成蛋白质、氨基酸、酶等有机氮，消除其对植物的毒害作用。污水中无机磷在植物吸收及同化作用下可转化为植物的 ATP、DNA 等有机成分，最后通过植物的收割而从系统中去除。

除营养元素外，人工湿地选用的凤眼莲、香蒲、糜稷、菖蒲、芦苇、水葱、千屈菜等水生植物对铜、铅、镉、铬、汞、锌、银等重金属具有良好的富集作用，以金属螯合物的形式蓄积于植物体内的某些部位，通过植物的产氧作用使根区含氧量增加，促进污水重金属的氧化和沉降，还可通过植物挥发、甲基化等作用达到对污水和受污染土壤的生物修复。

（三）微生物净化

湿地微生物主要有菌类、藻类、原生动物和病毒，由于生物化学反应大多是在微生物和酶的相互作用下进行的，所以微生物在人工湿地污水处理系统中起着极其重要的作用。其中，人工湿地中的氮主要是通过微生物的硝化和反硝化作用去除，植物对无机氮的吸收只占 8%～16%，其他如氨的挥发和基质的吸附和过滤也只占一小部分。硝污水中有机物的降解和转化主要是由湿地微生物活动来完成的，有机物通过沉淀过滤吸附作用很快被截留，然后被微小生物利用；可溶性有机物通过生物膜的吸附和微生物的代谢被去除。微生物也能分解污水中的硫化物，有机硫化物经矿质化被分解成硫化氢，部分硫化氢挥发逸出湿地，部分则通过硫黄细菌和硫化细菌的硫化作用形成硫黄、硫酸，它们与土壤中的各种离子结合形成无机硫化物。无机硫化物部分会被植物吸收利用，也有一部分会在反硫化细菌的作用下经反硫化作用形成硫化氢，硫化氢再逸出湿地或又参与硫化作用。

湿地微生物还具有吸附作用，在微生物生长过程中，需要吸收一些营养元素和重金属元素以保证生长和代谢，它们分泌的高分子聚合物，对重金属有较强的络合力。它们还可通过胞外络合作用、胞外沉淀作用固定重金属，可把重金属转化为低毒状态。

（四）水生动物净化机制

人工湿地中的水生动物有提高土壤通气透水性能和促进有机物的分解转化的生态功能。底栖动物螺蛳、螃蟹、小型软体动物、摇蚊幼虫、水蚯蚓、贝壳等和淡水鱼虾形成湿地生态系统食物链的消费者。水中的浮游生物是鱼类的饵料，通过改变鱼类的数量结构来操纵植食性浮游动物的群落结构，促进滤食效率高的植食性浮游动物生长，进而降低藻类生物量，改善水质。蚌类的增多可使水质变清，从而为轮藻类植物的大量生长提供有利条件，为草食性水禽提供食物，扩大水禽的数量及停留时间。

第四节　流域环境恢复生态工程

通过实施退耕还林、退田还湖、河道生态修复等工程及管理措施，提高流域生态环境承载力。恢复流域与河道生态系统，恢复地下水位和湿地，使流域的总体生态环境得到恢复，流域内呈现水流岸绿、山清水秀、生机盎然的景象，最终使生态环境能够适应流域经济社会可持续发展的需要。

一、退耕还林还草工程

退耕还林还草的内涵：退耕还林还草，是指从保护和改善生态环境的角度出发，将易造成水土流失的坡耕地和易造成土地沙化的耕地，有计划、有步骤地停止继续耕种，本着宜林则林、宜草则草的原则，因地制宜地造林种草，恢复植被。

退耕还林还草的核心内容是：在对土地资源进行适宜性评价的基础上，从保护和改善生态环境的角度出发，将坡度达到 25°及 25°以上曾是林（草）地或其他类型的土地资源，在人口过多的压力下被开垦为耕地，而现在不适宜作为耕地的土地资源，转换土地利用方式，变更为从事林（草）地的系统工程。

我国退耕还林还草工程现状：退耕还林还草工程是 20 世纪末我国政府为改善生态环境状况、实施西部大开发所采取的一项重大措施。工程实施覆盖了全国 25 个省（市、区）及新疆生产建设兵团，涉及 1 897 个县（市、区、旗）和 1 300 多万农户，成为我国生态建设史上涉及面最广、任务最重、投入最多、群众参与度最高的生态建设工程。长江上游地区、黄河上中游地区、京津风沙源区以及重要湖库集水区、红水河流域、黑河流域、塔里木河流域等地区的 856 个县为工程建设重点县，占全国行政区划县数的 29.9%，占工程区总县数的 45.6%，其中长江流域及南方地区 503 个、黄河流域及北方地区 353 个。

2001—2010 年规划工程建设重点县退耕地造林 958.7 万 hm^2，占退耕地造林总任务的 65.4%。其中长江流域及南方地区为 485 万 hm^2，占重点县任务的 50.6%，黄河流域及北方地区为 473.7 万 hm^2，占 49.4%。退耕还林还草工程的实施有效地减少了坡耕地的水土流失，给土地以休养生息，极大地改善了我国的生态环境状况。同时，保障和提高了农业综合生产能力，促进了农村产业结构调整和农村富余劳动力的转移，对"三农"问题的解决作出了突出贡献。

退耕还林还草工程适宜性　退耕还林还草实际上是一个退化生态系统的恢复或重建问题，是改善区域生态系统服务功能的一项重大举措，其实质是将低产的、环境危害严重的农田生态系统转变为林草生态系统，在建设的过程中应考虑其适宜性。

（一）生态适宜性规律

退耕还林还草的问题首先是一个生态适应性问题，纬度地带性、经度地带性和垂直地带性及其水热光组合模式，是确定恢复植被类型的基础。在大尺度上区分退耕地属于森林气候、草原气候还是荒漠气候是确定特定区域还林或还草的重要依据。天然分布植被是人工还林还草的最基本参照物，是植物物种与环境之间长期演替和自然选择的必然结果。

我国受季风性气候的影响，降水一般自东南向西北递减，东南半部（大兴安岭—吕梁山—六盘山—青藏高原东缘一线以东）是森林区，西北半部是草原和荒漠区。气温由北向南递增，表现为寒温带—温带—暖温带—亚热带—热带气候。由于海陆地理位置所引起的水分差异，从沿海的湿润区，经半湿润区到内陆的半干旱区、干旱区，植被类型表现出明显的沿经度方向的更替现象，顺次出现森林带、森林草原带、草原带、荒漠带。除有灌溉和集流条件的地方适宜退耕还林外，其余干旱、半干旱，即年降水量在 400 mm 以下地区，退耕还草更为适宜。年降水量低于 400 mm 的山地，恢复乔木植被相当困难，对提高森林覆盖率不能期望过高。在黄土高原半湿润区，年降水量 500 mm 以上的山地，发展油松、云杉、落叶松用材林还有一定潜力。低于 300 mm，是干旱的荒漠草原气候，无法大面积还林。

（二）土地适宜性规律

土地适宜性是指在一定环境条件下土地对从事农林牧生产的适宜程度，包括在当前环境条件下的适宜性和改良后的潜在适宜性，一般更看重后者。组成土地的各要素，如气候、地形、土壤、植被、水资源及有关社会经济条件对农林牧用途有不同的适宜性和限制性，一般选取水分、气温、坡度、有效土厚度、土壤质地、土壤侵蚀强度、盐渍化程度、水文与排水条件、有机质含量和生物产量等作为土地质量鉴定的评价因素。

二、退田还湖工程

历史上长江中下游有众多的湖泊与洼地调蓄洪水，至 1949 年尚有通江湖泊17 200 km²。由于泥沙的逐年淤积，人类逐渐对江湖洲滩进行开发利用、围垦建垸等，使得湖泊自然水面逐渐缩小，目前只剩有鄱阳湖和洞庭湖两个通江湖泊，共有湖泊面积 6 600 余 km²。据调查自 1954—1978 年，鄱阳湖区在 21 m 高程围垦总面积就达 1 210 km²。人们对河湖滩涂围垦造田的活动，在一定时期内确实解决了部分地区和人们的衣食问题，但却对江河流域的自然生态环境造成了较大的影响。1998 年长江全流域性大洪水，就给了我们一个极大的启示，人类在改造自然活动，兴利除弊的同时，更应遵循自然发展的规律，营造生态环境的良性发展。

1998 年大洪水后，为治理江河流域、根治水患、进行灾后重建，国务院及时提出了"封山植树，退耕还林；平垸行洪，退田还湖；以工代赈，移民建镇；加固干堤，疏浚河湖"的 32 字方针。"平垸行洪，退田还湖"是其中的一项重要内容，旨在通过"平退"影响江湖行蓄洪或防洪标准低的洲滩民垸，提高江湖行洪、调蓄洪水的能力；同时"移民建镇"是将居住在列入"平退"圩垸内及临近河湖、常受洪涝威胁的洲滩民垸中的居民搬迁至不受洪涝影响的地方安居乐业。这既是变被动抗洪救灾为主动防灾减灾、根治水害的重大举措，也是恢复和保护生态环境并使之可持续发展的战略方针。

退田还湖区生态农业模式组建与建设效益　目前"平垸行洪，退田还湖"采取退人不退田的"单退"和既退人又退田的"双退"两种方式。"单退"即是"低水种养，高水蓄洪"，遇一般洪水仍可进行农业生产，遇大洪水时分蓄洪水或行洪；"双退"即平圩清障彻底放弃耕作，还圩区为天然湖面。如果全部采取"双退"方式，由于大洪水到来之前，大部分容积已充蓄，真正能起到调洪削峰的容积很少，防洪作用较小；采取"单退"的圩区部分容积可作为类似于分洪区使用，这样既可较好地发挥蓄洪削峰作用，又有利于移民的生产生活，减轻政府负担。

根据种植业生态工程，养殖业生态工程原理和退田还湖区的景观生态结构与功能，在单退垸、双退垸等不同区域组建合理利用空间与资源的多种复合高效的避灾生态农业发展模式，以达到安全行洪减灾与区内人民生存发展致富的有机统一。

（一）单退垸生态农业模式

单退垸将其原来封闭的围垸垦殖方式，改造为半封闭式的种养业。即成为"低洪保，高洪弃"的景观生态类型。正常洪水年份垦殖生产，大洪水年份开闸蓄洪。受水情变化的制约，一年中有可能进水淹没一次甚至多次，也有可能几年也不会淹没一次。且应根据相应的水淹概率和部位，考虑充分利用洪水前后的空隙与避洪等因素，在垸内建立多种避洪耐渍型的生态农业模式：

（1）高地势生态农业模式。即地势较高，多数年份为陆地，只有在大洪水年才起蓄洪作用的区域，且淹没时间短。为保证大洪水年仍然可发挥蓄洪作用，适宜发展池塘的鱼、猪、蚕、水禽复合循环生态农业模式，在低洼地筑堤造池塘，池塘周围堤上建舍养猪禽、蚕，堤坡上植桑、种饲料作物，喂蚕，养猪，池塘内放鱼、鸭、鹅。猪、蚕、禽等粪料放入池中喂鱼，形成一条完整的食物链，使种、养业在水体与周围旱地两个不同空间中形成良性循环。宜林高位湿地，可实施以林为主的林、芦、牧、鱼共生模式，在避水区开沟配渠，平整土地，进行大行距营造耐渍性强、效益高的欧美黑杨速生林，林间植芦或种草放牧，沟渠内养鱼。但在洪水和钉螺风险大的地段，须控制芦苇面积，放牧以围栏方式为主，以利行洪，防钉螺感染。

（2）季节性淹没区生态农业模式。该区域多属洪水年，6月至9月淹没在水下的中、低位湿地。应准确掌握湿地显露与淹没规律，巧妙地利用时间和空间，发展牧、稻、鱼、禽共生模式。湿地显露期放牛羊，割草养鱼喂兔，用机械割草，打捆筛螺，堆放升温，使湖草达到无害化后储蓄，以保证淹水期和冬季枯草期的饲草供应。在低洼地带筑坝拦蓄，或挖沟渠降低高程，使湿地淹没期增大水面和水深，以利于调洪、落淤、种稻、养鱼、放鸭鹅。在非洪水季节，相当于池塘养殖，可按池塘养殖方式管理，在洪水季节相当于围网养殖。

常年淹水区，适宜发展立体混养与网箱养殖模式，分层次养殖不同食性的鱼、珠、蚌或鱼、鳖等特种水产，形成复合立体特种养殖模式。由于鱼、珠、蚌和鱼、鳖生活于不同层次的水体空间，能充分利用不同层次水体空间的光照、养分等条件，形成较为合理的层次结构，具有较高的集约化程度网。深水区也可发展网箱养鱼辅以幼鳖套养模式。该模式是高强度的集约化养殖方式，易于管理，对洪水抗性强，但科技含量高，应通过人工繁殖、苗种培育、饲料配方等技术解决好品种选择、种苗供应、鱼病及环境污染防治问题。

（3）渍水低田耐涝生态农业模式。其将退田还湖后的渍水低田，划湖切块，形成网格型池田，积极发展以水生蔬菜为主辅以稻—鱼轮作模式，也可进行珍珠、河蟹、青虾等特种养殖，以形成多样化的、高效复合的多功能耐涝生态农业发展模式体系。

（4）湿地生态旅游园模式。在湿地生态系统较为完整的单退湖垸中，以恢复和保护湿地功能为中心，相应建立野生水生植物保护圈、国家珍稀濒危鸟类保护区等以生态莲为主体的水生植物种植园、特种水产养殖塘、水禽与陆禽饲养场，天然畜牧场等，同时进行游览中心、观鸟台、游道、交通系统等设施建设，使之成为人与自然和谐相处的乐园。

（二）双退垸生态农业模式

双退垸即退人又退田。对行洪不利的堤垸彻底实施平垸行洪，使之成为行洪区，这类垸受湖泊水位涨落的制约，多为季节性和常年性淹水区域，这就为水生种植和养殖提供了广阔的空间，适宜推行的避洪抗洪生态农业模式主要有：

（1）水生蔬菜与水生饲料种植模式。在水流缓慢的滞洪区和回水区，种植耐水性强的莲藕、菱白、菱角等水生蔬菜和浮萍、水浮莲、水葫芦等水生饲料，并通过大力开发种植技术，培育优良品种，在行洪避水区逐步形成无害水生蔬菜园和优质水生饲料基地。

（2）鸭鹅规模养殖，辅以天然捕捞模式。在避开水流主要通道的水域区，既有丰富的水草资源和水产下脚料，又有品种多样的天然鱼虾，可发展速生鸭、鹅等水禽。采用群体放养方式，配建饲养场、水禽防疫站、饲料贮存库、宰杀场、食品加工厂，以形成集中管理和规模经营体系。同时开发天然渔业捕捞技术，提高捕捞产量。

（3）网箱养殖与围网精养模式。该模式具有养殖强度大，集约化程度高，抗洪性强，适宜平垸行洪区大水面开发，但投入大，养殖技术要求高，应积极开展对优质品种的筛选与培育、饲料配方与投喂标准、放养强度及鱼病防治等精养配套技术的综合开发与应用。

（4）在季节性淹没区，地势较高，仅一般洪水年的主汛期（7—8 月）受淹行洪，阻洪不大，可发展以林为主的林、作物、蔬菜共生模式，种植阻洪不大、耐涝性强的欧美杨、杞柳等速生工业用材林，林间栽种西瓜、豆类、玉米等早熟夏季作物和冬季蔬菜。为充分利用洪水前后的空隙，还可选择特早熟稻品种，种植优质水稻，在 7 月上旬收获，高洪水位淹没期休耕，9 月下旬退水后可种植冬季作物或冬季蔬菜。

三、河道生态修复

河道是包括河堤、河床、护坡、水体和生物等的复杂生态系统，既是防洪排涝和引水抗旱的通道，又是生态、景观、休闲和旅游的重要场所。随着人口及社会经济的迅速发展，河道的生态环境状况越来越差，给河道景观和居民身体健康带来了严重危害，正日益成为困扰社会发展的重要瓶颈之一。在传统的河道整治过程中，通常采用的硬化河床，修筑石块、混凝土护坡等做法虽然有利于河道清淤和维护岸坡的稳定性，但也带来了严重的生态环境问题。据报道，目前我国已整治的河道中有 58% 以上的达不到设定功能区的水质标准，同时河床硬化覆盖阻断了地下水的补给。随着可持续发展意识的增强，河道生态系统的修复问题受到社会各界的广泛关注。河道生态修复技术具有处理效果好、工程造价低、无须耗能、运行成本低等优点，因此成为河道修复的一种新措施和发展方向。

河道生态修复指利用生态工程学或生态平衡、物质循环的原理和技术方法或手段，对受污染或受破坏、受胁迫环境下的生物生存和发展状态的改善、改良或恢复、重现。河道生态修复主要通过在河道中创造适合于河道各类生物生存的生境条件，形成各种生物群落配比合理、结构优化、功能强大、系统稳定的河道生态系统，重建受损河道生态系统的结构和功能。

（一）河道生态修复原则

20 世纪 80 年代后，国外许多水利工作者纷纷开始思考生态河流的构建技术，并提出了自己的理论。瑞士、德国等国家于 20 世纪 80 年代末提出了全新的"亲近自然河流"概念和"自然型护岸"技术；日本于 20 世纪 90 年代初提出了"多自然型河川整治"技术、美国提出了"自然河道设计"技术等。在河道生态修复过程中，应重视中国特色，适合我国实际情况的河道生态修复技术应该遵循以下原则：

（1）结构整体性与功能复杂性。生态河流是由水流及其中的动物、植物、微生物和环境因素构成的生命系统。河流内部各生态要素进行复杂物质、能量和信息交换，使它们相互依赖，不可分割，组成了有机的生命整体，从而保持河流的健康可持续发展，发挥河流的生态功能。生态河流内部有丰富的水量、多样化的栖息地以及丰富的营养物质，从而能够从周围环境中吸收更多的生物、物质和能量。河流有栖息地功能、过滤屏蔽功能、廊道功能和汇源功能。河道生态修复应注重满足河流的多重生态功能，应避免仅注重了其中的一项或几项功能，其结果都会导致生态系统结构的不完整或河流生态环境的恶化。

（2）物种组成多样性。物种组成多样性不受外界干扰的自然河流，内部的物种多样性非常丰富。生态河流构建应以自然河流为参照，创造多样化的生物栖息环境，使河流在尽可能短的时间内具备多样性丰富的物种和完善的生物群落。河道生物多样性丰富，能够为河流生物有稳定的基因遗传和食物网络，维持系统的可持续发展。例如台北市大沟溪生态整治后，河流系统生物数量大幅度增加，并且出现了原来河流中并不存在的生物。同时，生态河流丰富的物种多样性，也能够调节周围环境的生物数量，使周围生态系统保持平稳状态。

（3）景观结构开放性和多样性。生态河流是一种开放的生态系统，具有良好的连通性，为物质、能量和信息的传递提供了通道。河流生物能够在上下游、左右岸、干流与支流、河流与湖泊之间，或者在河流的周边来回迁移。同时也应确保河流与周边环境的连续性。传统的河流整治，主要出于防洪安全目的，对河流进行裁弯取直或采用单纯的规则断面，使河床平直，河水流态单一，很难为生物提供丰富多彩的栖息环境。河道生态修复必须利用自然河势，避免简单的对河流裁弯取直和规则化断面，最大限度地利用河流的自然恢复能力，尽量保护、恢复河流原有的状态。依据生态学原理，模拟自然河道，制造水陆交错、蜿蜒曲折或处于分汊散乱状态，或依山傍水，或河湖相连，深潭与浅滩相间的多样性河流景观。

（4）取材本土性。生态河流在构建过程中，应尽量使用当地的土壤、石块、木材和物种，防止外来物种入侵。在工程实施过程中，要充分考虑所用材料与周围环境的协调性，尽量保留原有的河流生态要素。

（二）河道生态修复技术

（1）生态河床修复技术。其去除传统整治河道铺设在河床上的硬质材料，恢复河床自然泥沙状态；恢复河床的多孔质化，建设生态河床，为水生生物重建栖息地环境。以生物防护稳定河床、改善河床生态环境的方法符合人与自然和谐相处的科学发展观，增强了河道生态的自然修复功能，有效地提高了河道行洪能力，改善了河道生态环境，为人们提供了良好的亲水环境。

（2）生态护坡修复技术。传统的河道整治方法往往忽视生态，把护坡搞成直立式或用钢筋混凝土覆盖护坡，从而破坏了生物的生长环境。从修复河道的生态环境出发，有条件的护坡都应种植草坪或灌木，草坪和灌木可有效增强护坡的稳定性、防止水土流失，为此可在坡面植草或灌木。同时，运用生态工程的技术与方法，充分发挥护坡植被的缓冲功能，恢复和重建退化的护坡生态系统，保护和提高生物多样性。

（3）生态河堤修复技术。河堤具有廊道、缓冲带和植被护岸等功能，不仅可为防洪安全提供可靠保障，同时还是人水相亲的风景线。因此，不仅要高度重视加固堤防工作，而且要同步实施河堤的生态修复工作，把河堤建成防洪和生态兼顾的绿色坚固长廊。通过河堤建设，使河堤符合防洪标准；通过实施河道沿线景观综合整治工程，使河道实现水清、景美的目标，成为自然景观与人文景观相协调的河道生态景观区。

（4）生态水体修复技术。河道生态修复的首要任务是水体水质的修复：一是控制污染物流入，增加水量，稀释污染物，输移污染物，提高水体的纳污能力，提高水环境容量和水环境承载能力。二是采取工程措施提高河道本身的自净能力和恢复水体水质，主要方法有：①通过水利设施调控引入污染水域上游或者附近清洁水源的水进行冲刷、稀释污染河道，以改善河道水环境质量；加大河道的枯水期流量，增加河道的稀释能力。②人工增氧的应急方法，对河道水环境的改善具有极其重要的作用。人工增氧能加快水体中溶解氧与污染物质之间的氧化还原反应速度。提高水体中好氧微生物的活性，加快有机污染物的降解速度。

（5）生态缓冲带。生态缓冲带的构建是河道与陆地交界的一定区域内建设乔、灌、草相结合的立体植物带，能够控制水土流失、防止河岸冲刷、对外界带来的氮、磷等污染物起到过滤作用，同时可以为鸟类和水生生物提供必要的栖息地。缓冲带的构建包括两项内容：一是缓冲带宽度的确定；二是缓冲带植被的选取。缓冲带宽度的选取与河岸的坡度、土壤渗透性、稳定性、河流水文情况、周边环境和缓冲带所要实现的目的功能有关。在一般情况下，缓冲带的功能决定了缓冲带的宽度，并不存在一种普遍的能够起到净化水质、稳固河堤、保护鱼类和野生动植物和满足当地人生活需求等各种效果的生态缓冲带。在河流及其周边，原本生长着与该地环境相适应的植物，并为鱼类、鸟类、昆虫类等动物提供了生存环境。

第五节　流域综合环境工程——水、土、气、生态系统工程

在流域综合环境治理中，遵循自然规律，坚持以大流域为骨干，以小流域为单元，山、水、田、林、路统一规划、综合治理；坚持封山育林、节水灌溉和绿色排放工程相结合，因地制宜、突出重点、科学配置；坚持经济、生态和社会效益统筹兼顾、相得益彰。通过流域综合环境工程的实施，有效保护和恢复流域生态环境，促进整个流域自然生态系统的良性循环和经济社会的可持续发展，实现生态功能恢复、人民生活水平提高、人与自然和谐相处的目标。

一、封山育林工程

封山育林是指对具有天然下种或萌蘖能力的疏林地、无立木林地、宜林地、灌丛等封禁，保护植物的自然繁殖生长，并辅以人工促进手段，促使其恢复形成森林或灌草植被；以及对低质、低效有林地、灌木林地进行封禁，并辅以人工促进经营改造措施，以提高森林质量的一项技术措施。封山育林主要包括未成林造

林地的封山育林，有林地的封山育林，疏林地的封山育林，灌木林地的封山育林，人工造林困难的高山、陡坡、岩石裸露地及沙漠、沙地的封山育林，育灌、育草。传统意义的封山育林以封禁为主，在现代林业思想指导下，随着对封山育林认识的日益提高，技术措施日趋科学化，注重不同阶段的育林技术研究，实现封与育的有机结合已成为封山育林的主要趋势。

封山育林是培育森林资源的一条十分重要的途径，与人工造林相比，一是更注重利用原有植被资源和生态系统的自我修复能力，人工干预少，不易引起水土流失；二是辅助人工促进更新手段，人工栽植非均匀配置的目的树种或与原优势树种不同的树种，较易形成异龄、复层稳定的林分结构；三是重点依靠植物自然繁殖生长，形成植被更具有天然林特点，可形成更复杂的能量和物质流动链条，从而增强生态体系完整性和稳定性，保护和提高生物多样性；四是成本相对较低，特别是苗木、整地、栽植费用较低，不需要大量劳力。因此，封山育林适应范围广，具有其他绿化方式无法替代的优势。

（一）封山育林工程的主要模式

1. 自然封育模式

主要应用于人烟稀少、难以实施大规模人工造林的深远山区。根据当地群众生产、生活需要和封育条件等具体情况确定，在长期的林业生产实践中，形成了"全封""半封"和"轮封"3种自然封山育林方式，以求既保护森林，又照顾林区副业生产、多种经营的开展。

（1）全封。其模式适用于水源涵养区、高山和水土流失的地区以及恢复植被较困难的封山育林区，长期封禁，禁止除实施育林措施以外的一切人为活动。

（2）半封。其模式则适用于人烟稠密的近山、低山。有一定目的树种、生长良好、林木覆盖度较大的封山育林区，在林木主要生长季节实施全封，为了解决群众的实际需要，在保护林木不受破坏的前提下，允许一定的季节在林内进行采樵、放牧和副业生产以及开展多种经营活动。

（3）轮封。其模式是把划定为封山育林的林分，相隔一定年限轮流封育管理。当地群众生产、生活和燃料等有实际困难的非生态脆弱区的封山育林区，将封山育林范围划片分段，轮流实行全封或者半封。"轮封"期间，禁止一切人为活动；开封林分允许一定的季节在林内开展副业生产和多种经营活动。

2. 飞封结合模式

飞封结合模式主要应用于飞播造林区。此模式以飞播树种为培育目的的树种，改善现有植被状况，形成乔灌混交复层林分，提高飞播林区的生态经济价值。此种模式的封育方式为全封或全封 3～5 年后，再半封 2～3 年，封育类型为乔木型或乔灌型。根据地形特点、人畜活动情况合理设置界桩、围栏，树立固定标牌。人工辅助育林措施重点是保证飞播种子触土、萌发及幼苗的安全过冬，可采取割灌、小穴整地等措施，出苗后及时松土除草、覆土清淤、培土防寒等。

3. 封造结合模式

封造结合模式主要应用于天然下种母树或幼苗幼树少，或立地条件差，单纯依靠自然更新困难；或存在一定数量下种母树或幼苗幼树，但分布不均匀；或虽有一定的天然更新能力，但树种结构和层次结构单一的宜林地、无林地和疏林地。此模式在利用自然修复能力的同时注重人工辅助造林，引入适生、可与原有植物种混交的具有更高效益的树种，封造结合，促进植被恢复，并形成结构稳定均匀的复层林分，以提高林分质量和综合效益。封育方式根据封育区自然和社会经济条件确定，一般自然植被少、立地条件差、水土流失严重的陡坡山地采取全封；植被较好，或当地群众经济条件差的非生态脆弱区可采用半封或轮封。封育类型为乔木型或乔灌型。根据地形特点、人畜活动情况合理设置界桩、围栏，树立固定标牌。人工辅助育林措施，一般在林中空地见缝插针补植乔木树种或有较高生态、经济效益的树种，根据封育区树种构成也可栽植部分灌木，形成复层结构。

4. 封育改造模式

封育改造模式主要应用于郁闭度在 0.5 以下的低质、低效林地和有望培育成乔木林的灌木林地。此模式通过补植、补播和各种抚育措施，对低质、低效林地进行改造，改善有林地林分结构和生长，提高林地生产力，增强林地综合效益；在灌木林地引入乔木树种或通过人工措施促进乔木幼苗生长，促进形成以乔木为优势树种的林分。封育方式采取半封或轮封。封育类型为乔木型。根据地形特点、人畜活动情况合理设置界桩、围栏，树立固定标牌。对于低质林采取人工辅助育林措施，以疏密疏伐为主，保留优势木，采取点状、团状疏伐，促进林下幼苗、幼树生长，必要时可引进其他适宜树种，形成混交、异龄结构林分；对于灌木林地，有乔木幼苗幼树的重点抚育，适当割灌，形成有效营养空间，促其生长，也可人工补植乔木树种。

（二）封山育林工程的生态效益

1. 减少水土流失

通过长期封山育林，灌木和草本植物得到有效保护，使森林形成了乔木层、灌木层和草本植物层，乔灌草结合的林分有效地保持了水土。森林的枯枝落叶是森林的一个重要组成成分，枯枝落叶吸收和调节地表径流，减小地表径流的流速，过滤径流中挟带的泥沙，使降水有充足的时间入渗，同时枯枝落叶本身还能贮存大量的水分，增加林地贮水量。

2. 改善土壤的性状

通过封山育林使积累的大量枯枝落叶覆盖地面，保护地表免遭雨滴击溅侵蚀，土壤孔隙度的增加，促进雨水迅速下渗，减少地表径流的冲刷。吸收和调节地表径流能力强。乔灌草根系呈多层分布、根系穿插和新陈代谢能增加土壤孔隙度，改善土壤结构，提高土壤含水量和贮水量。通过封山育林培育的林分可将部分降雨涵养于土壤之中，在较长时间内可作为渗流补给河流、水库，达到"整存零取"的水源涵养效果。

3. 增加土壤养分含量

通过封山育林，保护和提高乔木的生长，促进林下灌木和草本植物的恢复，增加林地枯落物的积累，枯落物腐烂后形成腐殖质和有机质，提高土壤养分含量。乔灌草截持降雨，灌、草和枯落物拦蓄地表径流，根系固持土壤，有效地防止水土流失，达到保水、保土、保肥的目的，使林地土壤中的有机质、氮、磷、钾、等营养元素增加，提高土壤肥力。

二、节水灌溉工程

中国水资源仅占世界总量的 6%，是比耕地资源（占世界总量的 9%）更紧缺的资源，水资源不足已成为严重制约中国国民经济可持续发展的瓶颈。目前中国人均水资源占有量仅为 2 800 m³，只相当于世界平均水平的 1/4，同时水资源还存在分布不均的问题，淮河以北的广大北方地区拥有全国 60%的土地，却只有15%的水资源。农业是中国用水最多的产业，占总用水量的 70%以上，其中农田灌溉用水量 3 600 亿～3 800 亿 m³，占农业用水量的 90%～95%。农业灌溉每年平均缺水 300 多亿 m³，每年因旱灾减产粮食 100 亿～150 亿 kg。然而，中国水资源短缺与水资源浪费并存的现象十分严重。农田灌溉水的利用效率仅有 110 kg/m³ 左右。因灌溉方式不合理，造成水资源浪费严重、利用效率低下，加剧了水资源短缺的现状。根据水利部、中国工程院等部门的预测，中国农业用水必须维持零增长或负增长，才能保证中国用水安全和生态安全，因此缓解资源供需矛盾的重要途径之一是发展节水灌溉。

（一）节水灌溉的定义

节水灌溉，简单地来讲就是指采用先进的农业节水技术，提高灌溉水的利用率和水的生产率。换而言之，节水灌溉是用尽可能少的水投入，取得尽可能多的农作物产出的灌溉形式。

（二）节水灌溉技术

1. 渠道防渗技术

减少渠道输水损失是灌溉各环节中节水效益最大的环节。渠道防渗技术是减少输水渠道透水性或建立不透水层的各种技术措施，该技术是我国目前应用最广泛的节水灌溉工程技术措施。其具有防渗效果好，提高渠道的抗冲能力；糙率系数小，增加输水速度；减小渠道断面和建筑物尺寸，节省运行费用，一次性投资少等优点。按防渗材料划分，道防渗方法可分为土料防渗、砌石防渗、砌砖防渗、混凝土衬砌防渗、沥青材料防渗和塑料薄膜防渗等，与土渠相比，浆砌块石防渗可减少渗漏损失 60%～70%，混凝土衬砌可减少渗漏损失 80%～90%，塑料薄膜防渗可减少渗漏损失 90%以上。

混凝土防渗渠的横断面主要有梯形和 U 形两种。梯形断面多为现浇式，可做成较大断面，能输送较大的流量，但其开口大占地也较多；U 形断面多为预制拼装式，其优点为水力条件好，渠道上口小占地少，节水省材料用量，其缺点是难以做成较大断面，过水流量受到限制。因此，选取渠系断面，要根据各级渠道的设计流量来选定。

2. 低压管道输水技术

低压管道输水灌溉是以管道输水进行地面灌溉的工程，灌水时以较低（一般不超过 0.2MPa）的压力，通过管道系统，把水输送到田间沟、畦灌溉农田的一种工程形式。其特点是输水时所需压力较低，出口流量较大，不易发生堵塞。因此，它具有输水效率高、节能、节省渠道占地、省工、成本低等优点，当前特别适合在井灌区推广。随着大口径低压管道输水技术的成熟，它也是今后我国渠灌区进行技术改造的一个带有方向性的节水工程措施。低压管道系统输水过程中水的有效利用率可达 0.90～0.97，减少了渗漏和蒸发损失，可有效地扩大灌溉面积。

自 20 世纪 80 年代以来，为了节水、省水资源，缓解北方地区水资源短缺状况，低压管道输水技术得到各级政府部门和农民的高度重视，迅速往北方平原井灌区推广应用。"七五"期间，国家科委将这项节水技术列入重点科技攻关项目，从规划设计、配套设备、施工安装及运行管理等方面进行了系统研究，取得了成套的技术成果。由于低压管道输水灌溉技术比喷灌、滴灌等一次性投资少，要求的设备较简单，管理也较方便，农民易掌握。因此在短短的几年里低压管道输水灌溉技术已在中国北方地区发展到 300 多万 hm^2。对这些地方的井灌区农业发展发挥了重要的作用。实践证明，低压管道输水灌溉技术是我国北方地区发展节水灌溉的重要途径之一。

3．喷灌技术

喷灌是将灌溉水通过由喷灌设备组成的喷灌系统，形成具有一定压力的水，由喷头喷射到空中，形成水滴状态，洒落在土壤表面，为作物生长提供必要的水分的工程技术。喷灌与地面灌水相比，具有节水、省工、省地，适用范围广等优点。其缺点是受风的影响大、蒸发损失大、能耗大、一次性投资高、可能出现土壤底层湿润不足。按喷灌系统主要组成部分移动与否可分为移动式、固定式和半固定式三类。

4．微灌技术

微灌技术包括滴灌、微喷灌、脉冲灌、涌泉灌等。滴灌又根据设备工作压力不同分为常压滴灌和重力滴灌；根据设备铺设的方式不同又可分为地下灌溉和地表灌溉。它可根据作物的需水要求，通过灌溉控制、过滤系统及管道和安装在管道上的特制喷水器（滴头、微喷头、稳流器、分水器、滴灌带、喷水带等），将水和作物所需要的肥料、养分以较小的流量均匀、准确地直接输送到作物的根部附近的土壤中，微灌主要用于局部灌溉。

三、绿色排放工程

发展是人类社会追求的永恒主题。人类文明的发展，历来是在不断应对和克服人与人、人与自然、人与社会各种矛盾过程中艰难前进。由于人与自然矛盾激化，发展遭遇前所未有的阻碍，促使环境问题认识的觉醒，进而不断探索新的发展路径。特别是在应对国际金融危机冲击中，许多国家都更加突出"绿色"的理念和内涵，实施"绿色新政"，以此来谋划后危机时代的发展。人们普遍认识到，发展绿色经济不仅可以节能减排，而且能够更加有效地利用资源、扩大市场需求、提供新的就业，是保护环境与发展经济的重要结合点。推进绿色发展，为环境保护带来了压力和机遇。

改革开放 30 多年是我国环保事业大发展的 30 多年，也是不懈探索中国环保新道路的 30 多年。一段时期内，不少地区和环保部门把环境保护与经济发展对立起来，把环境保护看成是简单的污染防治，就污染谈污染，就环保论环保，面对严峻的环境形势和艰巨的环保任务，需要与时俱进的改革创新精神，立足基本国情，借鉴经验教训，坚持环境保护与经济发展相协调，以尽可能小的环境代价支撑更大规模的经济活动；坚持环境保护与经济社会建设相统筹，寻求最佳的环境效益、经济效益和社会效益；坚持污染预防与环境治理相结合，用适当的环境治理成本，把经济社会活动对环境的损害降低到最低程度；坚持环境保护与长远发展相融合，以环境保护的不断加强推动经济社会可持续发展。

（一）绿色排放的内涵

绿色排放是指无限地减少污染物的排放直至对环境无污染的活动，即应用物质循环、清洁生产和生态产业等各种技术，实现对资源完全循环利用，而不给环境造成任何废物。换而言之，就是以最小的投入谋求最大的产出，在一种产业中无法做到时则构筑产业间网络，将某种产业的废弃物或副产品作为另一产业的原材料。绿色排放，就其内容而言：一是要控制生产过程中废物排放直至减少到不对环境产生有害影响；二是将那些不得已排放出的废物资源化，最终实现不可再生资源和能源的可持续利用。

要真正理解绿色排放的含义，首先要认识其相对的极限性。在传统经济模式下，即使最有效地控制废物的源头，最有效地实现废物最小量化，仍然无法避免最终废弃物中会有大量有价值的物质，造成资源的浪费；绿色排放的理念是通过全面规划和组织社会生产、流通、服务和生活等活动，在整个社会范围内，各类活动的物流和能流之间，建立起与自然生态系统类似的共生关系，使一种活动的排放物可作为原料被其他生产生活活动利用，从而达到真正意义上的"最小量化"排放。由此可见，绿色排放是"最小量化排放"的极限概念，也是一个相对的概念。

（二）绿色排放工程措施

绿色排放工程通过全面规划和组织社会生产、流通、服务、生活活动，在整个社会范围内，各类活动的物流、能流之间，建立起与自然生态系统类似的共生关系，使一种活动的排放物可作为原料被其他生产生活活动利用，并建立相应的社会运行机制与管理体制，从而提高资源的综合利用率，实现废物绿色排放，使整个社会构成一个高效、和谐、平衡、稳定的绿色生态社会。为实现这一目标，可从实施绿色排放工程入手。

（1）物质循环利用。循环经济是可持续的生产和消费范式，其运行应遵循"减量化、再利用、再循环"的基本原则。"减量化"原则是指在产品生产和服务过程中尽可能减少资源的消耗和废弃物、污染物的产生，采用替代性的可再生资源，以资源投入最小化为目标，以提高资源利用率为核心。生产者应通过减少产品原料投入和优化制造工艺来节约资源和减少排放；消费群体应优先选购包装简易、结实耐用的产品。"再利用"原则是指产品多次使用或修复、翻新后继续使用，以延长产品的使用周期，防止产品过早成为垃圾，从而节约生产这些产品所需要的各种资源投入。要求消费群体改变产品使用方式，有效延长产品的寿命和产品的服务效能。生产者应采取产业群体间的精密分工和高效协作，加大产品到废弃物的转化周期，最大限度地提高资源产品的使用效率，制造商应使用标准尺寸进行设计。鼓励再制造工业的发展，以便拆卸、修理和组装用过的和破碎的东西，如欧洲汽车制造商把轿车零件设计成易于拆卸和再使用，同时又保留原有的功能。"再循环"原则是指使废弃物最大限度地变成资源，变废为宝，化害为利。通过对产业链的输出端——废弃物的多次回收和再利用，促进废物多级资源化和资源的闭合式良性循环，实现废弃物的最小排放。针对整个经济运行系统，通过对产业和产品结构的调整、重组、升级和转型，实现社会—经济—自然复合系统的生态化耦合，从而减少资源消耗和环境污染，提高经济效益和质量。

（2）清洁生产。1996 年，UNEP（联合国环境规划署）将清洁生产的概念重新定义为：清洁生产意味着对生产过程、产品和服务持续运用整体预防的环境战略以期增加生态效率并减轻人类和环境的风险。清洁生产是关于产品生产过程的一种新的、创造性的思维方式。清洁生产的定义涉及两个全过程控制和一个服务要求。对于生产过程，清洁生产意味着节约原材料和能源，淘汰有毒原材料，在生产过程排放废物之前降低废物的数量和毒性；对于产品，清洁生产意味着降低和减少产品从原材料使用到最终处置的全生命周期的不利影响；对服务要求是将环境因素纳入设计和所提供的服务中。

清洁生产是将污染预防战略持续地应用于生产全过程，它具有丰富的内涵，主要表现在：

自然资源和能源利用最合理化。对企业来说，在生产、产品和服务中，最大限度地利用可再生能源、新能源和清洁能源；实施节能技术和措施，节约原材料和能源。通过资源的综合利用、短缺资源的代用、二次能源的利用，以及各种节能、降耗、节水措施，合理利用自然资源，减缓资源的耗竭。

危害最小化。即把生产活动和预期的产品消费活动对环境的负面影响降至最小化。减少生产过程中的各种危险因素，采用少废或无废的生产技术和工艺，减少有毒有害物料的使用；尽量少用、不用有毒有害的原材料，少用昂贵和稀有的原料；使用易于回收、复用和再生的物料。

经济效益、社会效益和环境效益的统一。在生产过程中减少废料与污染物的生成和排放，促进工业产品的生成、消费过程与环境相容，降低整个工业活动对人类和环境的风险。清洁生产的目标是实现工业生产的经济效益、社会效益和环境效益的统一，保证国民经济的持续发展。即通过不断提高生产效率，降低成本，增加产品和服务的附加值，以获得较大的经济效益。减少原材料和能源的使用，减少中间产品；采用先进工艺和高效的生产技术，降低物料和能源损耗。

（3）生态产业。当今的工农业生产在满足人类不断增长的物质需要的同时，也造成了资源和能源的大量消耗及对自然环境的严重污染，使得人类生存环境面临着不可持续发展的危险境地。在反思这一现象的时候，人们注意到，尽管自然界中每个生物种群的生长过程有废物产生，但在各生物种群之间这些废物却是循环的、互相利用的，因而使自然界中的资源和物种得到了协调的可持续发展，唯一的消耗是太阳能。于是人们意识到，应按自然界的生态模式来规划生产模式，才能从根本上解决资源、能源和环境的可持续发展，从而提出了生态产业的概念。

生态产业是按生态经济原理和知识经济规律组织起来的基于生态系统承载能力、具有高效的经济过程及和谐的生态功能的网络型和进化型产业。它通过两个或两个以上的生产体系或环节之间的系统耦合，使物质、能量能多级利用、高效产出，资源、环境能系统开发、持续利用。

生态工业。生态工业是按生态经济原理和知识经济规律组织起来的基于生态系统承载能力、具有高效的经济过程及和谐的生态功能的网络型和进化型工业。生态工业的本质是采用消除或重复利用废料的"封闭循环"生产系统，提高产品的使用周期，减少废物的产生和资源的浪费与消耗。其发展既要着眼于每项工业生产的全过程，又要着眼于地区工业生态的全局性和互补性，既充分有效地利用资源发展工业生产，同时又减轻污染实现经济社会协调发展。

生态农业。生态农业是一种综合性、节能性、可持续性和适应性很强的现代化大农业，它不仅是可持续发展追求的目标、农业发展的大方向，还是实现生态文明建设的必然选择。主要表现在：从发展目标看，生态农业以协调人与自然的关系为基础，要求多目标综合决策；从科学理论和方法看，生态农业要求运用生态学原理、生态经济规律和系统科学方法，遵循"整体、协调、循环、再生"的基本原则；从技术特点看，生态农业不仅要求继承和发扬传统农业技术并注意吸收现代科学技术，而且要求整个农业技术体系进行生态优化，从而发挥技术综合的优势；从生产管理特点看，生态农业要求把农业可持续发展的战略目标与农户经营、农民脱贫致富结合起来。

生态化第三产业。第三产业往往反映了一个国家经济与社会的活力，也反映了整个生态系统的运行状况。同时，第三产业与第一、第二产业是一种相辅相成的关系。生态工业、生态农业要求第三产业提供清洁产品，例如需要速度快、成本低、载量大的清洁运输业，保证投资、减少风险的生态金融业和生态保险业等；同时居民收入的增加、生活消费的提高也刺激了种种生活服务，如医疗、教育、饮食等行业的生态化发展。这充分表明，发展第三产业生态化对促进产业生态化进程具有重要意义。

思考与练习

1. 什么是流域生态系统？其有什么特征？
2. 湿地生态系统的功能有哪些？人工湿地有哪些类型？各有什么特点？
3. 水土流失治理方式有哪些？
4. 退耕还林还草工程建设需注意哪些规律？
5. 生态河道修复工程有哪些原则和技术？
6. 封山育林工程有哪些模式？各有什么特点？

参考文献

[1] 阎水玉，王祥荣. 流域生态学与太湖防洪、治污及可持续发展[J]. 湖泊科学，2001，13（1）：1-8.

[2] 邓红兵，王庆礼，蔡庆华. 流域生态系统管理研究[J]. 中国人口、资源与环境，2002，12（6）：18-20.

[3] 蔡庆华，娄治平，邓红兵. 流域生态学[M]. 北京：气象出版社，2004：524-533.

[4]　蔡庆华，吴　刚，刘建康. 流域生态学：水生态系统多样性研究和保护的一个新途径[J]. 科技导报. 1997（5）：24-26.

[5]　陈吉泉. 河岸植被特征及其在生态系统和景观中的作用[J]. 应用生态学报，1996，7（4）：439-448.

[6]　栾建国，陈文祥. 河流生态系统的典型特征和服务功能[J]. 人民长江，2004，35（9）：11-41.

[7]　夏继红，严忠民. 生态河岸带及其功能[J]. 水利水电技术，2006，5（37）：41-81.

[8]　邓红兵，王青春，王庆礼. 河岸植被缓冲带与河岸带管理[J]. 应用生态学报，2001，12（6）：951-954.

[9]　杨海军，张化永，赵亚楠，等. 用芦苇恢复受损河岸生态系统的工程化方法[J]. 生态学杂志，2005，24（2）：214-216.

[10]　岳隽，王仰麟. 国内外河岸带研究的进展与展望[J]. 地理科学进展，2005，24（5）：33-40.

[11]　张凤凤，李土生，卢剑波. 河岸带净化水质及其生态功能与恢复研究进展[J]. 农业环境科学报，2007，24（S2）：459-464.

[12]　吕宪国. 生态服务功能研究[M]. 北京：气象出版社，2002：133-139.

[13]　江行玉，王长海，赵可夫. 芦苇抗镉污染机理研究[J]. 生态学报，2003，23（5）：856-862.

[14]　杨永兴. 国际湿地科学研究的主要特点、进展与展望[J]. 地理科学进展，2002（3）：111-120.

[15]　张永泽，王烜. 自然湿地生态恢复研究综述[J]. 生态学报，2001，21（2）：309-314.

[16]　陆健健，王伟. 湿地生态恢复[J]. 湿地科学与管理，2007，3（1）：34-35.

[17]　陆健健，何文珊，童春富，等. 湿地生态学[M]. 北京：高等教育出版社，2006：242-246.

[18]　翁伯琦，邓启明. 山坡农地水土流失防治技术若干进展与成效分析[J]. 中国人口资源与环境，2002，12（5）：70-72.

[19]　马安娜，张洪刚，洪剑明. 湿地植物在污水处理中的作用及机理[J]. 首都师范大学学报，2006，27（6）：57-63.

[20]　尹士君，汤金如. 人工湿地中植物净化作用及其影响因素[J]. 煤炭技术，2006，25（12）：115-118.

[21]　李林锋，年跃刚，蒋高明. 人工湿地植物研究进展[J]. 环境污染与防治，2006，28（8）：616-619.

[22]　周红菊，尚忠林，王学东，等. 湿地净化污水作用及其机理研究进展[J]. 南水北调与水利科技，2007，5（4）：64-66.

[23]　马安娜，张洪刚，洪剑明. 湿地植物在污水处理中的作用及机理[J]. 首都师范大学学报，2006，27（6）：57-63.

[24]　安树青. 湿地生态工程——湿地资源利用与保护的优化模式[M]. 北京：化学工业出版社，

2002：328-383.

[25] 朱夕珍，崔理华，温晓露，等. 不同基质垂直流人工湿地对城市污水的净化效果[J]. 农业
环境科学学报，2003，22（4）：454-457.

[26] 朱三华，黎开志，刘飞. 浅析生态堤防设计[J]. 人民珠江，2005，增刊（2）：17-18.

[27] 李尚志，唐永琼. 利用水生植物对污染水体进行生态修复[J]. 深圳大学学报：理工版，
2005，22（3）：272-276.

[28] 胡洪营，何苗朱，铭捷，等. 污染河流水质净化与生态修复技术及其集成化策略[J]. 给水
排水，2005，31（4）：1-9.

[29] 徐化成，郑均宝. 封山育林研究[M]. 北京：中国林业出版社，1994.

[30] 梅旭荣，蔡典雄，杨正礼，等. 节水高效农业理论与技术[M]. 北京：中国农业科技出版
社，2004：25-29.

[31] 薛亮. 中国节水农业理论与实践[M]. 北京：中国农业出版社，2002：58-162.

[32] 山仑，吴普特，康绍忠. 中国节水农业[M]. 北京：中国农业出版社，2004：64-65.

[33] 吴普特，冯浩，赵西宁，等. 现代节水农业理念与技术探索[J]. 灌溉排水学报报，2006，
25（4）：1-5.

[34] 段宁. 清洁生产、生态工业和循环经济[J]. 环境科学研究. 2001，14.

[35] 鲁成秀，尚金城. 生态工业园规划建设的理论与方法初探[J]. 经济地理. 2004，24（3）：
399-402.

[36] 厉无畏，王振. 中国产业发展前沿问题[M]. 上海：上海人民出版社，2003.

[37] 厉无畏，王慧敏. 产业发展的趋势研判与理性思考[J]. 中国工业经济，2002（4）：5-11.

第七章　环境生态技术及应用

第一节　清洁生产技术

一、清洁生产概述

（一）清洁生产的产生背景

人口和经济增长是驱动人类社会发展的动力，从而成为对生态环境系统施加作用最主要的内在原因。20 世纪初，世界人口总数为 16.2 亿，至 20 世纪末人口已增至 60.6 亿，最近显示，2007 年人口已达 66.7 亿。与此同时，以物质生产为基础的产业分工及其结构演进所形成的经济系统，伴随着人口的增加，特别是在工业革命后，已经逐步发展为一个规模庞大、关系错综复杂的产业体系。

城市化进程的加快也加剧了人类对环境的冲击。城市是人类经济和社会发展的结果，也是支持促进人类社会经济发展的中心。20 世纪后半叶，世界出现人口超过千万的特大城市，并且数目不断上升。如今，已有约 33 亿人生活在城市，约占总人口的 50%。联合国预测，到 2050 年，超过 2/3 的世界人口将生活在城市。城市化进程导致成片的耕地植被被侵占，大量的水与矿产资源等消耗、各种废弃物的排放，使城市成为资源环境最大、最直接的压力来源之一。

在人口与经济快速增长以及城市化的进程中，人类社会对外部生态环境系统施加的压力不断增加。人类持续地从地球支持系统大规模开发消耗各种自然资源，又不断地向地球支持系统大量排出各种废物。这已造成了严重的环境恶化、土地萎缩、森林锐减、水资源紧缺、能源危机、土壤沙化等种种资源问题。这些问题互相关联、交互作用，影响不断扩大，并反作用于人类社会，威胁着人类的健康，制约社会经济的发展。

　　针对现存生态环境问题，人类一直不断地寻求着治理对策。工业革命至 20 世纪 40 年代，工业产生的废气、废渣、废水主要靠自然环境的自身稀释作用消化。进入 60 年代，工业化国家认识到稀释排放的危害，纷纷采取"废物处理"技术控制污染。即对生产中产生的各种废弃物采取一定的处理措施，使之达到一定的排放标准后再排入环境。废物处理注重了污染的末端治理，强调了减少污染物的排放量，但未认识到在污染物排放前削减其产生量。70 年代，在环境问题不断恶化的同时又发生了全球性的石油危机，迫使工业化国家纷纷采取废物资源化政策，发展废物"循环回收技术"，节约自然资源与能源，减少废物的产生和排放。但是，由于技术和经济因素，不是所有的工业废物都能找到循环回收利用的途径，同时废弃物在收集、储存、运输过程中也存在着相当大的环境风险，仍然可能对人类和环境造成危害。进入 80 年代，人们回顾了过去几十年工业生产与环境管理的实践，深刻认识到"稀释排放""废物处理""循环回收利用"等"先污染后治理"的污染防治方法不但不能解决日益严重的环境问题，反而继续造成自然资源和能源的巨大浪费，加重环境污染和社会的负担。因此，发达国家通过污染治理的实践，逐步认识到防治工业污染不能只依靠治理末端污染，必须以"预防"为主，将污染物消除在生产过程之中，实行工业生产全过程控制。1992 年，联合国里约热内卢环境与发展大会召开，通过了《环境与发展宣言》及其行动计划《21 世纪议程》两个纲领性文件。正式确定了将"可持续发展"作为人类发展的总目标。而以"预防"为主，将污染物消除在整个生产过程之中的"清洁生产"就是实施可持续发展战略的重大对策措施（图 7-1）。

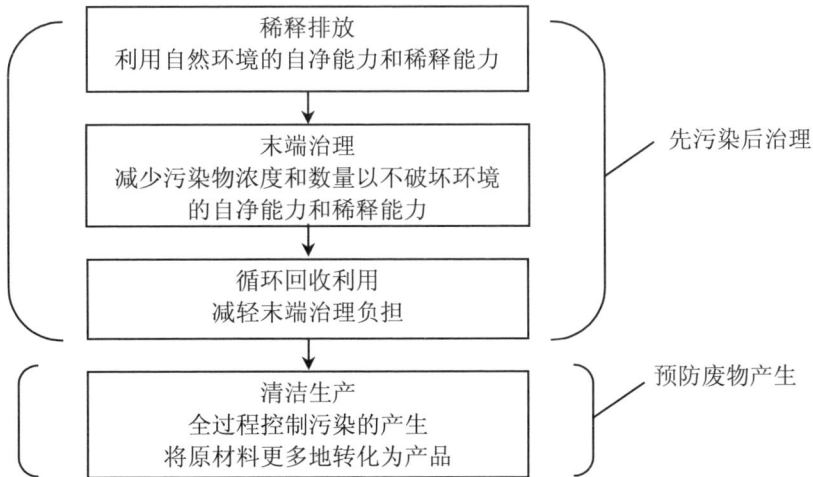

图 7-1　污染防治战略的演变（张天柱，2006）

（二）清洁生产的定义及内涵

1. 清洁生产的定义

清洁生产是一个相对的、动态的概念。推行清洁生产技术，本身就是一个不断完善的过程，随着社会经济的发展和科学技术的进步，需要适时地提出新的目标，争取达到更高的水平。

1996 年，UNEP（联合国环境署）给清洁生产（Clean Production，CP）定义如下：清洁生产是关于产品的生产过程的一种新的创造性思想。该思想将整体预防的环境战略持续应用于生产过程、产品设计过程和服务过程，以增加生态效率并减少人类和环境的风险。对于生产过程，要求节约原材料和能源，淘汰有毒原材料，减降所有废弃物的数量和毒性；对于产品，要求减少从原材料提炼到产品最终处置的全生命周期对环境的不利影响；对于服务要求将环境因素纳入设计和所提供的服务中。

《中国 21 世纪议程》中的定义：清洁生产是指既可满足人们的需要又可合理使用自然资源和能源保护环境的实用生产方法和措施，其实质是一种物料和能耗最少的人类生产活动的规划和管理，将废物减量化、资源化和无害化，或消灭在生产过程之中。

清洁生产包括清洁的产品、清洁的生产过程和清洁的服务 3 个方面，微观清洁生产的主要内容见图 7-2。

清洁生产的作用对象：在清洁生产这一全新的战略对策中，其实施对象是包括生产过程及其产品和服务的人类社会的全部生产活动。从生产的基本组成环节，即产品和服务以及生产过程入手，降低由其引发的资源环境压力。需要指出的是，对于清洁生产定义的实施对象，不能仅简单地从单个组织意义上的生产过程及其产品服务，更为重要的是，需要从更高的视野上来认识，即将所有生产过程及其产品与服务作为一个整体，也就是将产业系统作为清洁生产的实施对象。

清洁生产的目标：是在清洁生产中，改进生产系统的生态效率、减少来自生产方面对人类自身和环境产生的不利影响与风险。

清洁生产的基本特征：清洁生产作为一个新的战略对策，表达其基本特征的 3 个要素是系统性、预防性和持续性。

清洁的原料、能源。
原料：有毒有害原料替代
　　　原料节约
能源：常规能源的清洁利用
　　　可再生能源的利用
　　　新能源的利用
　　　节约能源

清洁的生产过程：
少用不用有毒有害原料
无毒无害的中间产品
减少生产中的危险因素
减少工艺流程
采用高效设备
先进的过程控制
物料的再循环
完善的管理

清洁的产品：
能源和原料消耗低
不用贵重和稀缺原料
利用二次资源作原料
易于回收、复用和再生
合理的功能和使用寿命
合理包装
物料的再循环
完善的管理
易处置、易降解
在使用中和使用后不会危害人体健康和
生态环境

清洁的服务：
将环境因素纳入设计
将环境因素纳入所提供服务

清
洁
生
产

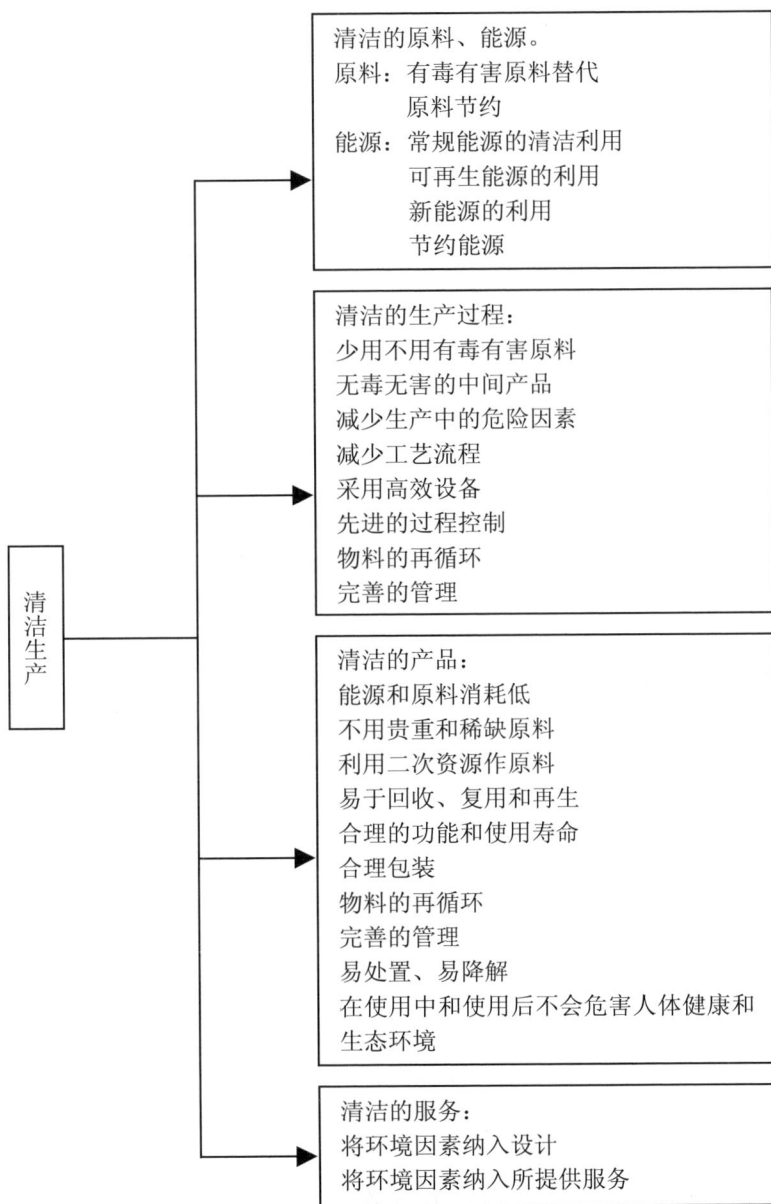

图 7-2　微观清洁生产内容（奚旦立，2005）

（1）系统性。清洁生产是一项系统工程。推行清洁生产需要企业建立一个预防污染、保护资源所需的系统组织机构，要明确职责并进行科学规划。是包括产品设计、能源与原材料的更新替代、开发少废无废清洁工艺、排放污染物处置及物料再循环等的一项复杂系统工程。

（2）预防性。这是清洁生产概念中的核心要素，也是贯穿于清洁生产战略中的内容原则。清洁生产战略要求针对资源能源利用和废物或污染物产生，通过生产过程及其产品与服务活动的全方位变革，实现生产与环境的逐步相容。清洁生产的这一基本特征，需要更积极主动的态度和更富于创造性的行动。

（3）持续性。清洁生产是一个持续动态的深化过程。清洁生产不可能期望通过一次或几次活动就完成预期的目标。随着科学技术的进步，生产管理水平的提高，将会产生更清洁的改进生产系统的方法途径，从而促进生产过程、产品和服务朝着更为环境友好的方向发展。

2. 清洁生产的内涵

根据清洁生产的定义，清洁生产内涵的核心是实行源头削减和对生产或服务的全过程实施控制。从产生污染物的源头削减污染物的产生，实际上是使原料更多地转化为产品，是积极的、预防性的战略，具有事半功倍的效果。

从生产的角度看，清洁生产要求在考虑节约资源和保护环境的基础上发展生产，在生产全过程的各个组成环节中，充分结合资源和环境因素考虑，不仅注重生产过程自身，而且应关注产品和服务生命周期过程中的资源环境影响，从而有效降低生产活动对资源环境的压力，改进生产的生态效率，推动产业系统的生态型转化。

清洁生产一经提出，就在世界范围内得到许多国家和组织的积极推进和实践，其最大的生命力在于可取得环境效益和生态效益的双赢，它是实现经济与环境协调发展的重要途径。

3. 清洁生产与传统污染治理方式的不同

传统的污染治理方式是先污染后治理，不仅投入多、治理难度大，而且往往是企业被动接受。因此，环境效益、经济效益很少或没有甚至是负值。清洁生产一改传统的末端治理，从源头抓起，实行生产全过程控制，污染物最大限度地消除在生产过程之中。不仅取得了环境效益，而且能源、原材料和生产成本降低，能够实现经济效益和环境效益的双赢，从而调动企业的积极性。

清洁生产是要引起全社会对于产品生产及使用全过程对环境影响的关注，使污染物产生量、流失量和处置量达到最小，资源得以充分利用，它是关于产品和产品生产过程中一种新的、持续性的、创造性的思维，是对产品和生产过程持续运用整体性的预防战略。

从环境保护的角度看，末端治理和清洁生产两者并非互不相容，也就是说推行清洁生产也需要末端治理。这是由于工业生产无法完全避免污染的产生，用过的产品还必须进行最终处理、处置。因此，完全否定末端治理是不现实的，清洁生产和末端治理是并存的。只有不断努力，实施生产过程和治理污染过程的双控制才能保证最终环境目标的实现。

二、农业清洁生产技术及实例

（一）农业清洁生产的概念及内涵

1．农业清洁生产的概念

农业清洁生产（Agricultural Clean Production，ACP），是指将工业清洁生产的基本思想、整体预防的环境战略持续应用于农业生产过程、产品设计和服务中，以增加生态效率，要求生产过程和使用过程中对环境友好的绿色农用品（如绿色肥料、绿色农药、绿色地膜等），改善农业生产技术，减少农业污染物的数量和毒性，以期减少生产和服务过程对环境和人类的风险性。《中华人民共和国清洁生产促进法》第二十二条提出了农业生产中实施清洁生产的措施："农业生产者应科学地使用化肥、农药、农用薄膜和饲料添加剂，改进种植和养殖技术，实现农产品的优质、无害和农业生产废物的资源化，防止农业环境污染，禁止将有毒、有害废物用做肥料或者用于造田。"

2．农业清洁生产的内涵

清洁生产开始于工业领域，研究比较深入，积累了大量的经验，形成了比较成熟的技术思路和比较完整的法律法规体系。相对于工业领域，农业清洁生产没有全面开展，还处于理论探索和经验积累的起步阶段。但其基本内涵一致，即对于生产过程、产品及服务采用污染预防的战略来减少污染物的产生。其本质是提倡废物削减和过程控制，即在生产过程中降低资源、能源的消耗，减少污染的产生和生态破坏，是环境保护战略由被动反应向主动行为的一种转变。

两个全过程控制：农业生产的全过程控制，即从耕地、播种、育苗、抚育、收获的全过程采取必要的措施，预防污染的发生；农产品生命周期的全过程控制，即从种子、幼苗、壮苗、果实、农产品的食用与加工各个环节采取必要措施，实现污染预防和控制。

三个主要内容：清洁的投入，指清洁的原料、农用设备和能源的投入，特别是清洁的能源（包括能源的清洁利用、节能减排和能源利用效率）；清洁产出，主要指清洁的农产品在食用和加工过程中不危害人体健康和生态环境；清洁的生产过程，采用清洁的生产程序、技术与管理，尽量少用或不用化学农用品，确保农产品具有科学的营养价值及无毒、无害。

两个目标：通过资源的综合利用、短缺资源的代用、能源二次利用、资源的循环利用等节能降耗和节流开源措施，实现农用资源的合理利用，实现农业可持续发展；减少农业污染的产生、迁移、转化与排放，提高农产品在生产过程和消费过程中与环境相容程度，降低整个农业生产活动给人类和环境带来的风险。

3. 农业清洁生产、生态农业及可持续农业的关系

由于农业清洁生产通过节约农业资源、再生利用资源和提高资源利用效率减少物能投入，实现经济效益与环境效益"双赢"目标，这与生态农业的"整体、协调、循环、再生"原理相一致。但与生态农业不同的是，农业清洁生产的理念更强调源头控制。首先，农业清洁生产不是单纯的环保措施，而是融环境保护于生产建设之中，兼顾了经济效益和环境效益的生产模式，追求的是经济效益最大化和对人类与环境危害最小化；其次，农业清洁生产也不是仅仅指清洁的产出，即只生产无公害农产品、绿色和有机食品，解决从"田间到餐桌"的农产品质量安全问题，而且还要解决农产品生产过程中对环境的污染及资源的浪费问题，降低整个农业生产活动给人类和环境带来的风险。充分体现了循环农业中"减量化"这一精神，实施循环农业首先要进行农业清洁生产，削减有毒、有害物质投入量。但循环农业更加强调物质和能量的循环和流动，农业清洁生产只完成了循环农业的一部分，应当在生产中通过资源的综合利用、短缺资源的代替、能源二次利用、资源的循环利用等节能降耗和开源节流措施，实现农业资源的合理利用，延缓资源枯竭，实现物质和能量的削减和优化。

（二）农业清洁生产技术

1. 农业清洁生产体系

农业清洁生产体系包括农业生产技术体系与农业清洁生产经营管理体系两大方面（图7-3）。

农业清洁生产技术体系由一系列技术规范体系组成，主要包括 6 个子技术体

系，即标准化生产技术体系、农产品质量安全监测体系，农业投入品替代及农业资源高效利用技术体系、产地环境修复和地力恢复技术、农业废弃物资源化及其清洁生产链接技术体系和农业信息化技术体系。

农业清洁生产经营管理体系主要由生产管理体系与法规保障体系构成。

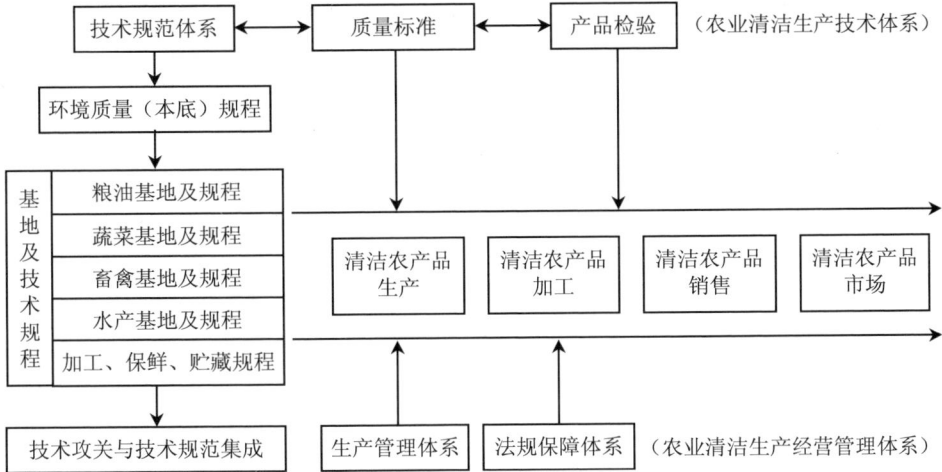

图 7-3　农业清洁生产体系示意图（赵其国等，2001）

2．农业清洁生产技术体系

以保障农产品生产安全、增加农民收入、保护生态环境为根本目标，以生态农业技术为基础，在农业生产全过程，通过产地环境保护修复，清洁农业投入品的替代技术研究开发，综合应用节水、节肥、节药、节地等可持续农业技术，配套实施耕作制度的改革、施肥施药方法的革新、农业灌溉的新手段，建立可持续发展的农业科技支持系统，实现农业生产的清洁化、标准化。

3．农业清洁生产综合技术

（1）种植业清洁生产技术：

① 节水灌溉技术。渠道的工程防渗节水。灌溉的关键之一是输水，输水离不开渠道，未经防渗的输水渠道，渠系水利用率只能达到 50%。渠道防渗可采用水泥板护坡、塑料薄膜防渗等多种方法进行防渗，与不防渗的渠道相比，可减少渗漏损失 60%～90%，加快了输水速度，提高了输水效率。

田间灌溉技术。目前田间灌溉普遍采用沟灌和漫灌，农业灌溉用水量大。采用先进技术是田间灌溉发展的方向。喷灌是一种机械化高效节水灌溉技术，具有节水、省劳力、节地、增产等特点，据统计，与漫灌相比，喷灌一般可节水 30%～50%，增产 10%～30%。喷灌和滴灌是一种现代化精细高效的节水灌溉技术，灌溉效率能够达到 90% 以上。

改进地面灌溉技术。在先进灌溉技术完全取代漫灌和沟灌等地面灌溉技术以前，改进地面灌溉技术仍然是节水灌溉的重要措施。田间节水地面灌溉技术主要有大畦改小畦，长沟改小短沟，在土地平整的基础上，使沟、畦规格合理化，可减少灌水定额 20%～25%；同时应用田间闸管灌溉技术、波涌灌溉技术等改进地面灌溉技术，形成适合不同类型灌区的田间工程设计和应用模式，也能取得良好的节水增产效果。

② 施肥技术。农田培肥是养地的主要途径，其中心任务是通过多途径对土壤的物质基础、植物营养及土壤生态条件进行综合调控，并建立与种植制度相适应的农田培肥的技术体系。具体来说就是：农作物与豆科作物间作、套作、轮作，以减少化肥施用量，减轻农民负担，提高土壤肥力。

增加使用有机肥。有机肥是一种含有有机质并能向作物提供全面营养元素的肥料。增施有机肥能提高土壤保水、保肥和透气性能，补充和更新土壤有机质，维持和提高肥力；同时，可改善农产品品质，提高农产品市场竞争力。因此要鼓励农民多施有机肥，抓好秸秆还田工程，与农机、畜牧等部门紧密协作，提高农作物秸秆还田率。

配方施肥技术。作物配方施肥是基于土壤、植株养分测定来推荐施肥，即结合土壤养分含量现状、作物品种、产量水平、肥料品种等诸多因素制定配方施肥技术方案。配方施肥技术要坚持有机肥料与无机肥料相结合，大量元素与中量、微量元素相结合，底肥与追肥相结合，科学调节化肥利用率，使作物高产优质，并可以维持土壤肥力，是一种高效的、可持续的施肥技术。

③ 无公害农药应用技术。无公害农药主要指的是有高度选择性，对有害生物防效优良，但对人畜、害物天敌及其他非靶标生物安全，在自然条件下容易降解而不会明显影响环境质量的农药。按照无公害农药的构成来源评价，无公害农药可划分为矿物农药、动物源农药、微生物农药、植物性农药及化学合成无公害农药五类。农药的毒副作用分为三点：一是农药的毒性；二是农药的持久性；三是农药的无选择性。如果克服了这三点，任何一种对害虫有控制作用的农药应该就是无公害的了。

农药使用时要按照一般施药原则，进行不同类品种间的轮换、交替和混合使用，避免抗药性的迅速产生；注意在一定的条件下与常规农药的配合使用；要特别注意操作技术和质量，施药时要均匀周到，以便最大限度地发挥药剂的潜力。

④ 生物防治病虫害技术主要包括以下几个方面：利用轮作、间混作等种植方式控制病虫害。轮作是通过作物茬口特性的不同，减轻土壤传播的病害、寄生性或伴生性虫害等。间作及混作等是通过增加生物种群数目，控制病虫害，如玉米和大豆间作造成的小环境，因透光通风好既能减轻大小叶斑病、黏虫、玉米螟的危害，又能减轻大豆蚜虫的发生。

通过收获和播种时间的调整可防止或减少病虫害。各种病虫害都有其特定的生活周期，通过调整作物种植及收获时间，打乱害虫食性时间或错开季节，可有效地减少危害。

利用动物、微生物治虫。在生态系统中，一般害虫都有天敌，通过放养天敌（或食虫性动物）可有效控制病虫危害。如稻田养草食性鱼类治虫；棉田放鸡食虫；利用七星瓢虫、食蚜虫等捕食蚜虫等。

⑤ 地力恢复技术——保护性耕作。地力恢复技术是以培育肥沃、健康土壤，提供优质、高效肥料，营造安全、洁净环境为核心，以建设高质量标准农田为重点，全面提升耕地质量，提高耕地综合生产力。

保护性耕作技术，是用农作物秸秆残茬覆盖地表，采用机械免耕播种，最大限度地减少土壤耕种，并以机械措施或农化技术控制杂草和病虫害。通过在陕西省部分地区的示范点实施保护耕作的实验表明，保护性耕作技术增产在8%～12%。

保护性耕作技术的关键是免耕、少耕播种机。保护性耕作技术的标准越高，对机具的质量要求越高。质量要求主要表现在：播种时的通用性、稳定性和出苗的均匀性。由于不同的作物采用不同的耕作制度，加之农艺要求的复杂性与生产条件的多样性，必然决定了保护性耕作技术体系的复杂性与多样性。因此，各地要因地制宜，从复杂、多样中找到最适合地情的技术体系。

⑥ 地膜污染控制技术。地膜的治理方式主要为可降解塑料的开发应用以及从生产、管理、使用、消除、回收与再利用等方面展开。

农用地膜的回收。目前我国使用的地膜存在品种少、功能差、厚度不够、均匀性差以及生产和应用脱节等问题，造成农膜易破损和难回收。因此，政府应大力提倡使用厚度在 0.014 mm 以上的耐老化地膜，便于清除回收；同时改进农艺措施，掌握揭膜时机，筛选作物最佳揭膜期，减少废膜产量，防治残留。如地膜棉花，在现蕾期或在 6 月底至 7 月初揭膜，覆膜时间减少，地膜韧性较好，利于揭膜，回收率可达 95%。

加强地膜回收机械的研制。大田地膜回收只靠人工清除回收显然是不现实的，应采用机械回收。加大地膜回收机械的研制和使用是地膜回收的根本途径。目前，地膜清除回收存在新覆地膜的清除回收和历史上残留地膜的清除两个问题。对于新覆地膜的清除回收主要是一个认识上的问题，对于历史残留地膜处理，则存在一个技术问题，即地膜机械的研制使用是其重要手段。当前的地膜回收机械主要采用钉齿耙、搂膜耙、钉齿滚等，通常结合犁地、秸秆粉碎等用牵引机械牵引完成，一般回收率在 70%～80%。

（2）养殖业清洁生产技术。源头控制技术从养殖源头角度考虑：一方面合理规划养殖结构，集约化养殖采取农牧结合的方式以便于养殖业污染物的收集、处理、消纳和控制。根据实际情况，限制饲养量，减少污染物的土壤负荷，减少营养素（N、P）或有毒残留物、病原体等对水体、土壤的污染；另一方面研究、开发、引进和推广优质品种，科学饲养、科学配料，应用高效促生长添加剂，应用高新技术改变饲料品质及物理形态（如用生物制剂处理，饲料颗粒化，饲料膨胀化或热喷技术）等手段。

养殖过程的削减技术从养殖过程考虑：一方面按照绿色食品的规范使用环保型饲料和环保型饲料添加剂。采用环保型饲料，可调节猪体内营养，提高饲料转化率，减少 N、P 等废弃物的排放量；另一方面采用人工清粪的方式，可减少用水量，从而节省用水量和后续处理设备的工程费用。

末端控制技术从养殖末端考虑，在养殖污染物处理过程中：一方面可采取对牛粪和干渣进行发酵制成优质有机肥技术，以及通过合理规划采用种植业和养殖业相结合的办法消纳粪污发酵产物；另一方面采用高效固液分离技术，以达到污染物处理减量化的目的。

（三）农业清洁生产技术设计

1. 种植业清洁生产设计路线

在种植业系统内部，可以通过采用精量播种和合理密植以减少种子的使用量，同时，使投入的农业资源和农业生产资料的利用率最大化，减少浪费。运用各种农艺防控技术降低病虫害的危害，依据病虫害发生的特征，及时、合理、有效地施用农药，提高农药使用效率，以减少农药的使用量和在农产品中的残留量。通过秸秆还田技术，使废弃物在种植业子系统内部得到有效利用，扩大绿肥种植面积，改善土壤结构。采用配方施肥技术，提高化肥的利用率，以减少化肥的流失量，进而降低化肥使用量。采用节水灌溉技术，提高水资源的利用率。使用抗老化地膜，采用适时揭膜技术，以提高地膜的回收率，杜绝地膜对土地的污染。在耕地过程中，结合秸秆回收和地膜回收，以减少农业废弃物对农业环境的危害。

2. 畜禽养殖业清洁生产设计路线

在养殖业系统内部，可以通过对处理后的污水进行回收，以减少养殖新鲜水的用量，加强畜禽日常管理，防治病虫害，减少兽药的使用。还可通过粪便发酵制沼气，解决养殖过程的部分用能。合理喂养，提高饲料的利用效率，以减少粪便和臭气的产生量。采用先进的清粪方式，减少污水的处理负荷。

种植业系统和畜禽养殖业系统之间也进行着物质、能量交换。种植业系统中的秸秆可作为饲料输入畜禽养殖业子系统，畜禽养殖业子系统中的粪便可作为有机肥进入种植业系统。同时，作为种植业和畜禽养殖业子系统生产链的延伸，作为高附加值产品而进入消费领域。系统中的污水可处理后做灌溉用水以及下脚料可制成肥料而进入种植业系统；农产品加工后的油粕、谷壳以及一些高蛋白物质等作为饲料输入畜禽养殖业系统（图7-4）。

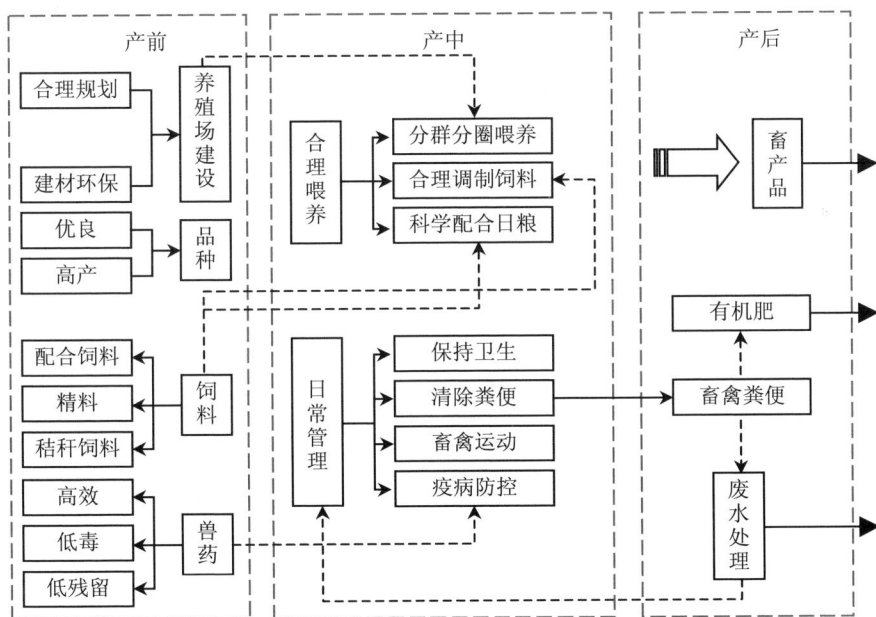

图 7-4　畜禽养殖业清洁生产技术设计路线（王新杰，2008）

3. 农业清洁生产技术设计路线

农业清洁生产技术主要包括清洁的投入、清洁的产出、清洁的生产过程3个方面的内容,实现的方式是结合本地的自然条件、资源条件和经济条件,充分发挥优势内容条件,解决农业清洁生产的约束和限制条件,在农业生产全过程中,使用清洁化的农艺和养殖措施,种养结合,节约资源,实现农业废物的内部循环,减少农业污染的产生,实现农业清洁生产,使经济、环境、社会效益最大化(图7-5)。

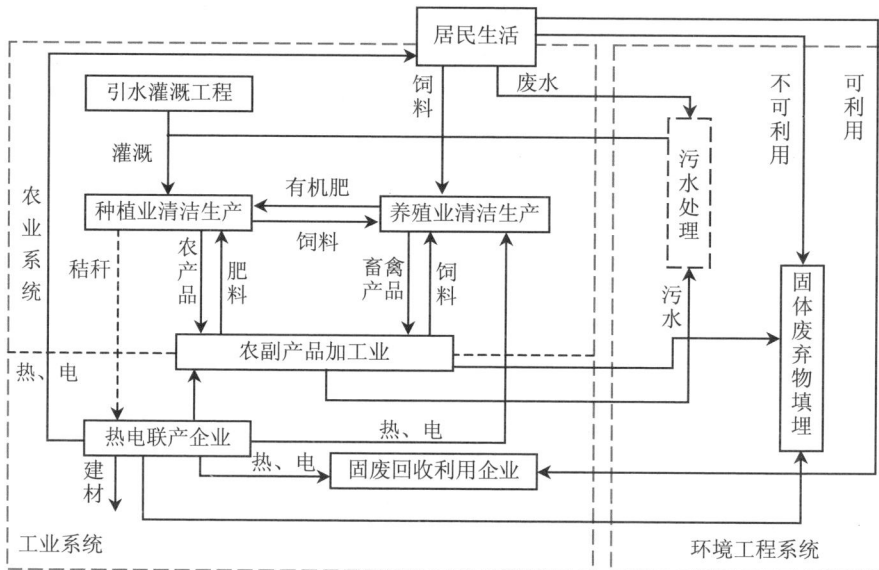

图 7-5　农业清洁生产技术设计路线(王新杰,2008)

三、工业清洁生产技术及实例

(一)工业清洁生产技术概述

1. 工业清洁生产工程与技术

所谓工业清洁生产工程,是指在新建、扩建、技改工程项目中,采用各类清洁生产控制等工程技术手段,达到节能、降耗、减污、增效的目的。随着清洁生产的发展,清洁生产工程也随之发展并逐渐系统化。另一方面,根据"3R"原则，清洁生产工程是生态工业工程的组成部分。

工业清洁生产工程技术包括替代技术、减量技术、再利用技术和信息化集成技术等高新技术注入，构造生态技术单元和系统集成。替代技术即通过开发和使用新技术、新工艺、新设备和新材料，提高资源利用效率，减轻生产和消费过程中对环境影响的技术；减量技术，即选用较少的物质和能源消耗的工艺路线来达到既定生产目的，从源头节约资源和减少污染的技术；信息化技术集成是指设备以信息化后可以实现精确控制，高效地完成工艺要求的装备系统；再利用技术，即延长原料和产品的使用周期，通过资源、能源的多次反复使用或能源、水的梯级使用，减少资源消耗的技术；再资源化技术，旨在将生产和消费过程中产生的废弃物再次变成有用的资源或产品的技术；废弃物处理绿色化提升技术，使废物处理高效、无害化。

2. 工业生产中污染物的由来

（1）杂质形成废弃物。任何一种生产原料中的有效成分含量均不可能是100%。在生产过程中，为了保证产品质量，必须通过精制、净化过程将杂质与产品分离，常用的精制、净化方法有洗涤、分离（固液分离、气液分离、气团分离）精馏等，经上述过程后，杂质以废水、废气或固体废弃物的形式排出工艺系统。

（2）过程的效率低造成废物的形成或物料流失。任何一种生产过程或是化学过程、物理过程，由于本身的机理或外部条件的影响，实际过程的效率均不可能达到 100%，总有未转化的反应物或副反应产物；实际物理过程的转变率也是如此，总有流失的物料。未转化的反应物、副反应产物和流失的物料经精制、净化或分离过程排出工艺系统，成为各种形式的废弃物。

（3）生产过程废弃物的构成。如上所述，生产过程的废弃物由原料中杂质、未转化的反应物、副反应物和流失的物料等构成。一般来说，在废弃物的构成中，流失的物料大于未转化的反应物、副反应产物大于杂质。

开展清洁生产，可以通过原材料替代减少原料中杂质，可以通过采取一系列技术、管理措施使未转化的反应物、副反应物和流失的物料减量化。

3. 工业污染防治的主要任务

工业污染防治的主要任务是把削减工业污染物排放总量作为工业污染防治的主线，实施工业污染物排放全面达标工程，促进产业结构调整和升级。当前，我国工业污染防治的主要任务如下：

（1）严格控制新污染。基本建设和技术改造项目，必须严格执行国家产业政策和环境保护法规，采用清洁生产工艺和设备，合理利用自然资源，并通过"以新带老"，做到增产不增污或增产减污。

（2）巩固和提高工业污染源主要污染物达标排放情况。以污染负荷占全国工业污染 65%的企业为重点，推行污染物排放全面达标，工业污染源排放的各种污染物要达到国家或地方排放标准。全面实施排污申报登记动态管理，在重点地区推行许可证制度。实施污染物排放总量控制定期考核和公布制度。

（3）淘汰污染严重的落后生产者。综合运用法律、经济和行政手段，结合国家工业生产总量调控目标，关闭产品质量低劣、浪费资源、危害人民健康的厂矿，淘汰落后设备、技术和工艺。开展经常性执法检查，防止关停企业死灰复燃。禁止被关闭淘汰企业的落后生产装置和设备向西部地区转移。

（4）大力推行清洁生产，结合产业结构调整，提倡循环经济发展模式，采用高新适用技术改造传统产业，支持企业通过技术改造，节能降耗，实行污染全过程控制，减少生产过程中的污染物排放。开展清洁生产审核，在多个行业和多个城市开展清洁生产示范，建立清洁生产示范企业。大力推广节能、节水技术，实施重点行业的能耗和用水定额标准。积极开展 ISO14000 环境管理体系和环境标志产品认证，在国家经济开发区全面开展 ISO14000 活动，创建若干国家高新技术示范区，建设若干国家生态工业示范园区，提高企业环境管理水平和国际竞争力。开展上市公司的环境绩效评估和环境信息公告。

（二）工业清洁生产技术

1. 节能技术

节能是清洁生产的一个重要目标，节能不仅能增进企业的经济效益，同时因为减少了能量使用量，也就减少了产能过程中产生的污染物排放，间接地实现了保护环境的目标。清洁能源的使用推广也是减少污染的一个方面。

通常所说的节能指直接节能，即节约生产或生活过程中的一次能源和二次能源。对节能技术来说，提高能源转化与输出效率和终端利用效率是当今节能技术研究发展的方向。提高能源转化与输出效率的节能技术如下：

（1）燃烧节能技术。其采用节能型燃烧器和燃烧装置；制定节能燃烧制度；进行节能类燃烧设备改造，以改善不完全燃烧的程度；自身预热烧嘴，减少烟气带走的热量；合理使用燃料，提高燃料设备的低 NO_x 烧嘴热效率，提高生产率。

（2）传热节能技术。其通过提高辐射率、吸收率和两者选择性匹配来强化辐射传热；通过提高对流给热系数来强化对流传热；选用高导热系统材料强化传热；增大辐射面积强化综合传热等。

（3）绝热节能技术。其减少绝热对象的散热损失和蓄热损失，主要通过选择合适的轻质、超轻质绝热材料及其合理的组合来实现。

2．水循环利用和梯级利用技术

（1）微污染水净化技术。微污染水是指饮水水源主要受到有机物污染，使部分指标超过饮用水源的卫生标准。有机物污染来源一部分是天然的有机化合物，主要是水中动植物分解而形成的产物，如腐殖酸等。其余是人工合成的有机物，主要是来自工业、生活污水和农业排水等。

微污染水主要污染物有氨氮、总磷、色度、有机物，其指标高于生活饮用水源标准。

微污染水治理的工艺研究主要集中在两方面：强化传统工艺中各个工序的处理效果，增加预处理和深度处理。例如与臭氧—生物活性工艺相比，强化臭氧—生物活性炭深度净化工艺在相同的臭氧投入量下，TOC 去除率提高 5 个百分点，并且可延长生物活性炭的再生周期。

（2）中水回收技术及成套技术。中水虽然不能饮用，但可以用于一些对水质要求不高的场合。中水回收的对象分市政杂用水、生活杂用水和工业用户。市政杂用水包括公园绿化及河湖用水、道路路面喷洒用水等；生活杂用水可以用于厕所冲洗、汽车洗涤等；工业用户重点是回用至热电厂和化工厂等冷却水。

中水水源包括：工业冷却排水、一些低污染的工业处理尾水、沐浴排水、洗漱排水、厨房洗菜排水等。目前设计成功的中水回用设备主要有组装式中水回用设备、MBR 生物反应器等，并且都已经投入使用。

（3）蒸汽冷凝水回用技术。蒸汽冷凝水一般温度在 90℃以上，具有相当的利用价值，但蒸汽冷凝水随产生和使用的方法不同，会含有微量无机盐类、碱性物质甚至微量的有机物，例如，炼油厂的冷凝水中含有少量的油及铁，化肥生产的冷凝水中含有少量的甲醇。因此，应根据回用水质要求，对其进行必要的处理，以尽可能地加以回用，达到节能和节约水资源的目的，提高水的重复利用率。

3．工业废气、固体废弃物的处理技术

（1）控制及减少 NO_x、SO_2 等气体的排放。①使用低硫燃料。减少 SO_2 污染的最直接的方法就是改用含硫量低的燃料，例如用煤气、天然气、低硫油代替原煤，推广型煤和洗选煤的生产和使用，当煤的含硫量达到 0.5%以上时，增加一道洗煤工艺。②改进燃烧装置。使用低 NO_x 排放的燃烧设备来改进锅炉，如流化床的燃烧技术可以提高燃烧效率，降低 NO_x、SO_2 的排放。③烟道气脱钙脱硫。

这是燃烧后脱硫脱钙的方法，它是向烟道内喷入石灰或生石灰石，使 SO_2 转化为 $CaSO_4$ 来脱硫的。④对其他特殊气体。依据其物理化学性质采用对应的方法，如物理吸附、化学吸收、生物滴滤塔处理技术等。

（2）工业固体废弃物处理技术。工业固体废弃物是指工业生产过程中产生的固体和浆状废弃物，包括生产过程中排出的不合格产品、副产物、残液以及废水处理产生的污泥等。工业固体废弃物的性质、数量、毒性与原料、生产工艺和操作条件有很大关系。

工业固体废弃物的资源化技术应针对各废弃物的具体组分，充分利用沉淀、精馏、萃取等传统技术和离子交换、吸附、膜分离等高新技术发展新型微量物质分离技术，合理设计资源化方案，以最大限度地回收可利用物质，同时对残余物进行无害化处理。

在设计资源化方案时，还应考虑各类不同废弃物之间反应的可能性，固废处理中心可对收集的不同类型固废进行分析，利用不同固废中某些组分的相互反应，生成新物质或改善可分离性，以提高资源化水平和效益。

（三）啤酒酿造业清洁生产实例

1. 工厂概况及生产状况

某啤酒厂是某集团的骨干生产企业之一。整套引进了国外的先进设备，是目前国内设备配置优良，自动化水平较高、控制手段较为先进的现代化啤酒生产企业之一。

该厂主要生产工艺流程有制麦（年产麦芽 2.5 万 t）、糖化（糖化设备全套引进），全部采用电脑自主控制。设计生产能力为每天 8 批次糖化。发酵、过滤、包装（有四条啤酒灌装生产线和两条桶装生产线）等工序，最后产品经销售物流系统走向市场。

该厂啤酒生产主要原辅料有麦芽、大米、水、酵母、啤酒花、硅藻土、啤酒瓶、包装材料；能源主要是电、煤；水还用于原料的调拌、工艺过程的冷却及设备和啤酒瓶的清洗。

2001 年原料辅料、能源消耗情况具体见表 7-1。

2. 工厂产污和排污分析

该厂生产过程产生的主要有废水；废渣：酒糟、废酵母、废硅藻土、破碎酒瓶、锅炉煤渣；废气：锅炉烟气、发酵产生 CO_2。

其中酒糟、废酵母、锅炉煤渣、废硅藻土、碎玻璃、CO_2 等均实现 100% 回收再利用。锅炉废水经水膜除尘后达标排放。废水全部经市政管道外排作为某市污水集中处理厂的营养剂。工厂产污、排污及处理情况具体见表 7-2。

表 7-1　2001 年原料辅料、能源消耗统计表（苏荣军，2009）

主要原料辅料和能源		单位	总量	单价/元	费用/万元	占消耗百分比/%
原料辅料消耗	啤酒瓶	万只	24 371	0.14	42	42
	纸箱	万只	1 494	2.14	13	13
	易拉罐	万只	8 192	0.44	15	15
	大米	t	7 050	1 620	5	5
	麦芽	t	20 658	2 240	19	19
	啤酒花	t	124	17 397	1	1
能源	水	万 t	110	2.4	1	1
	煤	t	13 012	260	1	1
	电	万 kW·h	1 028	0.57	2	2

表 7-2　2001 年废水、废气排放情况表（谷芳，2009）

污染物种类	数量/t	排放标准/t	质量浓度	质量浓度排放标准	排放状态	毒性
COD	150.50	157	115mg/L	120mg/L	达标	无
SO_2	174.59	220	829mg/m³	1 200mg/m³	达标	无
烟气黑度	—	—	1 级	1 级	达标	无
烟尘	56.05	57	98.9mg/m³	250mg/m³	达标	无

3. 清洁生产审核目标

2001 年该厂总排污口的 COD 质量浓度为 1 644mg/L，虽然该厂废水是由某污水处理厂处理，环保局确认的工厂废水出口执行《污水综合排放标准》（GB 8978—1996）中的三级标准，并将 COD 质量浓度放宽为 1 000～2 000mg/L，（主要是啤酒厂污水的生化性较好，可作为污水处理厂的营养剂），但从源头治理的角度考虑，减少废水排放、减少废水中的 COD 含量应该是清洁生产中需重点关注的问题。

酿造部和包装部均是工艺污水的主要产生源，酿造部在产污处理上基础较好，废酵母、废酒糟、废硅藻土等已全部回收，再挖掘的投资较大，而包装部在清洁生产方面相对基础薄弱，在解决跑冒滴漏、酒头排放等方面潜力较大，因此将包装部确定为本轮清洁生产审核重点。

根据审核重点的综合管理情况，以期通过加强管理过程控制、技术革新、工艺改进、设备改造等措施，分别可达到 2002 年底前和 2003 年底前清洁生产目标。

啤酒耗水：当前为 7.29 m³/kL，2002 年底前达到 7.00 m³/kL，2003 年 11 月底前计划达到 6.5 m³/kL；酒损：当前为 6.76%，2002 年底前达到 5.00%，2003 年 11 月底前争取达到 4.50%；吨酒废水：当前为 6.55 m³/kL，2002 年底前达到 6.00 m³/kL，2003 年 11 月底前争取达到 5.50 m³/kL；综合能耗：当前为 88.52 kg/kL，2002 年底前达到 86.00 kg/kL，2003 年 11 月底前争取达到 85.00 kg/kL。

4. 清洁生产成果

本着边审核边实施的原则，自确立了企业进行清洁生产的大目标后，就开始实施了部分清洁生产方案，并收到一定的经济效益和环境效益，为今后的可持续发展提供了一个良好的模式。从 2001 年 7 月到 2002 年 10 月 31 日共实施清洁生产方案 15 项，已取得部分经济效益 86.5 万元，预计年可获经济效益 331 万元。同时获得了可观的环境效益，例如：减少资源浪费，减少污水（COD）排放，提高生产效率和产品质量等。

第二节　环境生态工程及循环经济技术

一、循环经济技术概述

（一）循环经济产生背景

循环经济的思想萌芽可以追溯到环境保护运动兴起的时代。20 世纪 60 年代美国经济学家鲍尔丁提出的"宇宙飞船理论"可以看做是循环经济思想的早期代表。鲍尔丁认为，地球就像在太空中飞行的宇宙飞船，它要靠不断消耗自身有限的资源而生存。如果人类的经济活动总是那样不合理地开发资源和破坏环境，超过了地球的承载能力，就会像宇宙飞船一样最终要因为耗尽物质而走向毁灭。因此，宇宙飞船经济要求以新的"循环式经济"代替原来的"单程式经济"。这种理论启发了人类经济活动必须从单向线性经济转向符合生态规律的循环反馈式经济。

进入 20 世纪 80 年代以后，发达国家开始注意到采用资源化的方式来处理生产过程产生的废弃物，但对污染和废物产生是否合理这一根本问题，对是否应该从生产和消费的源头上防治污染产生，则还没有更深刻的认识。他们开始关心经济活动所造成的生态环境后果，却没质疑造成这种后果的经济运行模式本身。

1992 年世界环境与发展大会之后，世界各国对可持续发展理论和战略取得空前共识。在可持续发展理论指导下，环境污染的源头预防和全过程治理开始代替末端治理，成为发达国家环境与发展政策的主流。这种认识上的理性飞跃，使人们更加清楚地看到了线性经济必然带来污染，而污染的末端治理又不能从根本上治理和杜绝产生污染的内在逻辑关系。30 年来，我国环保事业尽管在治污控污方面倾注了大量精力，取得了很大成就，但各种污染问题仍很严重，继续污染的趋势还没得到根本遏制，追根溯源，症结就在于污染的末端治理并不能从根本上治理和杜绝产生污染。既然如此，那就自然要从源头和过程方面去寻找解决的途径，从产生污染的经济发展模式上去寻找解决问题的根本办法，循环经济因此顺理成章地出现了。

（二）循环经济的定义及内涵

1. 循环经济的定义

循环经济是对物质闭环流动型经济的简称，其实质是以物质闭环流动为特征的生态经济。它使经济活动按照自然规律要求，构成一个"资源—产品—再生资源"的物质循环往复的新的流动系统。在这个新的系统中，物质和能源得到合理持久的利用，资源和环境得到合理配置和永续发展。

但是，Circular Economy 、Recycle Economy、Circulate Economy 和 Circling Economy 这些英文名称的中文翻译都叫做"循环经济"，可见，学术界对于循环经济的本质和内涵界定还是有差异的。产生差异的原因在于对"用于循环的资源"和"循环方式"有不同的认识，可以大致区分为"狭义循环经济"和"广义循环经济"。"狭义循环经济"概念认为，循环经济是通过废弃物或废旧物资的循环再生利用来发展经济，也就是利用社会生产和消费过程中产生的各种废旧物资进行循环、利用、再循环、再利用，以致循环不断的经济环路。"广义循环经济"认为，循环经济就是把经济活动组成为"资源—产品—再生资源"的反馈式流程，使所有资源都能不断地在流程中得到合理开发和持久利用，使经济活动对自然环境的不良影响降低到尽可能小的程度。

可以看出，"广义循环经济"所指"用于循环的资源"比"狭义循环经济"所指宽泛得多。同时，"狭义循环经济"突出废弃物或废旧物资的循环再生，而在"广义循环经济"里已没有废弃物的概念，它强调所有的资源应该实现在经济体系内的循环利用。可见，"广义循环经济"包括"狭义循环经济"。简单地说，"狭义循环经济"是对人们追求自然资源投、抛弃废弃物的批判；而"广义循环经济"不仅包括上述批判，还包括对当前生产方式、生活方式、思维方式等的全面批判。因此，两者是内在统一的。为了阐述问题的方便，下文所指的循环经济皆指狭义循环经济，由于概念的接近，广义循环经济则被称为"生态经济"。

2．循环经济的技术性原则

（1）减量化原则。循环经济的首要原则就是要减少进入生产和消费流程的物质量。在生产领域，从产品工艺设计时就要把住物质需要关，减少物质使用量，不让多余的物质进入生产过程。比如，在通信领域中采用光纤技术，既能减少电话传输线中铜的使用，又提高了通信效果和效率。铜使用的减少，又连带减少了地勘找矿、矿山建设、矿石开采、冶炼轧制、加工制线等其他环节的大量物质投入和污染排放。

（2）再利用原则。这一原则要求投入到生产和消费系统中的物质要尽可能多次或以尽可能多的方式被使用，借以延长最终废物产生的时间周期。在生产领域，很多产品可以采用统一的标准设计，比如标准尺寸设计能使计算机、电视机和其他电子装置中的电路非常容易和便捷地更换，而不必更换整个产品。在消费领域，任何物品都要尽可能用到不能再用也不能转化为他用的程度才可作为生活垃圾抛弃。如手机、服装、包装等，几乎所有的生活消费品都有延长消费寿命的充分余地。

（3）再循环原则。这一原则要求系统中的物质特别是阶段性的废物要尽可能地再生利用使其重新变为另一生产系统的资源，即运动于系统中的一切物质都要尽可能再循环利用。这既在源头上减轻了环境的压力，又减少了垃圾填埋场、焚烧场的压力。资源化方式有两种：一种是原级资源化，即将消费者遗弃的废物资源化后形成与原来形同的新产品，如饮料瓶洗净消毒后重新利用与原来并无二致；废旧报纸用来装裱墙壁；家具的翻新等。另一种是次级资源化，即废弃物变成不同类型的新产品，虽然不及原级资源化可以节省大量原生材料用量但也在相当程度上使资源得到节约。所以，在生产领域或消费领域，在购置材料时，要尽可能考虑到废物的资源化问题，使循环经济系统成为人工闭环系统。

3．循环经济的发展模式

（1）企业层面的小循环模式。在企业层面上建立小循环模式，大力推行清洁生产，从生产的源头和全过程充分利用资源，使生产企业在生产过程中废物最小化、无害化、资源化。

在企业层面上建立小循环模式，最著名的是美国杜邦化学公司。该公司在企业内部各工艺路线之间建立了物料循环利用。20世纪80年代末，杜邦公司的研究人员把工厂当做实践循环经济新理念的实验室，创造性地把循环经济"3R原则"发展成为与化学工业相结合的"3R制造法"，以达到少排放甚至零排放的环境保护目标。他们通过放弃使用某些对环境有害的化学物质、减少一些化学物质的使用量以及发明回收本公司产品的新工艺，到1994年已经使该公司生产造成的废弃塑料物减少了25%，空气污染物排放量减少了70%，同时他们在废塑料，如废弃的牛奶盒和一次性塑料容器中回收化学物质，开发出了耐用的乙烯等新产品。

（2）区域层面的中循环模式。在区域层面上发展循环经济主要是在工业集中地区、经济开发区等地方，在企业正常生产的基础上，建立生产链条，使上游企业的废料成为下游企业的原料，通过在整个区域上的废弃物资源化利用，实现区域或企业群的废物产生量最小化。

在区域层面，比较典型的是丹麦的卡伦堡工业园区内的工业生态系统运行模式。这个工业园区的主体企业是燃煤电厂、炼油厂、制药厂以及石膏板生产厂，以这4个企业为核心。其中燃煤电厂位于这个工业生态系统的中心，对热能进行了多级使用，对副产品和废物进行了综合利用。电厂向炼油厂和制药厂供应发电过程中产生的蒸汽，为其提供生产所需热能；通过地下管道向卡伦堡全镇居民供热，由此关闭了镇上3500座燃烧油渣的炉子，减少了大量的烟尘排放；将除尘脱硫的副产品工业石膏，全部供应给附近的一家石膏板生产厂做原料。同时，电厂还将粉煤灰出售，以供修路和生产水泥使用。炼油厂的废水可以供给发电厂用来冷却。这样燃煤电厂、石膏板生产厂、炼油厂、制药厂之间形成了一种循环关系，企业之间形成了共生互惠的关系，保证了资源的合理利用。

（3）社会层面的大循环模式。在社会层面上，强调建立循环型社会。用生态链把工业和农业、生产和销售、行业与行业有机结合起来，大力发展资源循环利用产业，实现可持续生产和消费，全面提高资源利用率，逐步建立循环型社会。

在社会层面上，比较典型的是日本的模式。日本《促进循环型社会形成基本法》规定，国民在产品长时间使用，使用再生品和回收循环资源方面有义务合作；有义务遵守有关建设循环型社会的法规；当制品成为循环资源时有义务协助企业收集；每个国民要从我做起，努力建立循环型社会。日本的资源再生系统由3个子系统组成：废物回收系统，废物拆解、利用系统和废物无害化处理系统。

（三）循环经济的发展现状

随着地球资源的不断减少和环境危机的加重，发达国家不断探索新的经济发展模式，大力发展清洁生产和循环经济。这对发达国家提高资源利用率、缓解资源短缺、减轻环境污染压力产生了显著效果。

1．美国的循环经济

美国是循环经济的先行者。目前循环经济已经成为美国经济中的重要组成部分。据美国全国物质循环利用联合会公布的数据，全美共有 5.6 万家企业涉及循环经济领域，既包括传统的造纸业、炼铁业、塑料橡胶业，也包括新兴的家用电器、计算机设备等行业。这些涉及循环经济领域的企业为社会提供了 110 万个就业岗位，每天创造产值高达 2 360 亿美元。

2．日本的循环经济

2002 年，日本回收家电 850 多万台，资源循环利用率不断提高，各家电的回收利用率分别为：空调 78%，电视 73%，冰箱 59%，洗衣机 56%。据 1997 年日本通产省产业结构协会提出的《循环型经济构想》，到 2010 年，发展循环经济将为日本新的环境保护产业创造近 37 万亿日元产值，提供 1 400 万个就业机会。

3．德国的循环经济

德国向循环经济转型的步伐加快，垃圾处理和再利用是德国循环经济的核心。德国政府规定，玻璃、塑料、纸箱等包装物回收利用率为 72%，1997 年这些包装物回收率已达到 86%；利用废弃包装物作为再生材料，1994 年为 52 万 t，1997 年达到 359 万 t；在冶金行业，95%的矿渣、70%以上的粉尘和矿泥已得到综合利用；2002 年，2 000 万 t 废旧钢铁被重新利用。

4．中国的循环经济

与各发达国家不同，在中国，循环经济工作尚处于起步阶段，循环经济的理论研究和实践都正处于探索之中。在企业层面上，部分企业开展了资源综合利用，取得了一定的环境经济效益；在区域层面上，我国第一家国家生态工业（制糖）建设示范园区在广西贵港市已正式启动。生态工业园区内已形成两条主要工业生态链：甘蔗制糖—废蜂蜜制造酒精—酒精废液制造有机复合肥；甘蔗制糖—蔗渣造纸—黑液碱回收，创造了可观的经济效益和环境效益。在社会层面上，国家出台了《清洁生产促进法》《环境影响评价法》和《固体废物污染防治法》，推动了循环经济工作的开展。

二、循环农业园区实例研究

（一）循环农业的概念及内涵特征

循环农业是把循环经济理念引入农业生产，充分挖掘农业生产系统的物质循环与能量流动的效率潜力，延长和拓宽农业生产链条，促进各产业间的共生耦合，在实现农业资源的高效利用和生态环境改善的同时，保障农业生产与农村经济持续高效发展。

1. 循环农业是以资源的循环高效利用为核心的资源节约型农业

传统农业是"资源—产品—废弃物"的单程线性结构型经济，其显著特征是"两高一低"，即资源的高消耗、污染物的高排放和资源利用的低效率。在此过程中，人们以经济在数量上的高速增长为驱动力，对农业资源的利用是粗放的，对农业生态系统具有不同程度的破坏性，以不断增长的生态代价来谋求农业产出的数量增长。与之相反，循环农业更强调农业发展的生态效益，通过建立"资源—产品—废弃物—再利用或再生产"的循环机制，通过农业发展与生态平衡的协调以及农业资源的可持续利用，实现"两低一高"，即资源的低消耗、污染物的低排放和资源利用的高效率。

2. 循环农业是以减少废弃物和污染物排放为特征的环境友好型农业

循环农业运用生态学规律来指导农业生产活动，在农业生产过程和产品生命周期中要求在减少资源投入量的同时，最大限度地减少废物的产生排放量。循环农业以农业生态产业链为发展载体，以清洁生产为主要手段，对农业生产流程重新加以组织，把不同农业生产环节和项目在时空上重新安排，使物质能量通过闭环实现循环利用，从而最大限度地减少了向农业系统之外的排放，能够有效地将排放控制在环境容量和生态阈值之内，实现产品生产和生态环境保护目标的有机统一。

3. 循环农业是以产业链延伸和产业升级为目标的高效农业

循环农业的主要特征是实现农业产业链物质能量梯次和闭路循环使用，探索出符合实施农业可持续发展战略之路。一方面以物质能量为基础，将不同产业和行业间构建食物链网，形成集生产、流通、消费、回收为一体的产业链网，为废弃物找到下游的"分解者"，建立物质的多层次利用网络和新的物质闭路循环。另一方面要按照现代农业产业化经营要求延长农业产业链，从整体角度构建农业及其相关产业的生态产业体系，在对农业系统内部产业结构进行调整和优化的同时，使农业系统的简单食物链与生态工业链相互交织构成产业生态网络，最终实现经济和生态环境的"双赢"。

4. 循环农业是以科技进步与管理优化为支撑的现代农业

循环农业是充分利用高新技术优化农业系统结构和转变生产方式的现代农业。首先，循环农业要求必须通过农业科技成果的密集使用来提高农业资源开发利用的广度、深度和精度，不断提高农业的科技含量。其次，循环农业需要依靠科技进步解决耕地减少、水资源短缺和生态环境恶化带来的资源环境挑战，在满足人口持续增长条件下的多样化食物消费需求的同时，保障农产品的质量和安全。第三，循环农业要通过科技进步推进农业升级换代，利用现代科技成果以及产业组织管理方式的创新，促进种植业、林果业、畜牧水产业的不断分化、延伸和集中，建立起规模化、区域化、标准化的新兴农业产业结构体系。第四，循环农业要通过科技进步提高国际竞争力，要持续深入地开展农业科技创新，降低农产品生产成本、提高农产品质量、提升农业管理水平，增强我国农产品及其加工产品的国际竞争力。

（二）循环农业发展的模式

1. 农户层面的小循环模式

农户层面发展循环农业的核心是将农民庭院的种植、养殖与生活废弃物通过沼气连接起来的资源循环利用模式。利用沼气将秸秆、人畜粪便等有机废弃物转变为有用的资源进行综合利用，并与庭院种植结合起来。在这个循环过程中，生产农、畜、副产品所需的能源是日光、水和空气，在生产过程中所形成的废弃物都通过沼气池发酵成为能源、肥料和饲料，以农带牧、以牧促沼、以沼促农，实现农户废弃物循环利用，促进了农村发展。

2. 乡村层面的中循环模式

在乡村层面发展循环农业，核心是以村为单位，开展畜禽粪便、生活污水和生活垃圾无害化处理，推进农村畜禽粪便、农作物秸秆、生活垃圾和污水（三废）向肥料、燃料、饲料（三料）转化，实现废弃物资源化循环利用。该模式通过推广畜禽粪便、生活污水、生活垃圾和农业废弃物等的资源化利用技术，变废为宝，通过集成配套节水、节肥、节能等实用技术，净化水源，保护耕地，实现农村生产、生活、生态良性循环。

3. 区域层面的大循环模式

区域层面发展循环农业的核心是把区域内种植业、畜牧业、水产养殖业以及相关加工业有机结合起来，构建以资源链纵向闭合、横向耦合、区域整合为特征的循环农业。

其组成包括生命系统（如作物、林木、家畜、水生生物以及以此为生而又在系统中起主导作用的人口等）及非生命系统（如大气、水、土壤等）。作为一个生态系统，区域循环农业系统比庭院循环农业、乡村循环农业无论是在构成上还是在功能上都复杂得多。由于各地的生态条件、经济条件和社会条件不同，各区域的循环农业模式也不尽相同。但一般来讲，它是种植业、果园、林地、畜牧业、加工、能源、人群等多个或全部亚系统组成的综合系统。

（三）长清循环农业园区发展实例

本例来自于济南市长清循环农业园区。该农业园区是国内建区时间较早的大型、多功能、综合性现代农业科技示范园区之一。开发区位于长清区平安镇，距市区 12 km，总建设面积 3 140 hm²，规划了现代种植区、现代养殖区、科研服务区、旅游观光区和加工商贸区五大功能区。开发区共引进国内外名优蔬菜、作物良种、食用菌、脱毒良种苗、优质苗木、新型兽药、绿色肥料等先进品种及技术 300 余项，示范推广先进实用品种和技术 100 余项，示范面积 3 600 hm²，辐射带动面积 24 000 hm²，年社会效益达 10 亿元。推广脱毒"两薯"新技术，三年累计推广面积 4.46 万 hm²，增产 30%以上；推广包衣良种 3 500 万 kg，推广面积 66.67 万 hm²，使全市主要作物良种精选包衣率达 70%，主要作物新品种覆盖率 98%；累计改良肉牛 30 余万头，肉羊 55 万只。开发喷灌、滴灌、微灌等节水技术，推广面积 5.33 万 hm²。发挥当地优势，兴建各具特色的示范分区。先后建立"济北分区"，章丘刁镇的"优质种苗示范园"，济南市东郊的"蔬菜高科技园"等典型园区。先后开发出脱毒种苗、工厂化蔬菜良种苗、包衣种子、"华鲁"饲料、"佳宝"乳品等一批高技术高附加值产品并推向市场。到目前，济南市农业高新技术开发区已成为山东省农业综合开发的重点示范区。

1. 长清循环农业园区结构

济南市长清循环农业园区主要由种植、养殖和农产品加工三大亚系统构成，形成了循环产业链（图 7-6）。其中，种植亚系统主要包括粮食作物、蔬菜、果园等，养殖亚系统包括肉牛、肉羊、蛋鸡、肉鸡、奶牛等，加工亚系统包括农产品加工、肉蛋奶加工、饲料加工、沼气生产和沼肥生产等方面。种植亚系统的粮食、蔬菜和水果的生产为加工亚系统和饲料加工提供了原料，养殖亚系统使用加工亚系统提供的饲料，生产肉蛋奶，为肉蛋奶加工提供初级产品，同时畜禽粪便也为沼气系统生产提供原料。加工亚系统通过对初级产品的加工，提高了各类产品的附加值，提高了经济效益，同时提供沼肥、沼气等。除了这三个亚系统外，亚系统内部也有小循环，如种植亚系统的秸秆直接还田，加工亚系统蔬菜加工、果品加工和肉蛋奶加工的废弃物作为沼气生产的原料而形成的循环等。产品的输出则均经过加工亚系统而最终输出循环农业系统之外。

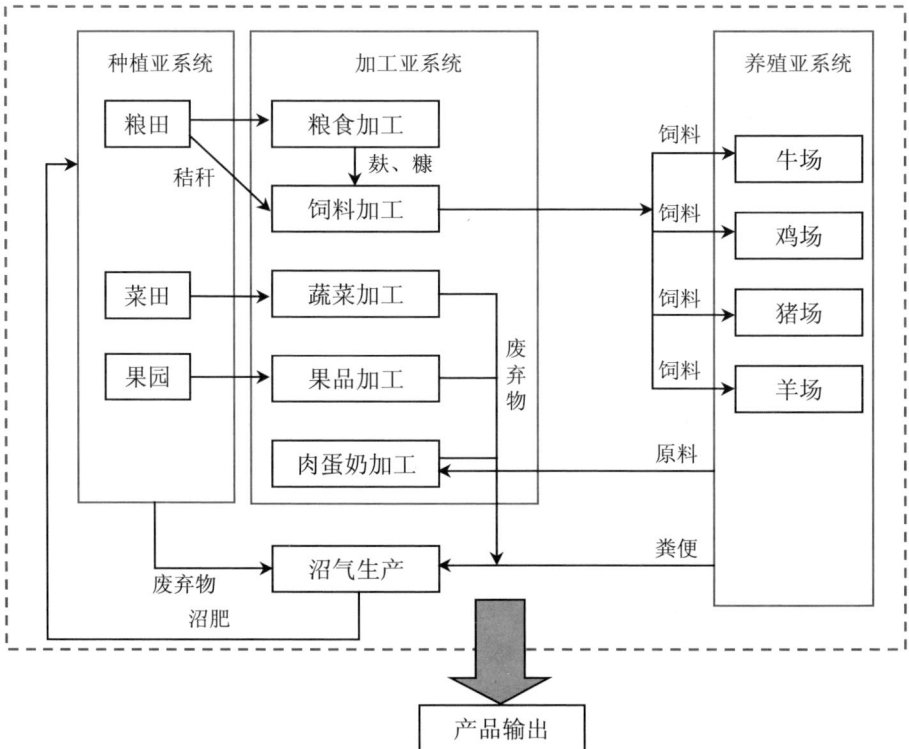

图 7-6　长清循环农业园区结构示意图（白金明，2008）

2. 长清循环农业园区能流分析

种植亚系统需要投入机械、柴油、电力、人工、农膜、有机肥、种子等，产出物质主要是玉米、小麦等粮食作物以及蔬菜瓜果等。种植亚系统能量投入中，太阳能占 96.07%，在辅助能投入中，化肥的比重最高，占 44.75%；其次是有机肥，占 21.93%；电、机械、柴油投入分别占 8.77%、7.46% 和 7.08%；人力占 4.07%；农药、薄膜和种子的投入比例均较低。种植亚系统的年总输出能为 2.804 29×10^{14}J。在输出中，经济产量输出占 41.18%，废弃物占 58.82%。种植亚系统的产投比为 1.91。

养殖亚系统需要投入机械、溶液、电力、人工和饲料等，产出物质主要是肉、蛋、奶等初级产品。养殖亚系统辅助能投入中，饲料投入所占的比例最高，为 90.53%；其次是柴油，为 5.19%；机械、电、人力投入分别占 1.95%、1.30% 和 1.03%。该亚系统的年总输入能为 1.969 9×10^{14}J。在输出中，畜禽产品占 56.35%，畜禽粪便占 43.65%。该亚系统的产投比为 0.93，无效耗能较少。

加工亚系统需要投入机械、燃油、电力、人工和各种初级农产品等，产出物质主要是肉、蛋、奶产品、粮果菜产品、饲料、沼气和沼肥等各类产品。长清循环农业园区加工亚系统辅助能投入中，废弃物投入所占的比重最高，占 30.92%；初级种植产品和初级养殖产品，分别占 21.64% 和 20.81%；畜禽粪便所占的比例也较高，为 16.11%；机械、电、人力和燃油投入分别占 4.07%、2.39%、2.27% 和 1.79%。该亚系统的年总输出能为 4.036×10^{14}J。在输出中，饲料所占比例最高，为 35.31%；其次是粮果菜产品和肉蛋奶产品，分别为 26.23% 和 21.01%；沼气和沼渣分别占 9.48% 和 7.97%。该亚系统的产投比为 0.76，无效耗能量也较少。

整个系统的能流如图 7-7 所示。长清循环农业园区全系统能量输入包括：太阳能 358 695.71×10^{10}J，人工辅助能 19 064.88×10^{10}J，总产出能为 22 896.90×10^{10}J，全系统的人工辅助能的产投比为 1.2。可以看出，系统以产品输出为主，而且产品输出均不是由直接生产单位输出，而是由加工亚系统加工后向系统外输出。这种输出方式增加了产品的附加值，提高了农业生产者和经营者的经济效益，同时通过改善环境、解决农村剩余劳动力等表现出显著的生态效益和社会效益。

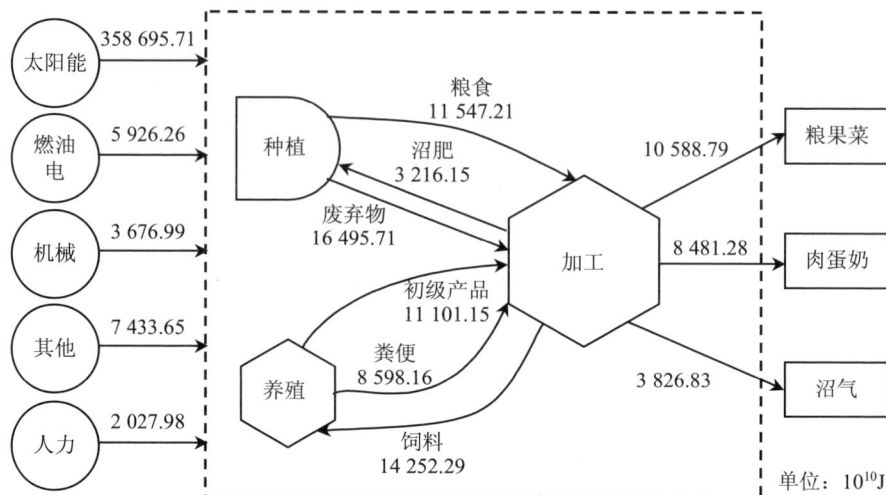

图 7-7　长清循环农业园区能流图（白金明，2008）

3. 长清循环农业园区效益分析

长清循环农业园区内土地生产率 90 000 元/hm²，为全市平均水平的 3 倍；劳动生产率 4.4 万元/人，为全市平均水平的 3 倍。

到 2002 年底，基础设施投资 10 年累计 1.5 亿元，园区面貌焕然一新。园区初步形成了种子种苗、兽药饲料和奶业三大主导产业，开发出一批在国内有一定影响的名牌产品，成为园区经济增长的重要力量。先后与中科院、中国农科院、山东农业大学、山东农科院等国内一流院校建立了长期科技合作关系，对外科技合作也有了良好开端，承担了国家火炬计划、攻关计划项目和省级火炬计划、攻关计划、高新技术及其产业发展计划以及市级科技计划项目 40 余项，获国家专利 9 项，各类科技成果 32 项。2007 年实现业务总收入 30.2 亿元，上缴税金 1.32 亿元，总注册资金达到 1.92 亿元，总投资 57.2 亿元，总占地面积 415.4 hm²，总建筑面积 19.9 万 m²，职工总人数近 15 948 人，已逐步成为山东省农业综合开发的重点示范区，吸纳、转化国内外农业高新技术成果的重要基地。

三、生态工业园区实例研究

（一）生态工业园区产业链设计方法

1．生态产业链的定义

生态产业链一般是指依据生态学的原理，以恢复和扩大自然资源存量为宗旨，为提高资源基本生产率和根据社会需要为主体，对 2 种以上产业的链接所进行的设计（或改造）并开创为一种新型的产业系统的系统创新活动。

2．生态产业链的四个要素

（1）增大自然资源存量。使自然资源存量增大，是生态产业链设计与开发活动的宗旨，即所设计与开发的生态产业链的最高目标是在求得经济发展的同时，推动生态系统的恢复和良性循环，使生态圈产生出更丰富的自然资源，不断提高和扩大自然生产力的水平与能力。

（2）提高资源生产率。生态产业链系统是为提高生产率而设计的，但这一生产率要用"资源基本生产率"的概念来评价，即从资源的原始投入对生态圈的作用算起，到产品退出使用、回到生态圈为止，全面和全过程地测度其生产率。由于在生产转换过程中，人力资源的劳动生产率问题已得到广泛的注意，因此，它更侧重于通过产业链的链接与转换过程的设计、开发和实施，使生态资源在原始投入和最终消费方面提高效率，进而从可持续发展的层面上，全面持久地提高生产率。

（3）社会性长期需要。生态产业链应该具备社会性，即它建立的是依社会长期需要为主体的商业秩序与环境，它在生产、交换、流通和消费过程中所建立的秩序既要使商家及产业链上各方获取利润，又要与自然生态系统保持着长期的友善与协调。

（4）系统创新活动。生态产业链是一项系统创新工程，它要以技术创新为基础，以生态经济为约束，通过探讨各产业之间"链"的链接结构、运行模式、管理控制和制度创新等，找到产业链上生态经济形成的产业化机理和运行规律，并以此调整链上诸产业的"序"与"流"，建立其"产业链层面"的生态经济系统；再以该系统为牵动，在相关产业内部，调整其"流"与"序"，形成"产业层面"的生态经济系统；最终，生态产业链应该是这两个层面上系统的交集，它要通过链的设计、开发与实施，将技术创新、管理创新和制度创新有机地融为一体，开创一种新型的产业系统。

（二）烟台生态工业园区实例研究

1. 烟台生态工业园区产业链指导原则

进一步强化工业在国民经济中的主导地位，依据国家产业政策，以国内外市场需求和产业发展趋势为导向，发挥优势，按照改造一批、壮大一批、培植一批、转移淘汰一批的总体思路，推进工业结构战略性调整，加大企业技术改造和名牌开发力度，把改造传统产业同发展高新技术产业紧密结合起来，大力开发应用纳米等新材料技术、电子信息技术和生物医药技术，实现支柱产业规模化、传统产业高新化和高新技术产业化，推动整个工业优化升级和持续发展。

2. 烟台生态工业园总体设计

园区的工业生态系统包括了汽车工业、电子行业、建材工业、化纤纺织行业、木材加工制造业、食品加工业和资源再生加工示范区 7 大行业（图 7-8）。根据上下游关系、技术可行性和经济可行性以及环境友好的要求，核心企业及其相关的附属企业组成 7 个相对独立、相互共生的工业生态群落，通过共同产品、废物或能量的关联，构成多种物质能量链接的生态链网络。

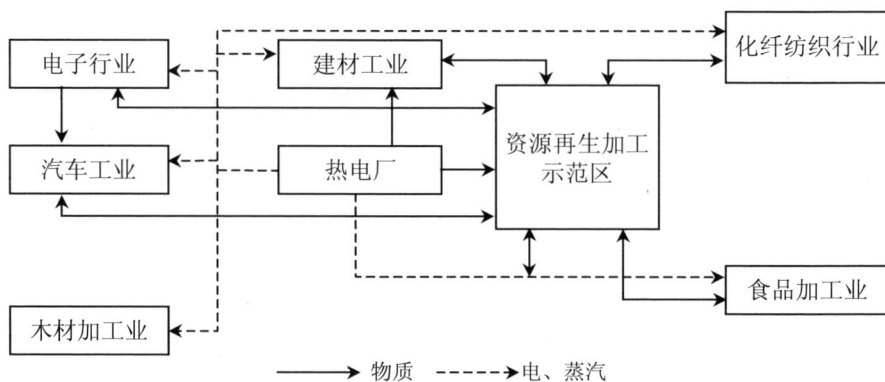

图 7-8　园区总体工业生态链网点设计示意图（童莉，2006）

从图 7-8 可以看出，烟台生态工业园区设计了 7 个相对独立而互相共生的生态工业群落，它们相互通过物质和能量流动连接，大大提高生态工业系统的柔性，体现了系统横向耦合的特点；各生态工业群落产生的废弃物经加工后返回系统循环使用，表现出物质的纵向闭合特征；园区内的废弃物通过废物交换、循环利用降低废物排放，同时能吸收和消化当地及周边地区的粉煤灰等废物，体现了区域整合性。

3. 烟台生态工业园分链设计

（1）汽车工业生态产业链。橡胶厂为轮胎厂提供橡胶生产轮胎供给汽车制造，废轮胎制成精细胶粉返回橡胶厂再利用；钢铁厂为轴承厂提供钢材，轴承厂生产轴承供给汽车制造，生产过程中产生的铁屑经过铸造厂的加工可制成汽车零配件供给汽车制造业使用。

（2）食品加工行业生态产业链。海水养殖场提供海藻工业所需的海带，生成的产品碘提供给食用盐加工业，其另外一种产物可用于涂料、保健品和医药行业；海水养殖场的某些鱼类可以生产保健品，也可提供水产品给食品加工厂。

（3）电子行业生态产业链。铝工业提供原料铝箔制成电路板、电线电缆、芯片、电子元器件等中端产品，供生产数字移动通信产品（手机）计算机、日用电器和电机。

（4）木材加工制造业生态产业链。木材加工业提供木材给造船业、家具厂和钢琴厂，这些行业生产所产生的木屑木渣用于活性炭的生产，活性炭生产中产生的废硫酸可与铝工业产生的铝渣生产硫酸铝型净水剂，应用到园区的污水处理厂，污水处理厂产生的污泥可用做化肥。

（5）建材工业生态产业链。热电厂提供蒸汽给汽车制造、轴承、木材、化纤、食品加工等厂家；并满足电机、印染、黄金加工、汽车制造、轴承、木材、化纤、食品加工等厂家生产的用能需要，余热可用于居民供暖及养殖场。热电厂的废物可用来生产石灰石和石膏，石灰石、石膏以及热电厂排出的粉煤灰可用来生产粉煤灰水泥；钢铁厂所产生的高炉渣可用于生产矿渣水泥。石灰石可返回钢铁厂作助熔剂。

（6）化纤纺织行业生态产业链。区内石油业副产物及废物可用于化学纤维制造，经纺织印染，加工成服装，经消费使用后的废旧服装生产再生纤维返回化纤制造。

（7）资源再生加工示范区产业。园区建立资源再生加工示范区，对"三废"进行环保集中处置。对于可回收的废塑料降解后重新被塑料厂使用；对于不可回收的废塑料进行回收，回收热量，用于集中供热。废家电返回厂家进行回收再利用，尽可能作为资源得到有效再利用。

由以上可见，7 个系统之间关系紧密，通过副产物、废弃物和能量的相互交换和衔接，形成了比较完整的工业生态网络。这样一个多行业综合性的链网结构，使得行业之间优势互补，达到园区内资源的最佳配置、物质的循环流动、废弃物的有效利用，并将环境污染减少到最低水平，大大加强了园区整体抵御市场风险的能力。削减有害物质的排放，减少对人类健康和环境的危害，减少生产过程中的原料和能源消耗，降低生产成本。

第三节　低碳经济技术

1986—2006 年，受全球气候变化的影响，中国连续出现了 21 个全国性暖冬，极端天气与灾害的频率和强度明显增大。根据联合国政府间气候变化专门委员会（IPCC）发布的第四次气候变化评估报告：在过去的 100 年中，由二氧化碳等气体造成的温室效应使得全球平均地表气温上升 0.3～0.6℃；近 50 年来的气候变化主要是人为活动排放的二氧化碳、甲烷、氧化亚氮等温室气体造成的。全球气候变化的后果是冰川融化、海平面上升、自然灾害频发、生态系统退化，将直接影响粮食安全、水资源安全、能源安全和公共卫生安全等，最终威胁人类的生存和发展。

因此探讨一种新的促进环境与经济协调发展的模式就成为当务之急，低碳经济及技术应运而生。

一、低碳经济概述

（一）低碳经济概念

在 2003 年英国政府发布的能源白皮书《我们能源的未来：创建低碳经济》中，首次明确提出"低碳经济"（Low Carbon Economy）一词，提出低碳经济是指以低能耗、低污染为基础的绿色生态经济。白皮书虽然提出了低碳经济的概念，但没有进行严格的界定。

目前被广泛引用的是英国环境专家鲁宾斯德的阐述：低碳经济是一种正在兴起的经济模式，其核心是在市场机制基础上，通过制度框架和政策措施的制定和创新，推动提高能效技术、节约能源技术、可再生能源技术和温室气体减排技术的开发和运用，促进整个社会经济向高效能、低能耗和低碳排放的模式转型。低碳经济是通过更少的自然资源消耗和更少的环境污染，获得更多的经济产出。中国环境与发展国际合作委员会 2009 年发布的《中国发展低碳经济途径研究》将低碳经济界定为"一个新的经济、技术和社会体系,与传统经济体系相比在生产和消费领域中能够节省能源,减少温室气体排放,同时还能保持经济和社会发展的势头"。

低碳经济概念的出现是基于气候变化和能源安全的考虑,随着实践的进展,低碳经济的内涵仍将不断得到拓展。

(二)低碳经济、循环经济和可持续发展的关系

关于低碳经济、循环经济和可持续发展已经有广泛和深入的研究。研究成果表明,它们的目的都是为了解决人类可持续发展的问题,都考虑到人与自然是相互依赖的,它们之间既有区别也有联系。

方时姣(2009)认为,发展低碳经济的根本方向是可持续发展。低碳经济是目前最可行的、可量化的可持续发展模式的最佳形态。崔大鹏(2009)也认为,低碳经济是可持续发展的核心、本质和灵魂,它是"可测量、可报告、可核查"的,从而在操作中有明确的"抓手"。

方时姣认为发展低碳经济是发展循环经济的必然选择、最佳体现与首选途径,同时又向循环经济发展提出了新要求:在发展循环经济的目标中,"最少的废物排放",首先应该是碳排放量最小化与无碳化。因此发展循环经济要求发展低碳经济,低碳经济是发展循环经济的重要特征。杨志、张洪国(2009)认为,低碳经济是应对气候变化最有效的经济方式,是高碳工业化时代最具有特征的可持续发展的经济方式,而循环经济作为以节约型和环境友好型为特征的经济方式,即便在低碳时代也是能适应可持续发展的经济方式。

(三)低碳经济发展方法

政府间气候变化专家委员会(IPCC)认为低碳或无碳技术的研发规模和速度决定未来温室气体排放减少的规模。低碳或无碳技术也称碳中和技术。"碳中和"(Carbon-neutral)这术语是由伦敦的未来森林公司于 1997 年提出的,意思是通过计算二氧化碳排放总量,然后通过植树造林(增加碳汇)二氧化碳捕捉和埋存等方法把排放量吸收掉,以达到环保的目的。碳中和技术主要包括三类:

(1)温室气体的捕集技术,主要有三条技术路线,即燃烧前脱碳、燃烧后脱碳及富氧燃烧。燃烧前脱碳的关键技术是转化制氢,涉及高温下氢的膜分离技术,包括膜式转化装置、膜材料等方面的技术开发;燃烧后脱碳的技术核心是胺吸收脱除二氧化碳,难点在于分子水平吸附剂的开发,此外,低能量二氧化碳吸附、

溶剂、小型高效压缩机、过程标准化等均待进一步研究；富氧燃烧技术属于提高能源效率的范畴，技术的关键是氧气供应及高技术涡轮机的开发。

（2）温室气体的埋存技术，即将捕集起来的二氧化碳气体深埋于海底或地下，以达到减少排放温室气体的目的，目前的研发工作主要集中在探索地下盐水储层、采空的油气藏储层、不可开采的煤层以及深海下的地层作为二氧化碳储库的可能性。

（3）低碳或零碳新能源技术，如太阳能、风能、光能、氢能、燃料电池等替代能源和可再生能源技术。

目前，碳中和技术仍处于研发阶段，从技术经济角度来看离全面推广应用还有很大距离。

二、工业低碳经济技术及实例

现以建筑业为例，阐述建筑业低碳经济的具体规划。

建筑业消耗了大量的原材料和能源，并带来了严重的环境污染。世界 1/6 的净水供给建筑业，建筑业消耗约 1/4 的木材、约 2/5 的材料与能源。据统计，全球能源的 50%左右都消耗在建筑物的建造和使用过程中。调查显示，我国城市垃圾中有 30%～40%属于建筑垃圾。以上这些数据充分说明，我国建筑也是高碳产业，具有高能耗、高污染、高排放的特点，从这个意义上讲，建筑业是我国发展低碳经济的一大障碍，如何把我国建筑业尽快纳入低碳经济的发展轨道，解决建筑业与生态环境的适应问题，已经刻不容缓。

自然生态系统的某些特性对指导人类的实践活动起了非常重要的作用，其实在建筑业中也存在这种"生态系统"，我们姑且称之为"建筑业生态系统"，该生态系统将不同建筑业之间的活动联系起来，使得一个施工过程产生的废物（副产品）作为下一个施工过程的原料，使原来线性叠加的施工过程构成"生物链"，进而形成"生物网"结构。同时加入"消费建筑废物"的链条，实现了建筑废物的回收、再生和利用。

在建筑业生态系统中，资源部门相当于生产者，为建筑业生产提供初级原料和能源。加工生产部门相当于生态系统的消费者，它利用生产者提供的产品供自身运行发展。还原生产部门相当于生态系统的分解者，其把建筑企业产生的副产品和"废物"进行资源化或无害化处置，使其转化为新的产品，如废物回收公司、资源再生公司等。

建筑业生态系统和自然生态系统由生产者、消费者和分解者构成，通过持续地进行能量流动、物质循环和信息传递维持自身的动态平衡,遵循"适者生存"法则。自然生态系统几乎没有人的参与,靠其自身进行物质循环和能量交换,只受自然规律约束。而建筑业生态系统是由人设计制造的,故其受人的影响较大,受到市场规律等因素的制约,故其比自然生态系统要复杂很多。

(一)建筑业生态链构建原则

通过在建筑业内部建立以建筑物和废弃物为主线的建筑业共生关系,推进资源循环利用,提高资源生产效率,减少能源消耗,可实现建筑业体系的生态优化,进而达到低碳排放。

在构建建筑业生态链时应遵循以下原则:

(1)具有前瞻性。应紧跟国内外建筑业发展新动向,加快技术进步和建筑业生态链升级步伐。

(2)构建建筑业生态链的各企业,内部要实现清洁生产,所生产的产品是生态产品。

(3)建筑业生态链的长短以技术经济分析而定。

(4)保证系统具有灵活的弹性。当建筑业生态链上任何一个企业生产状况发生变化,与其相联系的企业能及时调解生态链链接,保证整个系统的平衡。弹性的大小决定了建筑业生态链是否能够长期健康地运作下去。

(二)建筑业生态链模型构建

在自然生态系统中,草食动物以绿色植物为食,肉食动物以草食动物为食,大型肉食动物以小型肉食动物为食,植物和动物残体又被微生物分解,它们以吃与被吃的关系形成食物链。从生态学原理看,它既是一条能量转化链,又是一条物质传递链。

建筑业生态系统中同样存在着多种资源,通过类似于食物链的生态系统相互依存、相互制约,这就是"建筑业生态链"。同自然生态系统的食物链一样,它既是一条能量转化链,又是一条物质传递链。物质流和能量流沿着"建筑业生态链"逐级逐层展开,原料、能源、废物和各种环境要素之间形成立体环流结构,能源、资源在其中循环,获得最大限度的利益,使废弃物资源化,实现再生价值。本例构建的建筑业生态链模型如图 7-9 所示:

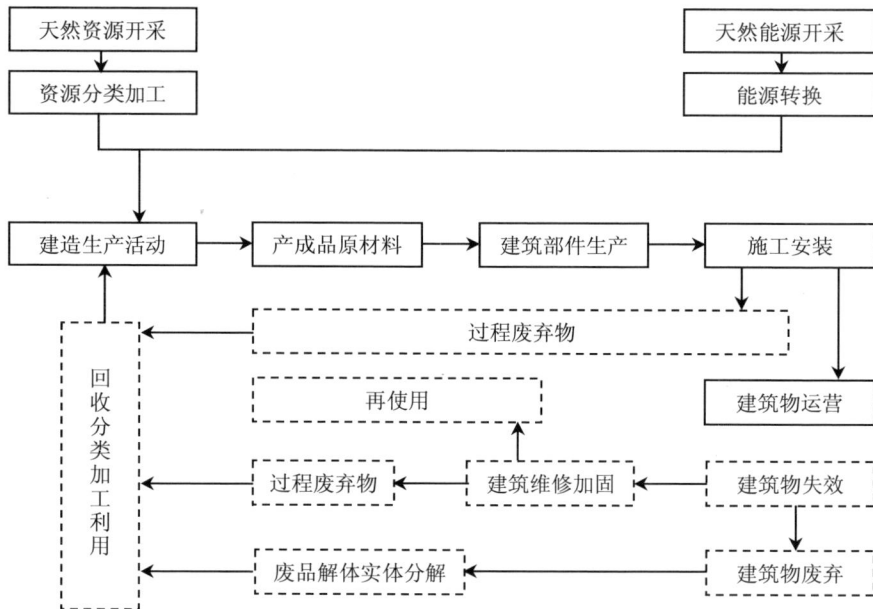

图 7-9　建筑业生态链（姜连馥，2009）

（三）建筑业生态链的代谢分析

工业代谢分析，即在原料和能源转变为最终产品和废物过程中，一系列相关的物质变化的总称。工业代谢分析模拟生物和自然界的新陈代谢功能，通过分析系统结构和输入输出信息流来研究工业系统。它遵循质量守恒定理，以环境为最终考察目标，跟踪资源利用的全过程对系统进行综合评价，有助于分析企业对环境的影响及其可持续发展潜力。

建筑业代谢过程包括建筑业从建造到拆除整个过程中产生的废物经过循环利用到重新被利用的过程，不包括资金流、人员流、能量流等。具体见图 7-10。

三、农业低碳经济技术及实例

（一）低碳农业概念

低碳农业是低碳经济在农业发展中的实现形式，不同于生态农业和循环农业，低碳农业是为维护全球生态安全、改善全球气候条件而在农业领域推广节能减排技术、开发生物质能源和可再生能源的农业。

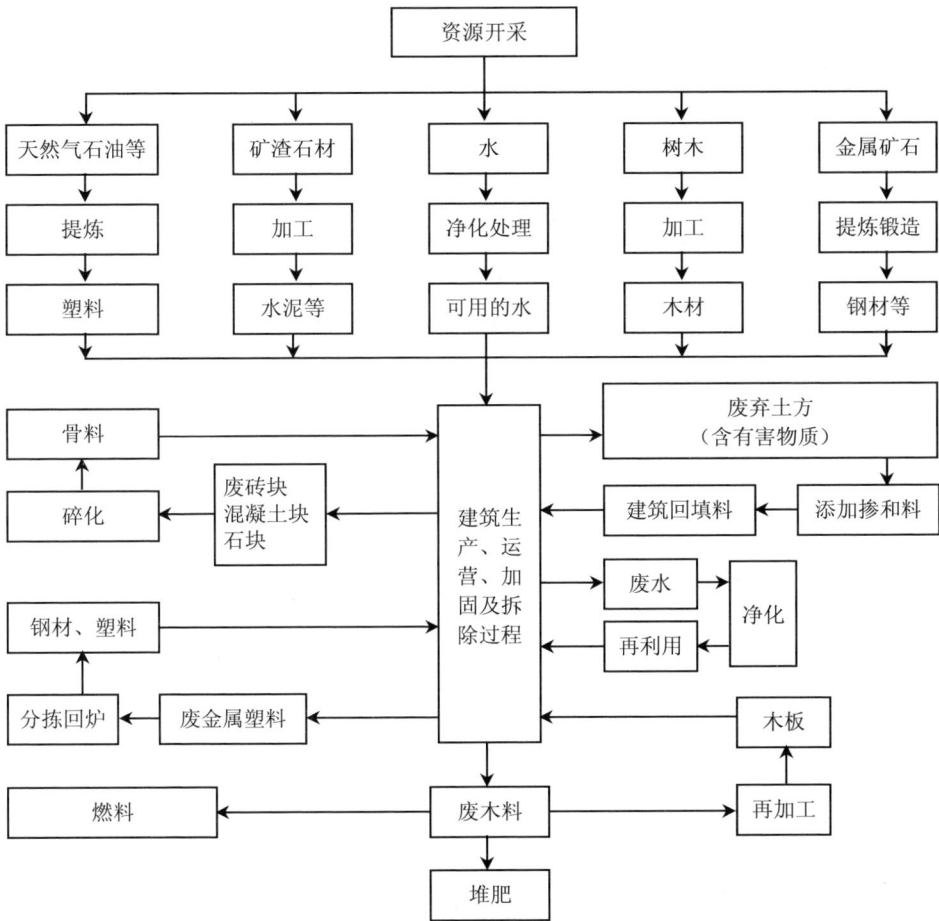

图 7-10　建筑业代谢分析系统（孙改涛，2009）

　　农业生产活动直接作用于自然环境，伴随着化学农业、石油农业、机械农业的发展和农民生活水平提高，农业和农村的能源消费迅速增长，农业已成为重要的温室气体来源。政府间气候变化专业委员会第 4 次评估报告表明，农业是温室气体的第二大重要来源，排放量介于电热生产和尾气之间。按照可持续发展和生态文明的理念来发展农业，实现农业的"低能耗、低排放、低污染"才是具有中国特色的现代农业。

（二）低碳农业技术

1. 垄作免耕技术

过度耕作使土壤中的碳素释放，是农业排放碳素的主要途径。垄作免耕可以从很多方面减少温室气体的排放。首先，摒弃传统的犁铧翻耕的耕作方式而采用免耕，可以保存土壤中的碳含量，有利于土壤对碳的固定。其次，采取免耕可以减少农业机械的使用，这也就减少了化石燃料的燃烧，相应减少 CO_2 的排放。再次，随着土壤肥力的增加，在耕作中化肥的使用也相应减少。N_2O 是氮肥中的主要成分，也是温室效力相当于 CO_2 约 300 倍的一种温室气体。减少化肥的使用，也就减少了 N_2O 的排放。

除了可以减少温室气体的排放，免耕对环境的有益之处还包括，免耕可以保持水土，改善地表水水质，减少沙尘的发生，提高生物多样性。同时，通过温室气体减排并进行交易又可以进一步增加农民的收入。

2. 施肥技术

农业施肥不但会通过影响地上植被的生物量来影响土壤碳源的供应量，而且还会影响土壤微生物活性，决定土壤呼吸强度，因此，农业施肥必然会引起土壤碳库的变化。通过对土壤增施有机肥，减缓土壤有机质腐烂，缩短有机粪肥的田间暴露时间，减少土地耕作活动，改善土壤水分管理。可以减少 CO_2 向大气的排放量。

改善有机肥料库的通风透气条件，降低空气温度；将液体有机肥料变为固体施用并施入土壤深层；收集和利用 CH_4 作为燃料；避免将有机肥料像垃圾一样进行堆放和处理，可以减排 CH_4。

此外，通过测土配方施肥，根据作物需求施肥，减少化肥的使用数量，避免农田土壤中氮肥过剩；增加有机肥使用数量，改善农田土壤的通气条件和酸碱度；尽量减少农田土壤耕作，大力栽培地面覆盖植物；使用氮肥硝化还原抑制剂等，可以减少 N_2O 排放量。

3. 沼气工程节能减排技术

沼气是可再生新能源，它是利用农业固体废弃物（作物秸秆和畜禽粪便）进行发酵，产生沼气，用于生活燃料和发电，是一种节约能耗、防治污染、变废为宝的有效形式。农村沼气工程不但能解决农村燃料能源问题，节约大量薪柴、煤炭资源，而且能减少温室气体的排放量。沼渣还可作为有机肥在农田中施用，减少农村面源污染。

沼气项目的温室气体减排来自两个方面：首先使用沼气可以减少对薪柴及化石燃料和电能的消耗，减少温室气体的排放。其次发酵产生的沼渣可以代替常规化肥，减少化肥中 N_2O 的排放。实践经验显示，作为一种高效有机肥，沼渣不但能提高农作物产量，而且能有效杀灭害虫和病菌，效果比专用叶面肥还要好。同时，农村利用沼气除了省柴、省煤、省电、省时之外，还能减少烟雾和粪便污染，有利于环境保护。另外，使用沼气还可以节省农民对能源和肥料等的支出，实践显示，一户农民全年使用沼气可直接节省各种费用约 1 100 元。

（三）台湾低碳农业实例

1．台湾温室气体排放现状

2007 年我国台湾地区温室气体排放总量为 3.11 亿 t，占全球的 0.95%，在世界国家和地区中居第 22 位。台湾也是全世界温室气体排放量增速最快的地区，1990—2007 年 18 年间台湾地区 GDP 增长了 1.86 倍，温室气体排放总量增长了 1.06 倍。如按单位土地面积排放量计算，台湾则高居世界第一，是全球平均值的 3 倍。

面对日趋严峻的温室气体排放增速，台湾当局自 20 世纪 90 年代初即关注全球气候变迁并积极研拟和推动温室气体减量管理的相关政策，制定了相关的策略。

2．农牧业温室减排策略

（1）种植业。其为减少农田的 CH_4 和 N_2O 排放量，台湾"农政部门"先后推动"水旱田利用调整方案"和"水旱田利用调整后续计划"，办理规划性休耕及稻田轮休；推动粗放果园废园造林或转作，蔬菜部分分期休耕、转作绿肥；近年来为提高粮食作物、有机作物、绿肥作物和能源作物生产，推动"活化休耕农田措施"。为培育土壤永续生产力，提高碳汇，台湾近年来积极推广土壤诊断技术和合理化施肥，奖励施用优质有机肥料，推广缓效性肥料、生物肥料；鼓励利用农畜废弃物制作堆肥，循环利用农业废弃物；控制土壤（水田及旱田）含水量，推广旱作节水灌溉；加强灌溉水质管理维护。在提高作物抗性方面，开展耐、抗旱品种和高氮素利用效率作物品种的选育。在农药残留治理方面，严格控制化学农药用量，推广生物农药和物理、生物防治；宣传严禁残留农作物焚烧，辅导正确残留农作物处理或加工利用技术。在生物质替代能源发展方面，推动"能源作物产销体系计划"鼓励农民利用休耕农地种植能源作物，打造"绿色油田"。

（2）畜牧业。畜牧业是台湾农业的主要产业，畜牧业排放的温室气体主要是CH_4。台湾畜牧业的减碳策略主要有：① 推动畜牧场减废与资源再利用工作，办理畜牧场节能减碳示范推广计划，辅导农民团体或产销班设立农牧废弃物处理中心。② 调整畜牧产业结构，以内销为主，兼顾环保及生产；鼓励饲养规模小、去污设施和管理落后的畜牧场离牧转业。③ 加强畜牧业污染防治和畜牧业有机废弃物再利用，提高畜牧场污染防治设施化执行污染减量并加强监测与查核；改进废水处理设施，推广畜牧场废水回收；辅导禽畜粪等固体废弃物回收利用制作堆肥，辅导业者调整饲料配方以降低碳、氮的排放；研发除臭技术及采用水帘式畜禽舍或设置抽风设施等方式。④ 鼓励在畜牧场内广植林木绿化带，落实环境绿化美化。

3. 农牧业温室减排效果

从 1990—2007 年，台湾农业温室气体排放量总体呈减少趋势，农业温室气体排放量占全岛温室气体排放总量的比例从 1990 年的 9.4%下降到 2007 年的3.8%，18 年间共减少了 19.9%，尤其是 2008 年较 2007 年减少了 6.21%。台湾农业温室气体排放逐渐减少，取得了显著成效。

思考与练习

1. 清洁生产技术与低碳技术有何区别与联系？
2. 如何设计农业清洁生产路线？
3. 如何设计工业循环经济产业链？
4. 循环经济的技术性原则是什么？
5. 低碳经济的发展方法有哪些？

参考文献

[1]　胡俊梅，王新杰. 农业清洁生产技术体系[J]. 安徽农业科学，2010，38（6）：3128-3130.

[2]　苏荣军，谷芳. 工业企业清洁生产理论与实践[M]. 北京：化学工业出版社，2009：121-128.

[3]　郭晋玲，高阳俊. 清洁生产在农业生态系统中的应用[J]. 安徽农业科学，2009（1）：75-76.

[4]　王坚，陈润羊. 中国农业清洁生产研究[J]. 安徽农业科学，2009，37（8）：3718-3720.

[5]　党雪瑞. 陕西省农业清洁生产技术体系及实施措施的探讨[J]. 西北农林科技大学，2007：38.

[6]　王新杰. 新疆绿洲农业清洁生产研究[D]. 重庆大学硕士学位论文，2008：47-49.

[7]　白金明. 我国循环农业理论与发展模式研究[D]. 中国农业科学院博士学位论文，2008：62-68.

[8]　童莉. 生态工业园区产业链设计及其系统稳定性研究——以烟台、乌鲁木齐为例[D]. 北京化工大学博士学位论文，2006：94-99.

[9]　马莉莉. 关于循环经济的文献综述[J]. 西安财经学院学报，2006，19（1）：29-30.

[10]　汤天滋. 主要发达国家发展循环经济经验述评[J]. 财经问题研究，2005，2：20-23.

[11]　刘成付，刘越岩. 循环经济发展的现状及主要模式[J]. 环境科学与技术，2005，28（4）：77-78.

[12]　吴松毅. 中国生态工业园区研究[D]. 南京农业大学博士学位论文，2005：37-39.

[13]　王岩，李武. 低碳经济研究综述[J]. 内蒙古大学学报（哲学社会科学版），2010，42（3）：27-28.

[14]　付允，马永欢. 低碳经济的发展模式研究[J]. 中国人口·资源与环境，2008，18（3）：14-17.

[15]　翁志辉，林海清. 台湾地区低碳农业发展策略与启示[J]. 福建农业学报，2009，24（6）：586-591.

[16]　赵其国，钱海燕. 低碳经济与农业发展思考[J]. 生态环境学报，2009，18（5）：1609-1610.

[17]　李晓燕，王彬彬. 四川发展低碳农业的必然性和途径[J]. 西南民族大学学报，2010（1）：103-104.

第八章　环境生态工程信息与管理技术

环境生态工程管理方面包括了信息技术应用、工程监理及生态经济评价技术，这三个方面构成了环境生态工程技术管理及优化的主要内容，下面将分成三个部分进行阐述与分析。

第一节　环境生态工程信息技术

信息技术是当代社会管理的一种需求和发展趋势，并已成为管理现代化的一个重要标志，将信息技术应用于环境保护方面，能有效地提高环境管理的技能，突破时空的限制，使环境保护及生态工程从传统粗放的指标控制模式向现代精细的技术决策型转变，在形式、内容和技术等方面实现质的飞跃。近年来，环境信息技术已逐渐发展为中国环保工作所倚重的重要服务与支持手段，其中的数据库技术、GIS（地理信息系统）与遥感技术、办公自动化技术、网络建设技术、网络与通信技术以及管理信息系统开发技术领域更将成为未来工作的应用重点。

根据信息技术的定义，环境信息技术是以现代高新技术为手段、以环境信息为研究对象和以实现环境管理数字化、网络化和智能化为目的的一种信息技术，主要有环境信息的获取技术和分析处理技术以及二者集成的技术等。本节内容主要介绍了3S技术在环境生态工程中的应用。

一、遥感技术

（一）遥感（RS）技术的定义

"遥感（Remote Sensing，RS）"一词最早是由美国人Evelvn（1962）在"环境遥感（Remote Sensing of Environment）"专题讨论会上提出并被正式采用的。自1972年美国第一颗地球资源技术卫星（ERTS-1）成功发射并获取了大量地球表面卫星影像后，遥感技术便开始在世界范围内迅速发展和广泛应用。遥感技术是一门新兴综合性科学技术，它集中了空间、电子、光学、计算机、生物学和地学等科学的最新成就，是现代高新技术领域的重要组成部分。遥感技术的出现，揭开了人类从外层空间观测地球的序幕，为人类认识国土、开发资源、监测环境、研究灾害、分析全球环境变化等提供了新的途径。

（二）遥感（RS）技术特点

遥感作为一门对地观测综合性技术，它的出现和发展既是人们认识和探索自然界的客观需要，更有其他技术手段与之无法比拟的特点。

（1）可获取大范围数据资料。遥感用航摄飞机飞行高度为 10 km 左右，陆地卫星的卫星轨道高度达 910 km 左右，从而可及时获取大范围的信息。一张陆地卫星图像，其覆盖面积可达 3 万多 km²。这种展示宏观景象的图像，对地球资源和环境分析极为重要。

（2）获取信息的速度快，周期短。由于卫星围绕地球运转，从而能及时获取所经地区的各种自然现象的最新资料，以便更新原有资料，或根据新旧资料变化进行动态监测，这是人工实地测量和航空摄影测量无法比拟的。

（3）获取信息受条件限制少。在地球上有很多地方，自然条件极为恶劣，人类难以到达，如沙漠、沼泽、高山峻岭等。采用不受地面条件限制的遥感技术，特别是航天遥感可方便及时地获取各种宝贵资料。

（4）获取信息的手段多，信息量大。根据不同的任务，遥感技术可选用不同波段和遥感仪器来获取信息。例如可采用可见光探测物体，也可采用紫外线、红外线和微波探测物体。利用不同波段对物体不同的穿透性，还可获取地物内部信息。例如地面深层、水的下层，冰层下的水体，沙漠下面的地物特性等，微波波段还可以全天候的工作。遥感技术所获取信息量极大，其处理手段是人力难以胜任的。

（三）遥感（RS）技术在环境生态工程中的应用

遥感技术在资源详查、资源利用动态、灾害监测与评估等方面已得到较广泛的应用；而在海洋资源开发与环境监测、生物量评估与可持续农业中的应用，在全球环境变化与区域持续发展能力建设方面的贡献，只是刚刚起步。

1. 大气污染监测

在大比例尺的遥感图像上，可以直接统计烟囱的数量、直径、分布以及机动车辆的数量、类型，找出其与燃煤、烧油量的关系，求出相关系数，并结合城市实测资料以及城市气象、风向频率、风速变化等因数，估算城市大气状况。

2. 水污染调查

由于溶解或悬浮于水中的污染成分浓度不同，使水体颜色、密度、透明度和温度产生差异，导致水体反射光能量的变化，而在遥感图像上，能反映为色调、灰阶、形态、纹理等特征的差别，根据这些影像显示，一般可以识别水体的污染源、污染范围、面积和浓度。

3. 热效应监测

利用热红外遥感图像能够对城市的热岛效应进行有效的调查。我国在沿海城市地区（天津、北京、上海、广州以及一些河口三角洲，如黄河、长江和珠江等）完成了遥感应用试验，还在攀枝花、沈阳、洛阳、西安、太原等城市进行了城市环境遥感，取得了良好的效果。通过热红外图像研究城市热力景观效应和热岛效应，可以综合反映城市工业布局、建筑密度和绿地水域的环境效应，成为评价城市环境质量的主要依据。通过红外遥感，还可以获得河流下游海水倒灌、沿岸污水渗漏的红外图像，查明污水回游和富营养化。

4. 农业、林业资源的调查与开发

RS 技术具有全天候、大面积同步观测及观测精度高等优点，特别是近年来 RS 影像的空间分辨率、时间分辨率和光谱分辨率不断提高，使得遥感影像对于农业资源和林业资源的调查具有其他手段不可比拟的优势。RS 技术空间分辨率的提高使得 RS 影像的质量更好，信息量更大，图像上所显示的地面物体也更容易被人们察觉。波谱分辨率的提高使人们对于林业及农业类型的区分更加准确。由于林业及农业在 RS 影像上的表现差别不大，波谱分辨率提高以后可以更准确地区分农作物及各种森林的类型和分布。利用遥感技术还可以实现对同一地区不同时间段生态环境资源的变化情况的监测，在这个工作中 RS 影像的时间分辨率比较重要。时间分辨率指对同一地点进行遥感采样的时间间隔，即采样的时间频率，也称重访周期。时间分辨率的提高对于判别同一地区的动态变化有着极其重要的作用，它可以使研究区域的变化过程和变化趋势更加清晰明了。利用高精度的 RS 影像，再辅助以少量的野外调查验证，便可以实现对农业、林业资源的精确掌握。把 RS 影像提供的农业、林业资源数据数字化以后输入计算机，利用 GIS 对由 RS 技术获得的影像进行空间分析与研究，结合 GPS 技术确定资源分布的位

置及资源的数量，并找出适合发展农业和林业的区域，为农业和林业的现状分析及进一步开发提供科学依据。

5. 生态环境动态监测

动态监测就是通过观察物体或现象在不同时间的状态差异来确定动态变化的过程。通过对不同特征的卫星遥感数据融合和分析，对生态环境进行变化监测，如土地利用变化分析、作物生长环境监测、草场退化及沙漠化等其他环境变化监测。实际上是将该地区在不同时期的生态环境的量化监测结果进行对比，分析其在时间和空间分布的变化，以此来分析动态特征及未来发展趋势。

二、地理信息系统技术

（一）地理信息系统（GIS）概念

地理信息系统（Geographical Information System，GIS）是在计算机软件和硬件的支持下，运用系统工程和信息科学的理论，科学管理和综合分析具有空间内涵的地理数据，以提供对规划、管理、决策和研究所需信息的技术系统。其在环境管理、环境监测、环境规划、环境影响评价、环境工程及环境地球化学等领域的应用越来越广泛；在人地关系、全球变化、环境科学和区域可持续发展研究中发挥愈来愈重要的作用。GIS 以其强大的空间数据管理系统、形象直观的应用界面、强大的空间分析能力等特点，能为现实地理空间上的物质和能量运动规律的研究提供方便、准确的管理和空间分析手段。因此，GIS 在环境生态工程中的应用有着巨大的发展潜力。

（二）地理信息系统（GIS）的特点

（1）以标准化为基础，为地理数据的维护提供了方便，节省了时间和经费。GIS 的标准化包括支持 GIS 工作的数据结构及数据交换格式的统一标准化，提供 GIS 工作基础数据接口的标准化。包括建立开放地理信息系统（Open GIS）的互操作标准，寻求网络地理信息系统数据和空间数据处理服务的标准方法等。

（2）强大的空间分析能力，易于修改、更新、分析地理数据，从而提高了工作效率。GIS 特有的空间和属性数据的管理及空间分析的应用是其他任何普通软件所代替不了的。GIS 把地理学发展中的现代理论、方法与计算机结合在一起，具有强大的空间和属性分析能力，是传统手段无法比拟的。在环境科学中，GIS

显示出的定量、快速、易更新、动态、能进行模拟分析等特点，是常规评价方法难以达到的。

（3）可以共享和自由交换数据。由于 GIS 数据参照同一空间坐标，不同领域可共享数据和结果，使得数据的通用性增强，各部门之间可以集成支持整个项目的战略决策系统。此外，成果可以通过 WEBGIS 及时发布。

（三）地理信息系统（GIS）在环境生态工程中的应用

地理信息系统应用于环境生态工程中，不仅可以实现环境信息的高效管理，而且可以生成常规方法无法获取的信息，提高分析的准确性，有效地实现环境的综合分析、动态监测、模式评价和辅助决策，具有巨大的应用潜力。

1. GIS 在环境规划中的应用

环境规划是指对一个区域（或城市）进行环境现状调查、监测、评价、规划，预测由于经济发展可以引起的环境变化，并根据生态学原理提出调整工业部门结构、生产布局以及各种防治污染的途径，进行保护和改善环境的战略性部署。其目的是在发展经济的同时保护环境，防止和减少环境污染，使经济与环境协调发展，实现经济可持续发展。环境规划是一项复杂的系统工程，涉及对多源信息的采集、处理、分析及对不同方案的比较、模拟、预测，要求不同方式的输出与显示方式。

GIS 在信息管理方面具有突出的优越性，可以将空间信息和属性信息进行综合管理，对不同要素、不同领域的信息分层管理，并在各信息层之间建立有机的联系。将先进的 GIS 空间分析技术与基础数据和空间图形库结合起来，在环境数据的收集与管理、环境质量评价与预测，以及污染控制规划方面做出相应的处理，使环境规划决策的过程更加直观、快速、实时和有效。而未来的环境规划管理重点发展方向是能够快速应对错综复杂的环境问题，而且能够从时空的角度预测环境质量的变化趋势，为决策者提供专家经验，合理制定环境管理措施和方案。而 GIS 作为一种技术手段，正好发挥其对数据及时更新，地理空间信息和属性数据实时查询，宏观把握和微观分析的决策支持等功能优势。

2. GIS 技术在水环境质量评价中的应用

水是人类生存和发展不可缺少的物资条件，是工农业的重要资源，然而水源污染日趋严重并多以复合型污染为基本特征，造成大范围的水源不能饮用，因此有必要加强对水资源环境的监测和管理。水资源环境的特点是空间信息量大，而对空间信息的管理与分析正是 GIS 的优点。GIS 用于水资源环境监测，主要是对水质监测数据和空间数据进行科学有效的组织和管理，能够让管理人员方便地对各种空间信息进行查询、修改和编辑等；通过 GIS 强大的空间分析和图标分析功能，实现对空间和检测数据的分析和专题图的制作，进而为污染治理方案的制订提供有效的信息支持。

利用 GIS，可以对水资源开发的不同阶段进行分析，在水资源开发之前，模拟分析水资源的时空分布规律；在水资源开发过程中，实时地接收、处理、分析各种现场数据，及时提供反馈信息，为管理机关提供决策支持。此外，还可以利用 GIS 空间分析和图形表达功能，分析各水质评价因子在水质评价中的作用，对数据进行预处理，即在对污染源进行调查分析的基础上确定主要评价因素，并采用相关数据。

3. GIS 在大气环境动态监测中的应用

随着城市工业化的发展，城市工业企业数量和机动车数量都在急剧增加，有毒有害污染物大量排入到城市空气中，很多国家和地区都在为改善大气环境质量做着努力。而大气环境有以下特点：一是它的空间尺度大，人类赖以生存的大气圈有上百公里的厚度；二是空气在自然环境中有着最好的流动性，地面是其不可逾越的固体边界。因此大气环境动态监测最适合用 GIS 技术进行监测和分析。引用地理信息系统技术和数据库管理技术，可以将所有对大气有污染隐患的企业及位置信息、主要污染物、污染物移动范围、周围地形进行收集、整理，并建立地理信息数据库。利用 GIS 空间分析和数据显示功能，可获得污染物在大气中的浓度分布图，进而可了解污染物的空间分布和超标情况。在这方面已经有了成功实例：欧洲的 RAINS 模式就是一个跨国界的 SO_2 排放量计算机管理系统。

4. GIS 在环境影响评价中的应用

环境信息数据库是项目环境影响评价的基础。项目环境影响评价需要先期掌握区域自然与社会经济、区域环境质量、污染源、工程项目、环境标准和环境法规等环境信息。环境信息数据量大、来源广，且 85% 都与空间位置有关。可以用 GIS 集成与场地和项目有关的各种数据及用于环境评价的各种模型，进行综合分析、模拟和预测，为环境质量现状进行分析和决策。GIS 还具有很强的数据管理、更新和跟踪能力，以此来协助检查和监督环境影响评价单位和工程建设单位履行各自职责，并对环境影响报告书进行事后验证。

环境影响评价一般是指应用科学技术的原理和方法，揭示区域环境中正在发生的和即将发生的与发展过程相关的自然作用和人类活动及其相互关系的规律。进行环境影响评价的目的是为了确保或满足研究区域内的社会、经济和环境的协调发展，使该区域达到可持续发展战略规划的总体要求。GIS 在环境影响评价的作用主要体现在：能有效地管理一个大的地理区域复杂的污染源信息、环境质量信息及其他有关方面的信息，并能统计、分析区域环境影响诸因素（如水质、大气、河流等）的变化情况及主要污染源和主要污染物的地理属性和特征等；具有叠置地理对象的功能，对同一区域不同时段的多个不同的环境影响因素及其特征进行特征叠加，分析区域环境质量演变与其他诸因素之间的相关关系，从而对区域的环境质量进行预测；将区域的污染源数据库和环境特征数据库（如地形、气象等）与各种环境预测模型相关联，采用模型预测法对区域的环境质量进行预测。环境预测模型的建立是一个十分复杂的任务。它需要大量计算分析，即进行定性与定量分析。而这些问题由于 GIS 的开发应用都变得高效、科学，可以把基于环境预测模型的软件引进到 GIS 中，充分运用 GIS 的管理和空间分析功能进行环境预测分析。

三、全球定位系统技术

（一）全球定位系统（GPS）的定义

全球定位系统（Global Position System，GPS）系统是卫星导航技术的集成，其利用三角定位原理，以人造卫星为基准点，发射无线电导航信号，用户利用接收设备接收信号，进行解码，解析卫星位置、测量至卫星的距离或多普勒频移等观测量，来确定相关物体的位置和速度。

GPS 主要由三大部分组成：空间的卫星星座、地面监控部分和用户设备。GPS卫星星座由分布在 6 个轨道面的 24 颗卫星组成，保证了在地球上和近地空间任一点，任何时刻至少同时观测到 4 颗 GPS 卫星，保证了信号覆盖面。地面监控系统的主要作用是：跟踪观测 GPS 卫星；计算编制卫星星历；监测和控制卫星的健康状况；保持精确的 GPS 时间系统；向卫星注入导航电文和控制指令。用户设备的核心是 GPS 接收机，通过接收卫星信号完成用户位置、速度计算以及授时等功能，并提供人机界面交互。

（二）GPS 的特点

（1）定位精度高，观测时间短，操作简便，可同时精确测定测站点的三维坐标。

（2）测站间无需通视，GPS 测量不要求测站之间互相通视，只需测站上空开阔即可，因此可节省大量的造标费用。由于无需点间通视，点位位置可根据需要，可疏可密，使选点工作甚为灵活，也可省去经典大地网中的传算点、过渡点的测量工作。

（3）全天候作业。目前 GPS 观测可在一天 24 小时内的任何时间进行，不受阴天黑夜、起雾刮风、下雨下雪等气候的影响。

（4）功能多、应用广。GPS 系统不仅可用于测量、导航，还可用于测速、测时。测速的精度可达 0.1m/s，测时的精度可达几十毫微秒。其应用领域不断扩大。当初，设计 GPS 系统的主要目的是用于导航，收集情报等军事目的。后来的应用开发表明，GPS 系统不仅能够达到上述目的，而且用 GPS 卫星发来的导航定位信号能够进行厘米级甚至毫米级精度的静态相对定位，米级至亚米级精度的动态定位，亚米级至厘米级精度的速度测量和毫微秒级精度的时间测量。因此，GPS 系统展现了极其广阔的应用前景。

（三）GPS 在环境监测中的应用

通过 GPS 对环境监测站点进行定位，动态、实时采集和处理环境数据。将 GPS 与摄影测量组合，确定环境质量评价区域，动态测量各类污染源（点状、面状、线状）的位置、范围和空间关系。此外，GPS 技术在野外环境数据采集和信息化中起到导航定位的作用。

1. 对环境污染的监测

在宏观方面，可建立 GPS 控制网，在控制网的基础上，进行像控点测量，为航空遥感相片的定向提供加密点，用于宏观区域和重点区域污染情况的采集、提取；在微观方面，可利用 GPS 技术监测沟头前进速度、沟底下切速度、沟缘线后退速度，甚至可以监测典型样点污染情况。对人为环境污染的监测：一是可用 GPS 定期观测开挖面、堆积面的变化情况；二是可用 GPS 现场测量挖填方量、堆积量和弃土弃渣量；三是可用 GPS 在最短时间内比较准确地确定开荒、毁林及破坏水土保持设施的数量、面积等。

2. 工程规划设计放样

环境生态工程建设需要调查评价土地利用现状、典型样点水土流失状况、地面坡度等数据，以往取得这些数据主要依靠外业常规测量或借助地形图资料，存在的问题是外业常规测量费时费钱，且地形图资料不能反映最新地形地貌状况。

利用 GPS 定位技术很容易完成图斑的跟踪、样点侵蚀量的调查及坡度量测工作，尤其在设计阶段，对水保工程的设计具有很大作用，如可以用 GPS 定位技术完成数字地面模型（DTM），用计算机设计软件完成拦泥坝工程设计等。水土保持工程施工放样，以往采用经纬仪、水准仪、皮尺、罗盘等，操作比较烦琐，在地形条件复杂的区域，施工放样相当困难，精度难以保证。利用 GPS 定位系统中的 RTK（实时动态）技术，很容易找到待定位的目标点。如果定位的精度要求不是很高，像梯田、造林地等的放样，利用 GPS 手持机定位放样，更简单容易。

3．耕地退化动态监测

受经济发展影响，耕地退缩问题日趋严重，需要一个有效的手段来监控耕地的变化。对区域耕地资源扩张性或退缩性变化，遥感手段经过一段时间积累后反应比较明显。而对一个市、县级行政区来说，明显地、大面积地变化区域可以通过卫星遥感图像信息确定。而对于小面积或突然发生的有较大影响的变化，卫星相片上反映不出来，或没有必要用遥感手段就能够确定其大致范围，仅 GPS 即可完成变化区域的定位。

4．GPS 在环境影响评价中的应用

以矿山环评为例，介绍 GPS 接收机在环境影响评价工作中的应用方法。

（1）绘制环境敏感目标分布图。其将矿区范围拐点坐标转换为 GPS 默认使用的 WGS－84 坐标后，将其输入 GPS 接收机中，再通过现场踏勘 GPS 定位，确定环境保护目标以及主要工业设施的位置，就可以测量出相对距离。如果有公路等环境敏感目标通过矿区，采用 GPS 中的航迹功能可以形象地表示出公路在矿区内的走向、长度等关系。将 GPS 接收机采集的数据导入电脑中，就可以进行环境敏感目标分布图的绘制，进而为环境影响评价提供精确的数据支撑。

（2）绘制水系图。在环评工作中，经常可能遇到难以获得项目区水系资料或是水系不明确等情况。此时可以将转换后的矿区范围拐点坐标输入 Google-earth 软件中，根据 Google-earth 中的地形高低结合现有的资料，判断水系分布与流向，进而以 Google-earth 资料为底图，采用 Photoshop 绘制出较为精确的水系图。

（3）其他应用。采用 GPS 内置的测量面积功能，还可以测量矿山工业场地、废石场、贮矿场等的面积。但是如果场地过小，采用的 GPS 接收机精度不高，可能导致测量数据不太准确，因此，该功能仅在大面积测量或是拥有高精度 GPS

接收机时才有使用意义。GPS 接收机不仅可以显示出所在地点的经纬度，还可以显示所在地的海拔高度。因此，只要分别在场地的顶部和底部定点，就可以获得场地的高度数据。但是普通的 GPS 接收机在测量高度时可能产生较大的误差，从而失去了测量的意义。

四、3S 技术的具体案例

殷晓飞，尚士友，张春荣等在《基于"3S"技术乌梁素海湿地生态工程数据库的研究》一文中运用了 3S 技术，并在此基础上，结合计算机技术、工程数据库技术和环境管理技术，运用 Visual Basic，SuperMap 和 SQL Server 数据库等开发软件，构建了乌梁素海生态工程数据库。该工程数据库可以对生态工程采集的坐标点，自动进行格式转换与输入，在遥感图像上显示工程的进展与成果。同时该工程数据库还实现了数据管理、规划设计、生态监测和制图输出等功能，为乌梁素海湿地生态治理与资源开发提供全方位的数据信息及其管理，对生态工程规划与实施方案进行优化设计，并能够对乌梁素海生态工程进行实时监测。下面是对 3S 技术在此生态工程应用的解析。

1. RS 的应用

在乌梁素海生态工程中，遥感技术主要用于获取湿地内植物生长环境、生长状况的准确信息，尤其在实现大面积植物生长信息采集方面有很大优势。其利用遥感监测系统中物体对电磁波的感应特性，可以对在乌梁素海中生长的水生植物进行监测，建立遥感数据与水质状况和生物、物理、化学参数之间的相互关系，估算个别生物的生物量，计算年生长量；同时，可以通过不同时相遥感资料的对比反映各个时期芦苇面积的变化信息。

2. GPS 的应用

在乌梁素海芦苇蔓延控制及疏浚工程中，为控制乌梁素海的整体生态环境，芦苇还必须保持一定的面积，因为它是鸟类的栖息地；同时，也必须掌握和控制芦苇的蔓延，监测其面积扩大的速度及生长量，延缓乌梁素海沼泽化进程。冬季在芦苇生长的边界选择特征点用 GPS 定位，在卫星遥感图上合成芦苇生长面积的边界曲线，经过叠图处理，将该曲线与下一年度所得曲线进行对比，便可得到芦苇扩张面积及速度，从而决定芦苇水下部分的收割量。

3．GIS 的应用

地理信息系统在乌梁素海生态工程数据库中的应用，主要用来完成数据采集与输入、图表与文本编辑、数据存储与管理、空间查询与分析、数据显示与输出等项功能。例如在乌梁素海芦苇蔓延控制及疏浚工程与沉水收割工程中，在水草收割船上安装全球定位系统，记录水草收割船收割坐标点；再通过 GIS 反映在乌梁素海遥感图像上，进行叠加处理，通过计算可以得到收割芦苇的面积以及芦苇的收割量。

第二节　环境生态工程监理技术

环境生态工程监理是生态环境保护工作的具体行政执法体系，通过对生态环境监理的内容、方法和手段等的研究，运用经济的、社会的和法律的手段，严格各项监管措施，不断规范人们的各种经济活动，保护和改善生态环境，防止造成新的生态环境破坏，制止生态破坏违法行为，以及对良好的生态系统或经过恢复重建之后的生态系统采取积极的保护措施，使生态环境恶化趋势得到根本遏制，生态环境质量得到明显改善，促进生态保护与生态建设的发展。

一、环境生态工程监理特点

（1）环境生态工程的建设通常点多、面广，受季节和农事活动影响很大。特别是植树造林，在一个项目区有十几个甚至几十个工程点几乎要求同时施工，给全方位监理带来很大困难。因此驻现场监理应采取提前介入工程的方式，事先掌握项目区各工程点的具体情况，对劳力组织、物资准备、当地农事活动有较深入的了解，从实际情况出发，恰当安排自己的工作，才能避免在施工过程监理时顾此失彼。同时还要从工程总体规划设计中找出重点工程、关键部位，在关键时间施工现场要有监理人员旁站跟踪监理。

（2）环境生态工程的建设参与施工的劳力，绝大多数是当地农民，有的还是自己承包施工，虽然有责任心，但缺乏技术，没有工程管理经验，不专业且一年一换。项目区一些主管部门虽然有专职工程技术人员负责工程施工管理，但施工队伍缺乏专业技术。因此监理人员每年施工前除工程技术交底会外，还要协助业务部门搞好施工劳力技术培训，明确工程质量要求，制定工序检查制度和办法，监理人员还要反复宣讲需要填报的各种监理表格的内容、作用和要求。

（3）有的工程作业设计滞后，给质量控制、工期控制带来困难。由于造林等工程季节性、时间性很强，稍一放松就可能出现"人误地一时、地误人一年"，因错过最佳施工时期而失败。工程作业设计是针对每项工程的特点制定的施工质量要求技术指标，明确工期目标，是监理的主要依据。但有时由于工程的作业设计未能及时上报，工程主管单位批复晚，项目承建单位不敢让施工单位适时开工等情况，使监理工作也处于被动。

二、环境生态工程建设监理的内容及形式

（一）环境生态工程监理内容

1. 施工质量、进度、投资三大控制

施工质量控制即在施工质量控制方面，针对监理项目的具体情况，做好造林、环境改造、修复工程质量事前、事中、事后控制。通过对影响质量的人（Man）、机械（Machine）、材料（Material）、方法（Method）和施工环境（Environment）即"4M1E"五因素的控制，来保障工程的质量。把好项目开工关，确定质量目标，明确质量要求；要熟悉有关合同文件；把好施工现场控制关，即质量的事中控制，如营造林工序质量控制：主要是有林地清理、整地、施肥、定植、挖带、抚育、管护等。对施工作业人员进行上岗作业前的培训进行抽查，看其是否已掌握作业方法和施工标准。各工序完成后，先由施工方按规程和要求进行自检，经自检合格后填写《工序质量验收申请书》交给当地监理员，在合同规定时间内对其质量进行检查，确认其质量合格并核发《工序合格确认验收单》，方可进行下一道工序。施肥工序需要施工员、监理员到现场监控。

质量的事后控制即组织竣工验收，编写验收报告，对达到营林质量目标要求的林分发给竣工验收合格确认书，对未达到营林质量目标的林分分析其不合格的原因，提出补救措施及处理意见。

施工进度控制即在施工进度控制方面，要建立进度控制协调制度。要根据资金投入、材料供应、设备和劳动力组织、气象条件等情况，编制或审核施工进度计划；适时调整进度，向业主提供进度报告。

施工投资控制，即施工阶段进行投资控制，就是把计划投资额作为控制目标值，在工程施工过程中定期进行投资实际值与目标位的比较，通过比较发现并找出实际支出额与投资控制目标值的偏差。然后分析产生偏差的原因，并采取有效

措施加以控制，以保证投资项目目标的实现。

总之，质量、进度和投资统称为建设项目的三大目标，三者之间相互关联、相互制约，共同组成工程项目目标系统。三者之间既矛盾又统一，是一个不可分割的整体。项目监理的中心任务就是控制工程的投资、进度和质量目标。质量关系重大，在整个监理过程中进行三项目标控制时，应坚持质量第一的原则。

2．工期变更、延期及工程索赔控制的建立

无论是建设单位或施工单位提出的工序变更，均应向监理工程师提交《工程变更申请书》，其内容包括工程变更原因、依据、内容及范围，变更引起的合同价的增减量及合同工期增减量，并有附必要的附图及计算资料等。

工期延期的控制程序。工程延期事件发生后，施工单位在合同期限内向监理方提交工期延期申请报告，经审查后由总监理工程师签署延期临时审批表并报项目建设单位。在施工单位提交最终工程延期申请表后，经监理师调查核实后，由总监理师签署最终延期审批表确认。在此基础上明确延期的相关原因并对照工程内同条款，做好工程索赔的有关信息。

3．建立规范的工程监理制度

监理制度监理工作的制度化、程序化、规范化是提高监理工作水平的关键，是实现工程建设总目标的基本保证。监理制度一般可分为监理人员岗位职责、监理工作制度、会议（例会）制度和报告制度四部分。根据多年的管理经验，应制定项目相关的监理工作制度有：实施结合监理的设计文件、图纸会审制度；监理工程师要督促、协助组织设计单位施工配合组向施工单位进行施工设计图纸的全面技术（设计意图、施工要求、质量标准、技术措施）的技术交底制度，并根据讨论决定的事项做出书面纪要，交设计、施工单位执行；提交开工申请报告的开工报告审批制度；造林、环境修复等物资检验、复检的制度；变更设计制度；隐蔽工程关键工序的检查制度；工程质量监理制度；工程质量检验制度；工程质量事故处理制度；施工进度监督及报告制度；投资监督制度；监理报告制度，逐月编写《监理月报》；工程竣工验收制度；监理日志和会议制度。

（二）环境生态工程的监理形式

1．巡回检查式监理

生态工程具有所占地域广、工点分散的特点，即便是在一个县内，其建设区

域一般都在 100 km² 左右，而且又分散在几十个施工区内，每个施工区又有几十、上百个工点。这就决定了其监理形式不能以旁站监理为主，而是以巡回抽样检查为主。如大面积的造林、整地工程，大面积种草，众多的土地整治工程，小型治沟土方工程等，都不便于逐一进行旁站监理，只能进行抽样检查、检测。具体抽样方法可按随机抽样或成数抽样方法进行。

2. 检测式监理

主要是对工程中用到的机械设备、苗木、种子、油料、水泥、木材、钢材等，在正式进入工地使用前，必须进行检测，达到设计要求方能使用。这些物资的检测，多数应采用抽样检测，按抽样精度抽取一定比例，检测其是否达到国家规定的标准。

3. 旁站式监理

生态工程工点众多，而监理人员相对较少。因此，监理人员只能对那些关系总体工程质量、进度和投资的重大工程和关键工序进行旁站监理，如治沟骨干工程的放线、清基、开槽，北方地区造林后的浇水，混凝土、浆砌石工程，隐蔽工程的施工等，需要监理工程师亲自到现场，进行监理。

三、环境生态工程监理措施

（一）建立环境生态工程建设有关各方联席会议制度

环境生态工程是国家投资补助、地方自建、农民参与、以提高生态环境质量为目的、全社会共享的福利事业，在建设中可能影响局部利益。因此必须加强政府领导力度，强化行政干预，协调平衡各方利益，调动各方面的积极性，形成建设合力。建议由项目业主定期召开各有关业务主管单位、工程承建单位和监理参加的协调会，及时沟通情况，共同协商处理建设过程中出现的各种问题。

（二）先进的生态环境建设投资机制是基础

环境生态工程建设中只有投资到位，才能顺利地开展工程的实施。我国现行的环境生态工程建设均以国家投资为主，省、市、县附以配套资金。而在实际操作过程中，由于各市县财力有限，难以完成配套资金。因此建议以国家投资为主，并广泛吸取社会各方投入。同时提高投资效益，引进激励与制约机制，加强股份合作制，并加强工程款支付核签程序，提倡监理服务优质优价。而现行的监理取费办法和标准已不适应环境、水利水保工程监理的需要，并且低收费不利于留住和吸引素质较高的人才，不利于监理单位的自我发展，也不利于提高监理工作水平。因此，适当提高监理价格是完全有必要的。工程监理是一种高质量的服务，当监理价格过低时，监理单位很难派出高素质的监理人员，很难把业主的利益放在第一位或者无法保证监理人员数量，也就无法提供优质服务，"优质优价、低价质差"，这是市场规律的一个法则。

（三）环境生态工程建设中植树造林是主体，"水"应先行

植树造林是环境生态工程建设的主体。要保障植树造林的成活率和种草的覆盖率，提高和发挥投资效益，"水"应先行。为此，在环境生态工程建设规划阶段，进行合理布局时，就要考虑"水"的因素和条件。在干旱半干旱生态环境建设重点地区植树造林，没有水利或雨水条件，就要首先安排蓄、引、提或雨水集流等小型水利工程，否则不应审批植树造林项目。在内陆河流域合理安排生态用水，恢复绿洲和遏制沙漠，绿洲一旦因缺水而退化成沙漠，就很难恢复。

（四）合同与信息管理

环境生态工程建设施工单位多为乡、村，以往类似项目行政命令较多或不签合同，或合同不全面。因此，合同管理首先是协助、督促项目县与施工单位签订比较全面的合同，然后按照合同条款执行。环境生态工程建设根据实际情况。规定监理人员定期或不定期在各项目区进行巡视，发现情况及时处理，并通过月报、简报、监理通知等形式，及时向上级汇报情况，与相关单位交流信息，监理人员还应做好资料的管理归档工作。

（五）因地制宜开展宣传工作，把经常性环境生态工程监理与突击性监理结合起来

广泛深入地宣传《中华人民共和国环境保护法》《中华人民共和国水土保持法》等法律，加快制定生态环境相关法律法规，不断提高全民的法制观念，形成全社会自觉保护环境、美化环境的国民意识，逐步建立健全以若干法律为基础、各种行政法规相配合的法律法规体系严格执法，强化法律监督，依法打击各种违法犯罪行为，保护生态环境。

各地环境监理部门要根据本地区的实际情况制订生态监理计划，做到有的放矢。环境生态工程监理要与当地经济建设相结合，围绕经济建设中心，服从和服

务于经济建设。把环保行政部门监督管理与部门间综合执法检查结合起来，发挥部门之间协同作用，搞好齐抓共管。搞好宣传教育，发动公众参与，建立举报奖励制度。

第三节　环境生态工程经济评价技术

现代环境经济学的理论要求从全社会的角度考察环境行为的成本和收益，不仅包括对个人的直接经济损益，还包括对环境和社会的间接经济损益。这与可持续发展追求社会、经济和环境等多目标协调统一的原则是完全一致的。环境生态工程经济评价就是运用环境经济学的理论要求对生态工程项目的社会、经济和环境成本及效益进行综合评价，并以货币的形式表征出来，以期达到最优效益，实现社会、经济和环境的可持续发展。具体方法可分为直接市场法、替代市场法、意愿调查法、环境费用评价技术。

一、直接市场法

环境是经济发展的物质基础，同劳动、资本、土地等资源一样，环境资源也属于生产要素。环境质量的变化会直接导致生产成本和生产率的变化，进而导致投入与产出的变化，而投入与产出水平的变化不仅可以观察并度量，还可以用货币价格加以测算。所谓直接市场法，就是直接运用货币价格，对可以观察和度量的环境质量变动进行测算的一类方法。包括以下两种。

（一）市场价值或生产率法

生态工程项目的投资建设活动对环境质量的影响，可能导致相应的商品市场产出水平发生变化，因而可以用产出水平的变动导致的商品销售额的变动来衡量环境价值的变动。例如减少水土流失可以保持甚至增加山地农作物的产量，土壤保护规划由于增加了生产率而得到了效益，经济效益可以用稻谷的增产量乘以它的市场价格来计算。例如，北京市大兴区通过农业生态工程技术，以土地资源为基础，以太阳能为动力，以沼气为纽带，种植业和养殖业相结合，在农户的土地上，在全封闭的状态下，通过生物质能转换技术，将沼气池、猪禽舍、厕所和日光温室等组合在一起，通过优化整体农业资源，使农业生态系统内物质多层次利用，能量多级循环，达到高产、优质、高效、低耗的目的，取得了非常可观的经济收益。

当满足以下 3 种条件时，方可采用该方法，否则就需考虑其他方法。

（1）环境质量变化直接增加或者减少商品或服务的产出，这种商品或服务是市场化的，或者是潜在的、可交易的，甚至它们有市场化的替代物；

（2）环境影响的物理效果明显，而且可以观察出来，或者能够用实证方法获得；

（3）市场运行良好，价格是一个产品或服务的经济价值的良好指标。

（二）人力资本法或收入损失法

环境质量变化对人类健康有着多方面的影响。这种影响不仅表现为因劳动者发病率与死亡率增加而给生产直接造成的损失（可采用市场价值法进行测算），而且还表现为因环境质量恶化而导致的医疗费开支的增加，以及因为人们过早得病或死亡而造成的收入损失等。

20 世纪 60 年代，美国经济学家舒尔茨和贝克尔创立人力资本理论，该理论认为人力资本是体现在人身上的资本，表现为蕴涵于人身上的各种生产知识、劳动与管理技能以及健康素质的存量总和。

在进行环境生态工程经济评价时，人力资本只计算因环境质量变化而导致的医疗费用开支的增加以及因为劳动者过早生病或死亡而导致的个人收入损失。

但是，该方法也存在一些局限性。首先，用总产出或净产出衡量生命价值，会有人的生命价值为零甚至为负；其次，人力资本法获得的结果与个人支付意愿没有直接的联系，并不是一种真正的效益度量方法；再次，虽然一个人不能支付比他收入更多的钱来避免某种死亡，但根据人们对"预期寿命"微小的提高的支付意愿就可以推断出人们对自己生命价值的估计，可能是预计收入现值的数倍，因此该方法不过是一种"统计学上挽救生命的价值"，并且它忽略了概率分析，而政府的污染控制规划目的在于减少各类人群死亡的风险。

二、替代市场法

在现实生活中，存在着这样一些商品和劳务，它们是可以观察的和度量的，也是可以用货币价格加以测算的，但是它们的价格只是部分地、间接地反映了人们对环境价值变动的评价。用这类商品与劳务的价格来衡量环境价值变动的方法，就是替代市场法，又称间接市场法。替代市场法主要包括以下几种。

（一）后果阻止法

环境质量的恶化会对经济发展造成损害。为了阻止这种后果的发生，可以采用两类办法：一类办法是对症下药，通过改善环境质量来保证经济发展。但在环境质量的恶化已经无法逆转（至少不是某一当事人甚至一国可以逆转的）时，往往采取另一类办法，即通过增加其他的投入或支出来减轻或抵消环境质量恶化带来的后果。在这种情况下，可以认为其他投入或支出的变动额反映了环境价值的变动。用这些投入或支出的金额来衡量环境质量变动的货币价值的方法就是后果阻止法。

（二）资产价值法

资产价值法有时又被称为舒适性价格法。房屋、土地等与当地环境条件有密切关联的资产的价值，受当地环境质量的影响非常明显。以房屋为例，其价格既反映了住房本身的特性（如面积、房间数量、房间布局、朝向、建筑结构等），也反映了住房所在地区的生活条件（如交通、商业网点、当地学校质量等）的好坏，还反映了住房周围的环境质量（如空气质量、噪声高低、绿化条件等）的优劣。在其他条件不变的前提下，环境质量的差异将影响到消费者的支付意愿，进而影响到这些资产的市场价格。因此可以采用因周围环境质量的不同而导致的同类房地产等资产的价格差异（其他条件相同），来衡量环境质量变动的货币价值。

（三）工资差额法

在其他条件相同时，劳动者工作场所环境条件的差异（例如噪声的高低和是否接触污染物等）会影响到劳动者对职业的选择。为了吸引劳动者从事工作环境比较差的职业并弥补环境污染给他们造成的损失，厂商就不得不在工资、工时、休假等方面给劳动者以补偿。这种用工资水平的差异（工时和休假的差异可以折合成工资）来衡量环境质量的货币价值的方法，就是工资差额法。

（四）旅行费用法

这种方法认为，旅游者消费诸如名山大川、奇峰怪石、珍禽异兽等舒适性环境资源的旅行费用（包括旅游者所支付的门票价格，前往这些地方所需要的费用和旅途所用时间的机会成本）在一定程度上间接地反映了旅游者对其工作和居住地环境质量的不满，从而反映了旅游者对环境质量的支付意愿。因此，在排除了其他因素（如收入）的影响后，就可以用旅行费用来间接衡量环境质量变动的货币价值（包括旅游点的环境质量货币价值和旅游者工作和生活地点的环境质量货币价值）。

总之，替代市场法力图寻找到那些能间接反映人们对环境质量评价的商品和劳务，并用这些商品和劳务的价格来衡量环境价值。由于这种方法涉及的信息往往反映了多种因素产生的综合性后果，而环境因素只是其中因素之一，而且排除其他方面因素对数据的干扰往往十分困难，使得这种方法所得出的结果可信度较低。

三、意愿调查法

如果找不到环境质量变动导致的可以观察和度量的结果，评估者可通过对被评估者的直接调查，来评估他们对某一环境改善效益的支付意愿或对环境质量损失的接受赔偿意愿。这就是意愿调查评价法，具体分为两类。

（一）直接询问调查对象的支付意愿或受偿意愿，该类又可以分为以下两种

1. 投标博弈法

通过模仿商品的拍卖过程，对被调查者的支付意愿或受偿意愿进行调查。调查者首先向被调查者说明环境质量变动的影响以及解决环境问题的具体办法，然后询问被调查者，为了改善环境，是否愿意付出一定数额的货币（或者是否愿意在接受一定数额的补偿的前提下，接受环境质量的某种程度的恶化）。如果被调查者的回答是肯定的，就再提高（在涉及补偿的情况下是降低）金额，直到被调查者作出否定的回答为止。然后调查者再变动金额，以便找出被调查者愿意付出（或愿意接受）的精确金额。

2. 权衡博弈法

通过被调查者对两组方案的选择，来调查被调查者的支付意愿或受偿意愿。调查者首先要向被调查者说明环境质量变动的影响以及解决环境问题的具体办法，然后提出两组方案。其中，第一组只包括一定的环境质量，第二组除了一定的环境质量之外，还需要被调查者支付一定数量的金额（或者给被调查者一定数量金额的补偿），调查者要求被调查者在环境质量与货币支出的不同组合中做出选择。如果被调查者选择了第一组，那就降低要求被调查者支付的金额（或提高

给被调查者的补偿金额），如果被调查者选择了第二组，那就提高要求被调查者支付的金额（或降低给被调查者的补偿金额），直到被调查者感到无论选择哪一组方案都一样时为止。此时，调查者将所有的被调查者在第二组方案中愿意付出或愿意接受的金额汇总，就可以得出上述环境质量差异的货币价值。

（二）询问调查对象对某些商品或劳务的需求量，从中推断出调查对象的支付意愿或受偿意愿，包括以下 3 种

1. 无费用选择法

要求被调查者在若干组方案之间进行选择，但无论哪一组方案都不要求被调查者付款，而只要求被调查者选择由一定的环境质量和一定数量的其他商品或劳务（也可以包括货币）组成的组合。这样，被调查者对环境质量差异的受偿意愿，就可以通过他们对其他商品或劳务的选择表现出来。

2. 优先评价法

首先告诉被调查者不同的环境质量（例如不同水质的自来水）的价格，然后给被调查者一个预算额，要求被调查者用这些钱（必须用尽）去购买包括环境质量在内的一组商品。这样，被调查者对环境质量变动的支付意愿，就可以通过他们购买的商品组合表现出来。

3. 专家调查法

又称德尔菲法（Delphi），即通过专家调查来获取环境质量评价的信息。首先，它通过征求专家意见的方法得到所需指标的分值，再用各指标所得分值的算术平均值来表示专家的集中意见，用各指标所得分值的变异系数来表示专家意见的协调度，变异系数越小，指标的专家意见协调程度越高。

意愿调查评价法直接评价调查对象的支付意愿或受偿意愿。从理论上讲，所得结果应该最接近环境质量的货币价值。但是，在确定支付意愿或受偿意愿的过程中，调查者和被调查者所掌握的信息是非对称的，被调查者比调查者更清楚自己的意愿。加上意愿调查评价法所评估的是调查对象本人宣称的意愿，而非调查对象根据自己的意愿所采取的实际行动，因而调查结果存在着产生各种偏倚的可能性。当调查对象相信他们的回答能影响决策，从而使他们实际支付的私人成本低于正常条件下的预期值时，调查结果可能产生策略性偏倚；当调查者对各种备选方案介绍得不完全或使人误解时，调查结果可能产生资料偏倚；问卷假设的收

款或付款的方式不当，调查结果可能产生手段偏倚；调查对象长期免费享受环境和生态资源而形成的"免费搭车"心理，会导致调查对象将这种享受看做是天赋权利而反对为此付款，从而使调查结果出现假想偏倚。由此可见，如果不进行细致的准备，这种方法得出的结论很可能出现重大偏差。所以在估算环境质量的货币价值时，应该尽可能地采用直接市场法，如果不具备采用直接市场法的条件，则采用替代市场法。只有在上述两类方法都无法应用时，才选择采用意愿调查评价法。

四、环境费用评价技术

（一）防护费用法

当某种活动有可能导致环境污染或破坏时，人们可以采取相应的措施来预防或治理环境污染与破坏。

如甘肃河西走廊，干旱少雨，植被稀疏，风大沙多，风蚀荒漠化十分严重，特别是流沙对水库、渠道等水利设施的侵害，已成为当地风沙灾害中最突出的问题，政府则实施库区生态工程，以减缓水库的填埋、渠道工程冲刷磨损及推移对渠道工程造成的严重磨损，更重要的是有力保障库区农业生产的进一步发展，保证了灌区人民的生产生活和社会稳定，而实施这些措施就需要相应的费用。利用采取这些措施所需费用来评估环境价值的方法就是防护费用法。

（二）恢复费用法或重置成本法

假如导致环境质量恶化的环境污染无法得到有效的治理，那么就不得不用其他方式来恢复受到损害的环境，以便使原有的环境质量得以保持。将受到损害的环境质量恢复到受损害以前状况所需要的费用就是恢复费用。

例如以水污染经济损失计算为例，恢复受破坏的水环境资源所需的费用作为水环境资源遭到破坏的经济损失估值的方法。该方法不考虑污染以后造成的复杂影响，仅从污染源角度出发，计算削减污水排放的费用。

（三）影子工程法

影子工程法是恢复费用法的一种特殊形式。当某一工程的建设会使环境质量遭到破坏，而且在技术上无法恢复或恢复费用太高时，人们可以同时设计另一个作为原有环境质量替代品的补充工程，以便使环境质量对经济发展和人民生活水平的影响保持不变。

王铁良、马秀梅等在《辽河三角洲湿地价值的初步评价》的"涵养水源价值评价"中就用到了此方法。从影子工程法的角度来看，湿地水调节价值就等于总水分调节量和单位蓄水量的库容成本之积。即先求得辽河三角洲湿地可利用的年涵养水源的总量，再乘以储存单位体积水的工程的价格。湿地水资源总量实际包含了植物体内含水量、土壤层中含水量和地表积水量。此评价主要采用地表积水量，因此比实际储水量要偏小。涵养水源价值公式：

$$V = W \times P_i$$

式中，V 为物质产品价值；W 为湿地总水量；P_i 为第 i 类物质市场价格。

根据辽河、浑河、太子河、绕阳河、大凌河等河流的多年平均径流量统计数据，辽河三角洲湿地总水量为 1.17×10^{10} m³，水库的库容造价为 1.38 元/m³，计算出辽河三角洲湿地涵养水源的总价值为：$1.17 \times 10^{10} \times 1.38 = 1.61 \times 10^{10}$ 元。

思考与练习

1．3S 技术分别是什么技术？各自有何特点？
2．环境生态工程监理技术包括什么内容？监理形式有哪些？
3．如何保证环境生态工程监理的进行？
4．环境生态工程经济评价具体分为哪些方法，各种方法适用的条件是什么？
5．简述环境工程费用评价技术的内容。

参考文献

[1]　杨京平. 环境生态学[M]. 北京：化学工业出版社，2006.

[2]　杨京平，卢剑波. 生态恢复工程技术[M]. 北京：化学工业出版社，2002.

[3]　彭望绿. 遥感概论[M]. 北京：高等教育出版社，2002.

[4]　马蔼乃. 遥感信息模型[M]. 北京：北京大学出版社，1997.

[5]　王桥，张宏，李旭文，等. 环境地理信息系统[M]. 北京：科学出版社，2004.

[6]　江丽. 遥感技术在资源调查及环境监测中的应用[J]. 海洋测绘，2003，23（2）：3-4.

[7]　唐以杰. "3S"技术在生态环境保护方面的应用[J]. 生物磁学，2004（1）：44-46.

[8]　陈涛，杨武. "3S"技术在生态环境动态监测中的应用研究[J]. 中国环境监测，2003（6）：19-22.

[9] 聂呈荣，李明辉. "3S" 技术及其在生态学上的应用[J]. 佛山科学技术学院学报：自然科学版，2003（3）：70-74.

[10] 汪卫民. RS 和 GIS 在农业领域的应用与展望[J]. 计算机与农业，1998（2）：4-6.

[11] 汪小钦. GIS 与大气质量模型结合的探讨[J]. 环境科学研究，2000，13（4）：50-52.

[12] 倪绍祥，查勇，蒋建军. 我国资源与环境遥感研究的进展与展望[J]. 南京师大学报（自然科学版），1995，18（3）：84-94.

[13] 姚申君，吴建平，易敏. GIS 在环境影响评价中的应用[J]. 环境科学导报，2007，26（6）：77-80.

[14] 尹忠彦，李妮. GIS 在环境影响评价中的应用[J]. 矿山测量，2003（3）：27-28.

[15] 荆平，王祖伟. 环境决策支持系统的设计技术及发展趋势[J]. 环境科学与技术，2006，29（3）：50-52.

[16] 徐华山，任玉芬，向中林. GIS 在环境科学中的应用[J]. 干旱环境监测，2007，1（1）：42-46.

[17] 季惠颖，赵碧云. 浅谈全球定位系统在环境领域的应用[J]. 环境科学导刊，2008，27（增刊）：27-29.

[18] 胡立嵩，陆云平，刘希雯. GPS 技术在环境影响评价中的应用[J]. 科技创业月刊，2010（2）：68-69.

[19] 李泽红. 生态环境监理对策研究[J]. 云南环境科学，2003（22）（增刊）：16-19.

[20] 何国业，韦健莲. 生态环境建设项目监理方案的探讨[J]. 林业经济问题，2003，23（2）：108 -110.

[21] 史岩. 生态工程监理组织与管理的实务研究[D]. 中国农业大学，2005.

[22] 余涛. 生态环境项目建设监理的机制研究[J]. 甘肃水利水电技术，2007，43（4）：318-319.

[23] 王煜. 工程建设监理制在水土保持生态建设中的作用[J]. 中国水土保持，2004（8）：16-17.

[24] 寇俊峰，李运学. 黄河流域水土保持工程建设监理存在的问题及对策[J]. 中国水土保持，2002，12：29-32.

[25] 熊明彪，雷孝张，曹叔尤. 水土保持生态工程建设监理的思考[J]. 中国水土保持科学，2003，1（2）：30-31.

[26] 张琦. 农业非点源污染控制技术环境经济评价[J]. 环境污染与防治，2006，28（4）：291-293.

[27] 郑建宇，方国强，王永刚. 农村能源生态工程模式的技术经济评价[J]. 可再生能源，2004（1）：16-19.

[28] 王文涛. 甘肃河西荒漠化地区水库库区生态工程效益分析[J]. 甘肃水利水电技术，2009，45（2）：61-62.

[29] 张继权. 吉林省防护林生态工程的生态经济效益分析[J]. 干旱区资源与环境，1998，8（4）：68-75.

[30] 钱午巧，王大盛，陈金波. 福州市郊泉头村沼气生态工程建设及其效益分析[J]. 农村生态环境，1996，12（2）：30-32，61.

[31] 殷晓飞，尚士友，张春荣. 基于"3S"技术乌梁素海湿地生态工程数据库的研究[J]. 农机化研究，2008（3）：190-193.

[32] 王铁良，马秀梅，邹建飞. 辽河三角洲湿地价值的初步评价[J]. 环境保护与循环经济，2008，28（2）：37-39.

[33] 方国华，钟淋涓，毛春梅. 水污染经济损失计算方法述评[J]. 水利水电科技进展，2004，24（3）.